先进核能系统系列丛书

Fundamentals of Severe Accident Analyses for Liquid Metal Cooled Reactor

液态金属冷却反应堆严重事故分析基础

成松柏 陈啸麟 麦子浚 陈松徽 编著

清华大学出版社

北京

内 容 简 介

本书主要对液态金属冷却反应堆(钠冷快堆和铅冷快堆)严重事故分析相关的基础知识和前沿研究进行综合性介绍。内容包括：绪论(世界核电发展背景和液态金属冷却反应堆发展概况)、液态金属冷却反应堆严重事故分析总论(基本概念、始发事件、严重事故进程和特征、与压水堆严重事故的比较)、液态金属冷却反应堆严重事故关键现象概述(熔融燃料池形成、熔融燃料迁移行为、FCI和熔融燃料碎化现象、碎片床现象、反应堆源项)、液态金属冷却反应堆严重事故实验(堆芯熔融物行为、燃料-冷却剂相互作用、碎片床行为、放射性裂变产物迁移行为)、液态金属冷却反应堆严重事故数值模拟(数值模拟方法、模拟分析程序、关键现象模拟分析)、液态金属冷却反应堆严重事故对策及管理(管理指南、预防设计、缓解措施)以及总结与展望。

本书既可供从事液态金属冷却反应堆的设计人员参考,也可供进行液态金属冷却反应堆安全和严重事故分析领域教学和科研的高等院校、科研院所和企事业单位的相关科研、工程技术人员以及研究生参考。

图书在版编目(CIP)数据

液态金属冷却反应堆严重事故分析基础 / 成松柏等编著.
北京：清华大学出版社,2025.1. -- (先进核能系统系列丛书).
ISBN 978-7-302-67973-8

Ⅰ. TL364

中国国家版本馆 CIP 数据核字第 2025TS2177 号

责任编辑：鲁永芳
封面设计：常雪影
责任校对：欧　洋
责任印制：刘　菲

出版发行：清华大学出版社
　　　　网　　　址：https://www.tup.com.cn,https://www.wqxuetang.com
　　　　地　　　址：北京清华大学学研大厦 A 座　　邮　　编：100084
　　　　社 总 机：010-83470000　　　　　　　　　邮　　购：010-62786544
　　　　投稿与读者服务：010-62776969,c-service@tup.tsinghua.edu.cn
　　　　质量反馈：010-62772015,zhiliang@tup.tsinghua.edu.cn
印 装 者：天津鑫丰华印务有限公司
经　　销：全国新华书店
开　　本：170mm×240mm　　印　张：19.5　　字　　数：368 千字
版　　次：2025 年 1 月第 1 版　　　　　　印　　次：2025 年 1 月第 1 次印刷
定　　价：79.00 元

产品编号：103298-01

前　言

安全，是核能发展的前提，对于核能系统是永恒的话题。相对于第二代、第三代反应堆，液态金属冷却反应堆（钠冷快堆、铅冷快堆）作为第四代核能系统之一，其安全性要求更高、经济竞争力更强、核废物量更少，且能有效防止核扩散。目前，全球范围内第三代核反应堆技术已经日趋成熟，第四代核能系统的研发已成为我国核能大规模可持续发展的关键。

我国政府高度重视清洁能源和先进核能系统的发展。2010年7月，中国实验快堆首次达到临界，标志着中国成为继美、英、法等国之后，世界上第8个拥有快堆技术的国家。2019年10月，我国启明星号实现首次临界，并启动铅铋快堆芯核特性物理实验，标志着我国在铅铋快堆领域进入工程化阶段。2020年12月，中核集团示范快堆工程2号机组正式开工建设，计划2026年建成投产，这对我国加快构建先进核燃料闭式循环体系、促进核能可持续发展和快堆技术全面自主发展、实现"十四五"规划提出的"碳达峰"与"碳中和"目标以及推动地方经济建设具有重要意义。

由于液态金属冷却反应堆在中子物理、冷却剂特性、系统特性等多方面与热中子反应堆显著不同，例如燃料组件堵流问题、液态金属对材料的腐蚀、钠水和钠火化学反应等，都是液态金属冷却反应堆特有的安全问题。此外，在导致堆芯大规模损伤的严重事故工况下，液态金属冷却反应堆的事故序列和事故后果也有很大的不同。为满足我国液态金属冷却反应堆快速发展及严重事故安全分析的迫切需要，本书将对液态金属冷却反应堆严重事故安全分析相关的基础知识和前沿研究进行综合性介绍。

本书共7章：第1章为绪论，简要介绍世界核能发展背景和液态金属冷却反应堆的发展概况；第2章为液态冷却反应堆严重事故分析总论；第3章介绍液态冷却反应堆严重事故中的关键现象；第4章重点介绍国内外重要的液态金属冷却反应堆严重事故相关的实验研究；第5章重点介绍液态金属冷却反应堆严重事故相关的数值模拟工具、模拟方法和前沿研究；第6章为液态金属冷却反应堆严重事故的对策及管理；第7章为全书总结与展望。

本书在撰写过程中，参考了国内外各相关单位和科研机构公开发表的大量论文、报告和书籍，并引用了部分插图，在此特向相关机构、专家和学者表示崇高的敬意和感谢。由于本书所涉及的学科领域广泛，且受限于作者的学识水平，书中疏漏之处在所难免，恳请广大读者批评指正！

　　本书彩图请扫二维码观看。

编　者

2024 年 6 月

目　　录

第 1 章 绪 论

1.1 世界核电发展背景

1.1.1 核电发展历程

1942 年 12 月,在美国芝加哥大学建成的世界第一座反应堆验证了可控的核裂变链式反应的科学可行性。核能的和平利用始于 20 世纪 50 年代,核能发电是利用原子核反应产生能量进行电力生产的过程,世界核电技术的发展可划分为 4 个阶段(成松柏 等,2022)。

1. 实验验证阶段(1954—1965 年)

基于军用核反应堆技术,美国、苏联、加拿大、英国等国家设计、开发和建造了首批原型堆或示范电站。在这一阶段,全世界共有 38 台机组投入运行,如 1954 年苏联的 5 MW 实验性石墨沸水堆、1956 年英国的 45 MW 原型天然铀石墨气冷堆等。国际上把上述试验型和原型核电机组称为第一代核电机组,这些机组的运行证明了利用核能进行发电的技术可行性。

2. 蓬勃发展阶段(1966—1980 年)

由石油危机引发的能源危机促进了核电的发展。在第一代核电机组的基础上,世界各国对经验证的堆型实施了标准化、系列化、批量化建设,陆续建成 300 MW 以上电功率的压水堆、沸水堆和重水堆等核电机组,共有 242 台机组投入运行,这些机组属于第二代核电机组。在该阶段中,美国设计了压水堆核电机型(pressurized water reactor,PWR)和沸水堆核电机型(boiling pressurized water reactor,BWR),苏联开发了石墨堆、高温气冷堆、改进型气冷堆以及 VVER 型压水堆;法国和日本则引进了美国的压水堆和沸水堆技术;加拿大则开发了 CANDU 型压力管式天然铀重水堆。

3. 滞缓发展阶段(1981—2000 年)

20 世纪 80 年代,由于各国采取大力节约能源和能源结构调整的措施,同时,发达国家经济增长缓慢,因此对电力的需求不增反降。此外,受 1979 年美国三哩岛核事故以及1986年苏联切尔诺贝利核事故的影响,世界核电发展停滞。公众和政府对核电的安全性要求不断提高,致使核电设计更复杂、政府审批时间和建造周期加长、建设成本上升。20世纪90年代,全球核能进入"低谷期",在此期间,全球新投入运行的核电机组仅有52台。

4. 复苏发展阶段(21世纪)

进入21世纪后,受日益严峻的能源和环境危机影响,核电被视为清洁能源的重要选项。随着多年的技术发展和完善,核电的安全可靠性得到了进一步提高,世界各国都制定了积极的核电发展规划。美国、欧洲和日本开发的先进轻水堆核电站(即第三代核电技术)取得重大进展且日趋成熟。第三代核能系统的开发始于20世纪90年代,第三代核电重在增加事故预防和缓解措施,降低事故概率,并提高安全标准。第三代核电机型主要有AP1000、EPR、ABWR、APR1400、AES2006、ESBWR、CAP1400、华龙一号。尽管2011年日本福岛核事故再一次使世界各国暂时放缓核电建设,并重新审视核电站的运行安全,但长期来看,各国仍将致力于核电发展,尤其在第四代堆型的开发应用以及可控聚变技术的长期探索等方面。其中,第四代核能系统的发展目标是增强能源的可持续性,核电厂的经济竞争性、安全和可靠性,以及防核扩散和外部侵犯能力。

核电与水电、煤电一起构成了世界能源供应的三大支柱,在世界能源结构中有着重要的地位,目前世界上已有30多个国家或地区建有核电站。国际原子能机构(International Atomic Energy Agency,IAEA)的数据显示(IAEA,2023),截至2022年12月31日,如图1.1.1所示,全世界在运核电机组共411台,总装机容量约3.94亿千瓦;在建机组58台,总装机容量约5933.4万千瓦。世界各国电力结构中,核电占比超过10%的国家有22个,超过25%的国家有13个,超过50%的国家有4个。如图1.1.2所示,核能发电量占比:法国为62.6%,韩国为30.4%,俄罗斯为19.6%,美国为18.2%,加拿大为12.9%,英国为14.2%,日本为6.1%,中国为5.0%,印度为3.1%,在建机组规模居前两位的国家分别是中国、印度(图1.1.3)。《中国核能发展报告(2022)》(张廷克 等,2022)指出,2022年我国商运核电机组53台,是2012年的3.5倍(2012年底,15台),总装机容量5560万千瓦,是2012年的4.4倍(2012年年底,1260万千瓦),在建核电机组23台,总装机容量2419万千瓦。

经过30多年发展,我国核电从无到有,实现了第三代核电技术设计的自主化和关键设备的国产化,目前正处于积极快速的发展阶段。然而,我国当前

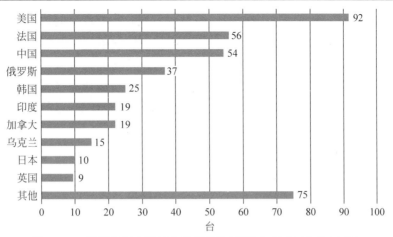

图 1.1.1 世界各国在运核电机组数量（截至 2022 年 12 月 31 日）

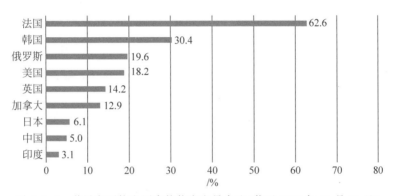

图 1.1.2 世界主要核电国家核能发电量占比（截至 2022 年 12 月 31 日）

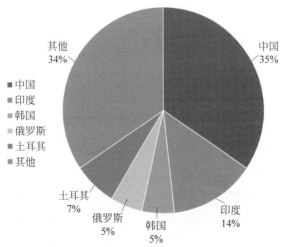

图 1.1.3 世界各国在建机组分布（截至 2022 年 12 月 31 日）

（请扫 Ⅱ 页二维码看彩图）

的核能发电占比仍远低于法国、美国和俄罗斯等核能发电国家,因此,未来仍具有很大的提升空间。与此同时,我国在第四代核能系统开发方面也取得了重要进展。2020 年 9 月,国家科技重大专项——全球首座球床模块式高温气冷堆核电示范工程首堆临界成功,并于 2021 年 12 月成功并网发电。中国实验快堆(China Experimental Fast Reactor,CEFR)则相继完成了从建造、堆芯临界到堆芯循环周期试运行的阶段任务,并从调试阶段过渡至运行阶段。2019 年 10 月,我国启明星Ⅲ号实现首次临界,并正式启动我国铅铋堆芯核特性物理实验,标志着我国在铅铋快堆领域的研发跨出实质性一步,进入工程化阶段,同时也意味着我国在铅铋快堆研发领域已跻身世界前列。在可控核聚变领域,我国也积极参与了国际热核聚变反应堆计划项目,并取得了积极进展。

1.1.2　第四代核能系统

经历了 20 世纪的核电发展,21 世纪的核电发展追求更加卓越和可靠的安全性能、更高的经济效益、更高的核燃料利用率及更少的高放射性废物产生量。在此背景下,2002 年 9 月,在日本东京召开的第四代核能系统国际论坛(Generation Ⅳ International Forum,GIF)上,与会的 10 个国家达成共识,致力于开发 6 种第四代核能系统。这 6 种堆型分别是气冷快堆、超高温气冷堆、超临界水冷堆、熔盐堆、钠冷快堆和铅冷快堆。GIF 的研发目标是在 2030 年或更早的时间内,创新开发出新一代的核能系统,使其在安全性、经济性、可持续发展性、防核扩散和防恐怖袭击等方面具有显著的先进性和竞争力。目前,GIF 已经有 14 个国家参与。

1.　气冷快堆(gas-cooled fast reactor,GFR)

GFR 采用氦气冷却、闭式燃料循环,堆芯出口温度高,可用于发电、制氢和供热。参考堆的电功率为 288 MW,堆芯出口氦气温度为 850℃,氦气汽轮机采用布雷顿循环发电,热效率可达 48%。GFR 的快中子谱可更有效地利用裂变和增殖核燃料,并能大大减少长寿命放射性废物的产生。

2.　超高温气冷堆(very high temperature reactor,VHTR)

VHTR 是高温气冷堆(high temperature gas reactor,HTGR)的进一步发展,采用石墨慢化、氦气冷却和铀燃料开式循环。燃料温度达 1800℃,冷却剂出口温度可达 1500℃,热效率超过 50%,易于模块化,经济上竞争力强。该堆型的高温产出可用于供热、制氢或为石化和其他工业提供工艺热源。

3. 超临界水冷堆(super-critical water-cooled reactor,SCWR)

SCWR 在水的超临界条件(热力学临界点 374℃、22.1 MPa)下运行,由于反应堆中的冷却剂不发生相变,不需要蒸汽发生器和蒸汽分离器等设备,一回路直接与透平机连接,因此能大幅简化反应堆结构。SCWR 的设计热功率可达 1700 MW 以上,运行压强为 25 MPa,使用二氧化铀或混合氧化铀燃料,堆芯出口温度可达 550℃,热效率可达 45%。SCWR 同时适用于热中子谱和快中子谱。由于系统简化和热效率高,因此在输出功率相同的条件下,SCWR 只有一般压水堆的一半大小,发电成本预期更低,经济竞争力更强。

4. 熔盐堆(molten salt reactor,MSR)

熔盐堆使用锂、铍、钠等元素的氟化盐以及铀、钚、钍的氟化物熔融混合作为熔盐燃料,无需燃料棒设计。熔盐流进以石墨慢化的堆芯时达到临界,流出堆芯后进入换热器进行换热。熔盐既是燃料又是冷却剂,经萃取处理后重新进入反应循环。熔盐堆运行温度高,发电热效率可达 45%～50%。此外,钍资源比铀丰富,而且钍核素经反应所产生的核废物量很少,因此可有效利用核资源,并防止核扩散。

5. 钠冷快堆(sodium-cooled fast reactor,SFR)

钠冷快堆以液态钠为冷却剂,由快中子引起核裂变并维持链式反应。钠的熔点低沸点高,热导率远高于水,堆芯事故下可迅速排出衰变余热,避免堆芯过热。利用快中子谱进行的核燃料增殖,理论上可将全部铀资源都转化为易裂变燃料,并加以利用。钠冷快堆是第四代核能系统中研发进展最快、最接近满足商业核电厂需要的堆型。至 2022 年年底,世界范围内共建成了 24 座钠冷快堆,累积了超过 400 堆年的运行经验,各国也正在开发新的钠冷快堆示范堆、原型堆以及商用堆。

6. 铅冷快堆(lead-cooled fast reactor,LFR)

铅冷快堆是采用铅或低熔点铅铋合金冷却的快中子反应堆。燃料循环为闭式,燃料周期长。在集成式设计概念中,反应堆采用液态铅或液态铅合金自然对流冷却,蒸汽发生器位于反应堆容器内,采用池式结构浸没于铅池上部,冷却剂出口温度可达 550～800℃,可用于化学过程制氢。铅冷快堆除具有燃料资源利用率高和热效率高等优点外,同样具有很好的固有安全特性和非能动安全特性。因此,铅冷快堆在先进核能系统发展中具有非常好的开发前景。

表 1.1.1 归纳了 6 种第四代核能系统的总体特征。

表 1.1.1　第四代核能系统特征概览

堆　　型	中 子 能 谱	冷　却　剂	出口温度/℃	燃 料 循 环
气冷快堆	快中子	氦	850	闭式
超高温气冷堆	热中子	氦	900～1500	开式
超临界水冷堆	热/快中子	水	510～625	闭式
熔盐堆	热/快中子	氟化盐	700～800	闭式
钠冷快堆	快中子	钠	500～550	闭式
铅冷快堆	快中子	铅/铅合金	550～800	闭式

1.2　液态金属冷却反应堆

核能因碳排放低而成为当今世界最重要的电力来源之一。在当今广泛使用的热中子反应堆中,铀燃料中只有少部分分裂成裂变产物并产生能量,而快中子反应堆则可以更高效地使用铀,但需要使用非常规类型的冷却剂。世界上第一座成功产出电能的反应堆——美国实验增殖反应堆一号(Experimental Breeder Reactor-Ⅰ,EBR-Ⅰ),即使用钠钾合金作冷却剂的快中子反应堆。由于当时已探明的铀资源储量非常有限,人们必须开发能够高效利用铀的反应堆,这类反应堆也被称为"增殖"反应堆,即除易裂变铀同位素分裂产生能量外,非裂变铀同位素也可转化为易裂变钚元素,后者同样也可以分裂并产生能量。经过堆芯设计改进的反应堆还能将长半衰期放射性元素嬗变为半衰期更短、放射性毒性更小的裂变产物,从而减少核废料的产生和对生态的影响。

如今,水冷式反应堆的技术已经相当成熟,并广泛应用于能源行业,而快中子反应堆仍存在一些技术瓶颈。由于快中子反应堆中的裂变反应是由快中子引起的,而水会慢化中子、降低中子能量,因此水不能被用作快堆冷却剂。液态金属由于中子截面小、热导率高,非常适合作为快中子反应堆的冷却剂。钠冷快堆和铅冷快堆是当前液态金属冷却反应堆研究开发的重点堆型(Roelofs,2019)。

1.2.1　液态金属冷却反应堆的发展历史

IAEA 的一些资料(IAEA,2013)详细介绍了世界各地建造和运行的液态金属冷却反应堆的设计。Pioro(2016)概述了液态金属冷却反应堆开发的最新进展,同时也涵盖了一些其他先进核反应堆的设计。图 1.2.1 总结了世界范围内液态金属冷却反应堆的发展历史。EBR-Ⅰ是世界上第一座使用钠钾合金冷却剂的核反应堆,在此之前,美国还开发了汞冷却的克莱门汀(Clementine)实验堆。继 EBR-Ⅰ之后,美国和其他大部分国家转为使用纯钠作为反应堆冷却剂。

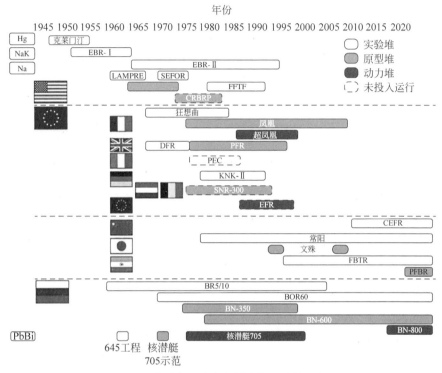

图 1.2.1 世界各国液态金属冷却反应堆开发历程

(请扫Ⅱ页二维码看彩图)

在欧洲,液态金属冷却反应堆的发展始于 20 世纪 60 年代早期,法国、英国、意大利和德国相继建造了实验堆。法国开发并成功运行了狂想曲(Rapsodie)堆,随后原型凤凰(Phénix)堆也投入运行,直至 2009 年退出电网,并在此后一年中进行了安全测试,从而为将来液态金属冷却反应堆的开发设计提供了重要的实验数据。英国开发和运行了敦雷实验快堆(DFR)和原型快堆(PFR)。德国成功运行了紧凑式钠冷实验反应堆 KNK-Ⅱ,并与比利时、荷兰合作建造了 SNR-300 原型堆,但是该反应堆因政治原因而从未投入使用。意大利建成了燃料元件测试反应堆 PEC 实验堆,但最终未投入运行。20 世纪 80 年代后期,欧洲各方力量联合开发设计了欧洲快堆(EFR),但是该项目在 20 世纪 90 年代中期被放弃。直至今日,欧盟仍在支持和开展液态金属冷却反应堆的开发设计。

俄罗斯的快堆项目始于 BR5/10 实验堆,后来开发了 BOR60 实验堆,该堆至今仍在运行。20 世纪 70 年代,俄罗斯建造了 BN-350 原型钠冷快堆以及 BN-600 原型堆。2015 年,俄罗斯开始运行商用 BN-800 机组,并且正在开发设计功率更大的 BN-1200 机组。此外,俄罗斯还成功将铅铋合金技术运用于军事核潜艇动力堆上。

亚洲国家快堆开发起步相对较晚。日本在 20 世纪 70 年代中期开始运行实验钠冷快堆常阳(Joyo)堆,随后建造和运行了文殊(Monju)堆。然而,文殊堆受钠泄漏事故和社会问题的影响而被关停,近年来日本也参与了法国的先进钠冷技术工业示范堆 ASTRID 项目。中国目前正在测试和运行中国实验快堆(CEFR),并启动了中国示范快堆 CFR-600 的设计和建造。印度在 20 世纪 90 年代建造并运行了快中子增殖试验堆(FBTR),目前正在开发建设原型快中子增殖反应堆(PFBR)。

总体而言,在世界范围内,目前钠冷快堆技术比铅冷快堆技术更加成熟,钠冷快堆的开发设计和建造运行经验也更丰富。世界各国关于铅冷快堆的开发技术仍有待完善,一些关键技术难题(如铅腐蚀、液态重金属探测设备开发)有待突破。近年来,我国、俄罗斯和欧盟等国家和组织都相继开始了铅冷快堆或铅冷却加速器驱动次临界系统的开发和相应概念原型堆的设计与建造,并加紧探索成熟的商用技术路线和发展规划。

1.2.2　钠冷快堆

自和平利用核能以来,钠冷快堆的研发(R&D)已有相当长的历史,主要领导国包括美国、俄罗斯(苏联)、英国、法国、日本和德国等。钠冷快堆技术的重点是通过使用钚(Pu)来利用铀资源,可在反应堆运行过程中通过 ^{238}U 的嬗变产生钚。在测试了各种材料后,钠最终被选作冷却剂。随着使用化石燃料导致的全球变暖问题以及轻水反应堆乏燃料的放射性废物处理问题的日益严重,钠冷快堆的研发再次成为人们关注的焦点。美国、俄罗斯、法国、韩国、日本、中国和印度等国对此高度重视,力争尽快使其实现商业化。目前,钠冷快堆的燃料增殖和发电性能已经得到了认可,并通过之前的运行经验确定了改进措施,其研发工作正在进入新的阶段。

1. 世界各国钠冷快堆的主要设计

1) 中国

我国在 20 世纪 60 年代末开始快堆的开发和研究,目前采取"实验快堆、

示范快堆、商用快堆"三步走的路线。1986 年,钠冷快堆技术开发被列入国家
"863"计划。中国实验快堆(CEFR)项目由科技部、国防科技工业局主管,由
中国核工业集团有限公司组织,由中国原子能科学研究院具体实施(徐銤,
2011)。CEFR 于 2000 年 5 月开始建设,2010 年 7 月首次达到临界,并成功并
网发电。CEFR 是目前世界上为数不多的大功率且具备发电功能的实验快
堆。在长达 20 多年的实验快堆研发过程中,我国全面掌握了快堆技术,取得
了一大批自主创新成果和专利,实现了实验快堆的自主研发、设计、建造、运
行和管理。

CEFR 采用一体化池式结构,带有 2 台主泵、4 个中间热交换器、2 个钠冷
二回路以及 2 个蒸汽发生器,堆芯采用混合氧化物(MOX)燃料,设计热功率
为 65 MW,实验发电功率达 20 MW,堆芯入口温度和出口温度分别为 360℃
和 530℃,蒸汽温度和压强分别为 480℃和 10 MPa。CEFR 的结构示意图如
图 1.2.2 所示。在安全设计方面,CEFR 有两套停堆系统,第一停堆系统由两
根调节棒和三根补偿棒组成,第二停堆系统由三根安全棒组成。CEFR 的温
度、功率以及钠空泡的反应性系数均为负值,具有固有的安全特征,配置了先
进的非能动安全系统,安全特性指标已达到第四代先进核能系统的要求。
CEFR 的余热排出系统由两个独立的回路组成,每个回路有一个独立的换热
器和一个空冷换热器(图 1.2.3)。在事故情形下,余热排出系统完全依靠回
路自然循环的方式实现非能动余热排出功能。

燃料操作机
控制棒驱动机构
一回路泵
双旋塞
独立换热器
中间换热器
堆芯
反应堆容器
堆芯捕集器

图 1.2.2 CEFR 的结构示意图

(请扫 Ⅱ 页二维码看彩图)

　　此外,中国原子能科学研究院基于 CEFR 的设计、建造和运行经验,在 2021 年年初开始建造 CFR-600 示范钠冷快堆,选址在福建省霞浦县。CFR-600 为池式钠冷快堆,设计热功率为 1500 MW,发电功率为 600 MW,堆芯使用的混合氧化铀燃料由俄罗斯国家原子能公司生产。堆芯入口温度为 380℃,出口温度为 550℃,蒸汽温度为 480℃,设计使用寿命为 40 年。CFR-600 钠冷快堆一回路为池式设计,由三个环路组成,每个环路包括一台主泵和两个中间热交换器;次级回路由三个环路组成,每个环路由一个次级回路泵、两个中间换热器、钠缓冲罐和一个蒸汽发生器机组构成;蒸汽回路则由三个并联的蒸汽发生器机组和一个汽轮机组成。CFR-600 钠冷快堆同样配有空冷式余热排出系统,可通过回路自然循环非能动地排出余热,反应堆内设有堆芯捕集装置,防止严重事故下堆芯熔融物与反应堆容器接触。

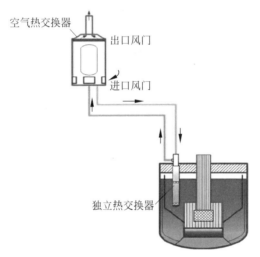

图 1.2.3　CEFR 非能动余热排出示意图
(请扫Ⅱ页二维码看彩图)

　　2) 美国

　　美国 Los Alamos 实验室首先于 1946 年开发了世界上第一个快堆,目的是验证用钚进行核反应的可行性。1949 年,美国阿贡(Argonne)国家实验室建立了 EBR-Ⅰ。1961 年,美国建成的 EBR-Ⅱ 是世界上第一座池式钠冷快堆,其中,反应堆和一回路都安装在钠池内。此外,美国也开发了钠冷先进快堆(SAFR)和小型模块化动力堆(PRISM)等钠冷快堆,积累了大量的钠冷快堆技术和经验(Grabaskas,2014)。

　　3) 俄罗斯

　　苏联 20 世纪 50 年代初期已开始钠冷快堆的开发,此后俄罗斯基于 BR-1、

BR-2、BR-5 以及研究堆 BOR-600 又开发了 BN 系列堆型。BN-350、BN-600
和 BN-800 机组分别于 1973 年、1980 年和 2015 年投入运行（Leipunskii
et al.，1966；Buksha et al.，1997；Poplavskii et al.，2004），其中，BN-350 是
世界上第一个原型快堆电站，采用回路型反应堆布置，热功率为 1000 MW，同
时用于海水淡化和发电。俄罗斯目前正在开发的钠冷快堆包括 BN-1200
（Vasilyev et al.，2021）、多用途液态金属快中子研究堆（multipurpose fast
neutron research reactor，MBIR）（Dragunov et al.，2012b）。表 1.2.1 列出部
分俄罗斯钠冷快堆的基本参数。

表 1.2.1 俄罗斯钠冷快堆基本参数

反 应 堆型号	热功率/电功率	冷却剂	燃料类型	堆芯入口/出口温度	蒸汽温度/压强	设计寿命
BN-800	2100 MW/890 MW	钠	PuO_2-UO_2/UPuN	354℃/547℃	490℃/14 MPa	40 年
BN-1200	2800 MW/1220 MW	钠	UPuN/MOX	410℃/550℃	510℃/17.5 MPa	60 年
MBIR	150 MW/60 MW	液态金属	UN+PuN/MOX	330℃/512℃	—	50 年

BN-800 钠冷快堆（图 1.2.4）始建于 1984 年，并于 2016 年投入商用发
电，采取非能动安全系统装载液压悬浮吸收棒，能够在一回路钠流量降低至
正常流量的一半时插入堆芯。二回路连接空气换热器，采取非能动方式排出
余热。反应堆容器底部设有堆芯捕集器，可以防止堆芯熔融物与反应堆容器
接触反应。堆芯上部的轴向覆盖层由钠腔室代替，增强了轴向的中子泄漏，
并补偿钠沸腾引起的正反应性效应。使用模块化的蒸汽发生器、泄漏检测系
统以及防护容器等的设计可有效预防钠泄漏和钠火事故。反应堆主泵和中
间换热器位于反应堆容器内。使用的膨胀波纹管能抵消泵和管道热膨胀产
生的位置偏差。燃料装载系统的完全机械化操作支持堆芯装载使用混合氧
化物燃料。相比 BN-800 钠冷快堆，BN-1200 钠冷快堆（图 1.2.5）还具备额外
的安全系统设计：非能动紧急余热排出系统、依靠吸收棒对堆芯冷却剂温度
变化进行响应的非能动停堆系统，以及阻止多个控制棒非预期弹出的反应堆
保护系统。设计的简化和非能动系统的优化进一步提高了 BN-1200 钠冷快
堆的经济性和安全性。而 MBIR 研究堆采用典型钠冷快堆的配置，有三个回
路和一个二级钠回路。MBIR 研究堆提高了中子注量率，堆内有大量的堆芯
内/外实验单元，以及五个使用铅、铅铋共晶合金和钠冷却剂的实验回路。

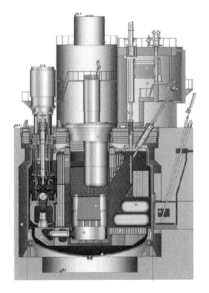

图 1.2.4　BN-800 钠冷快堆

（请扫Ⅱ页二维码看彩图）

图 1.2.5　BN-1200 钠冷快堆

（请扫Ⅱ页二维码看彩图）

4）法国

法国的凤凰原型堆于 1973 年堆建成和达到临界，于 1974 年 3 月达到满功率运行，直到 1990 年是反应堆运行及示范阶段，期间曾因中间换热器存在设计缺陷而发生钠水反应，所幸液态金属冷却反应堆发挥了"固有安全"特性

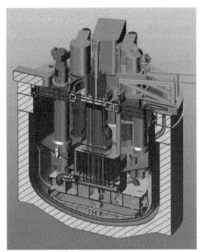

图 1.2.6　ASTRID 一回路系统

（请扫Ⅱ页二维码看彩图）

的优点，未发生核泄漏事故。其后经历多次停机，于 2010 年 2 月永久关闭。超凤凰（Super-Phénix）商用堆于 1977 年开始建造，1983 年实现临界，但是因为频繁的停堆事件而在运行 25 个月后停运。法国原子能和替代能源委员会（Commissariat à l'Energie Atomique et aux énergies alternatives，CEA）于 2010 年与国际及法国工业合作机构启动了 ASTRID 的概念设计项目（Rouault et al.，2015）。该项目的目标是在工业规模上展示铀-钚循环的多循环和嬗变能力，并证明钠冷快堆用于商业发电的可行性。ASTRID 的设计如图 1.2.6 所示。

ASTRID 的设计主要包括采用带有一个锥形内部容器(redan)的池式主回路设计。一回路系统采用三台一回路泵(主冷却剂泵)和四个中间热交换器,每个中间热交换器都与一个二级钠回路相连,二级钠回路中含有一个化学容积控制系统以及模块化的钠-氮气布雷顿循环能量转换系统。使用氮气系统从根本上消除了在蒸汽发生器中发生钠水反应的可能性。堆芯采用的是一种低空泡效应设计,有利于更长的循环周期和燃料停留时间,并符合所有控制棒抽出标准,同时增加了所有无保护失流(unprotected loss of flow, ULOF)瞬态下的安全裕度,当一回路冷却剂完全丧失时,会导致负的反应性效应,使堆芯功率下降。同时,通过非能动方式 100％地排出长期衰变热是 ASTRID 核岛设计的关键要求之一。设计还配备了堆芯捕集器。安全壳的设计能抵御假想堆芯事故或大型钠火事故中释放的机械能,确保在事故发生时不需要采取任何场外应急措施。ASTRID 基本设计在 2016 年开始。然而,受法国国家政策变动和财政的影响,ASTRID 项目在 2019 年被搁置。

5) 日本

继常阳钠冷快堆和文殊钠冷快堆后,日本原子力研究开发机构(Japan Atomic Energy Agency,JAEA)于 2006 年提出了快堆循环技术开发项目,其中计划开发设计新的商用钠冷快堆(Japan Sodium-cooled Fast Reactor, JSFR),并采用多项新型关键技术(Aoto et al.,2011)。JSFR 的基本开发目标是利用钠冷快堆在实现能源可持续输出、保证安全性能和减少放射性物质产生的同时,提高能源的经济竞争力。

JSFR 采用回路式设计(图 1.2.7),双回路热量传输系统导出堆芯能量,堆芯的新型组件设计可避免在堆芯熔毁事故下堆芯再次临界。另外,反应堆配备了自动触发式停堆系统和自然循环余热排出系统。JSFR 的示范堆电功率达 750 MW,而商用堆电功率将达到 1500 MW,堆芯入口和出口温度分别为 395℃和 520℃,蒸汽回路温度和压强分别为 497℃和 19.2 MPa。JSFR 的结构设计更加简化和紧凑,采用一体化的中间热交换器和一回路泵,缩短管道布置,并减少回路的数量。在安全设计层面,JSFR 加强了非能动安全性能和在堆芯熔毁事故下堆内熔融物滞留(in-vessel retention,IVR)的能力。JSFR 的设计中应用的关键新技术包括:高燃耗堆芯设计和氧化物弥散增强型钢材料包壳;自动触发式停堆系统和新型堆芯设计;中间热交换器和主泵一体化设计;自然循环排出衰变余热。此外,日本原子能机构还提出了 JSFR 蒸汽发生器的双层壁面设计,改进了钢板-混凝土安全壳设计,简化了燃料处理系统,并且配备了先进的隔震系统,安全特性得以明显增强。

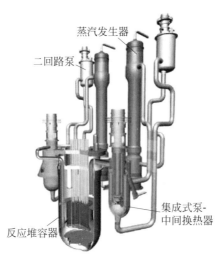

蒸汽发生器

二回路泵

集成式泵-
中间换热器

反应堆容器

图 1.2.7　JSFR 系统设计示意图

（请扫 Ⅱ 页二维码看彩图）

6）韩国

韩国原子能研究所（Korea Atomic Energy Research Institute，KAERI）自 1997 年开始发展钠冷快堆技术，并提出了韩国先进液态金属反应堆（Korea Advanced LIquid MEtal Reactor，KALIMER）的概念设计。基于 KALIMER-150 和 KALIMER-600 的概念设计和开发经验，KAERI 正在开发韩国第四代钠冷快堆原型堆（prototype generation Ⅳ sodium-cooled fast Reactor，PGSFR）（图 1.2.8）（Lee et al.，2016），并于 2020 年获得设计许可，预计在 2028 年完成反应堆的建设工作。

PGSFR 采用池式钠冷快堆设计，中间热交换器和主泵位于反应堆容器内。一回路系统由堆芯、两台主泵和四个中间热交换器组成，堆芯使用铀-锆合金燃料或铀-超铀-锆合金燃料，堆芯出口温度可达 545℃；二回路由两个二回路电磁泵、两个蒸汽发生器和两个膨胀容器组成。动力转换系统的压强为 16.7 MPa，蒸汽温度为 503℃，使用过热蒸汽朗肯循环或超临界二氧化碳布雷顿循环发电，设计电功率为 150 MW。在反应堆安全设计方面，当堆芯上方热区的温度超过限值时，PGSFR 的非能动停堆系统自动激活。PGSFR 的余热排出系统由两个非能动余热排出系统和两个能动式余热排出系统组成。除余热排出系统外，在发生严重事故时，反应堆穹顶冷却系统（reactor vault cooling system，RVCS）可令反应堆通过反应堆容器外部环境空气的自然循环排出热量，以及时冷却反应堆容器内的堆芯熔融物。

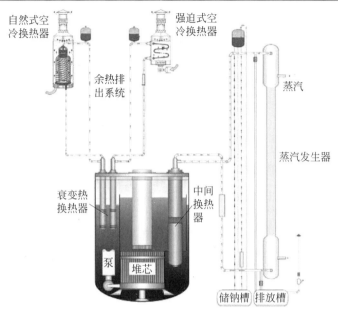

图 1.2.8　PGSFR 的结构示意图

(请扫Ⅱ页二维码看彩图)

2. 设计特性及钠的性质

钠和轻水的特性见表 1.2.2(Pioro,2016)。钠具有较高的原子质量数和良好的中子学特征,其中子截面很小,足以形成一个具有快中子谱的临界系统。对于 U-Pu 燃料来说,只有在快中子谱下才能实现增殖。使用钠作为冷却剂,中子谱足够使 U-Pu 燃料增殖。由中子俘获产生的一种主要放射性同位素是 ^{24}Na,半衰期为 15 h,另一种放射性同位素是 ^{22}Na,其半衰期为 2.58 年,因此必须注意防护来自这些同位素的伽马射线。

表 1.2.2　钠和轻水的性质

性　　质	钠	轻　　水
天然同位素的质量数	23	H:1,O:16
热中子吸收截面(0.025 eV)/b	0.53	0.66
热中子总截面(0.025 eV)/b	3.9	104
熔点/℃	97.82	0
沸点(在大气压下)/℃	881.4	100
密度(液态)/(g/cm^3)	0.856(400℃)	0.77(277℃,15 MPa)
	0.820(550℃)	0.66(327℃,15 MPa)
热导率(液态)/(W/(cm · ℃))	0.722(400℃)	0.005(327℃,15 MPa)

从传热角度来看,钠具有高沸点(881℃)和高热导率等优良的物理特性。由于这些特点,反应堆堆芯可以使用高功率密度的设计,而无需增压。在发电方面,高温干蒸汽可以由工作温度约为500℃的钠加热蒸汽发生器提供,并使用类似于亚临界化石电厂中的干蒸汽高性能蒸汽轮机系统。从安全的角度来看,由于高沸点,在正常运行和事故工况下,浸没堆芯所需的冷却剂不需要加压。由于高热导率、高系统温度以及堆芯入口和出口冷却剂之间的较大温差,其自然循环能力优越。事实上,一些实验和原型反应堆已经成功地证明了依靠完全自然循环实现衰变热的排出(Lucoff et al.,1992;Tenchine et al.,2012)。此外,在无氧条件下,钠与结构材料的相容性很好,通过控制和监测氢气和氧气等杂质的浓度,结构材料的腐蚀和表面变化可以在电厂寿命期间得到有效控制。另外,由于钠的化学特性很活泼,空气中的液态钠在一定条件下会发生自燃,并与水反应,产生氢气和热量。因此,在系统设计中,应考虑到钠火和钠水反应的应对措施。在系统维修操作中,钠的温度一般保持在大约200℃,远高于98℃的熔点。由于高温条件、化学反应性和液钠的不透明性,在钠冷快堆的维护上,还需要进一步发展检查和维修技术。

3. 堆芯结构

钠冷快堆的典型堆芯由堆芯燃料(core fuel)、控制棒(control rod)、覆盖燃料(blanket)和屏蔽体(shield)组成。一般来说,核心燃料是钚和贫铀的混合物。外层燃料是贫铀。钠冷快堆使用的燃料类型有氧化物燃料、金属燃料(U-Pu-Zr合金)、氮化物燃料等。控制棒中使用的中子吸收剂是碳化硼(B_4C)。

在堆芯燃料区,易裂变核素(如^{239}Pu和^{241}Pu)发生裂变,产生能量和过量的中子。同时,在堆芯燃料区和外围覆盖燃料区,可裂变核素(如^{238}U和^{240}Pu)通过有效捕获多余的中子来促进裂变核素的增殖。与轻水堆(LWR)相比,钠冷快堆燃耗反应性的变化相当小,因为可裂变核素在核心燃料区转化为易裂变核素,导致了更高的燃耗并能延长运行周期,以及能够降低对反应性的控制要求。

堆芯燃料元件又称燃料棒,是燃料组件的组成部分。堆芯燃料元件包含内部堆芯燃料、上层和下层的轴向外层燃料,以及包壳管内一个被称为裂变气室的空间。堆芯燃料元件会被组装成燃料元件束,并包裹在一个称为外套管的六边形组装管道中。包壳管和外套管由高强度的不锈钢制成,可以承受高温和快中子辐照。

燃料元件被螺旋形的绕丝分开(也可以使用栅格间隔)。钠冷却剂在燃料元件之间的空间流动。燃料元件被置于一个紧密排列的三角形栅格中,以

最大限度地提高燃料体积分数,保证堆芯的中子性能,并最大限度地减少堆
芯尺寸,降低成本。

4. 电厂系统

图 1.2.9(Generation-Ⅳ-International-Forum,2002)和图 1.2.10 展示了
典型的钠冷快堆系统概况。堆芯置于反应容器中。由于其低压条件,反应容
器通常由容器和顶盖组成。钠在容器中一般有一个自由液面,并被惰性气体
覆盖。由于其主要载荷来自于高温下瞬时温度变化所产生的热应力,包括反
应容器在内的含钠部件被设计成了薄壁结构。地震隔离系统可以减少含钠
部件的地震载荷。大多数电厂采用反应容器外的防护或安全容器,可以在钠
泄漏的情况下保持钠的装量水平。顶盖需要具有热绝缘、支持高温操作和高
中子通量的功能。在顶盖上,安装了一个堆芯上部结构,以支持安装控制棒
驱动机构和堆芯仪表。控制棒通过重力或其他加速装置从堆芯上方插入。
由于钠的化学反应性,燃料的处理通常是在顶盖下使用特殊的燃料处理机器
和旋塞进行操作,燃料处理方式会影响反应容器的直径和高度设计。

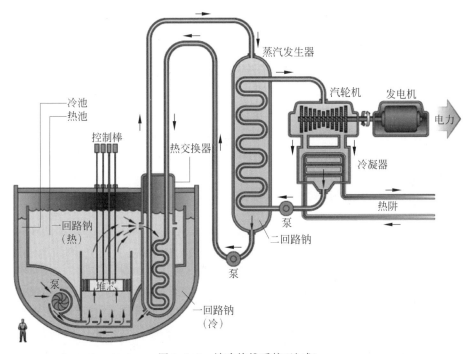

图 1.2.9　钠冷快堆系统(池式)

(请扫Ⅱ页二维码看彩图)

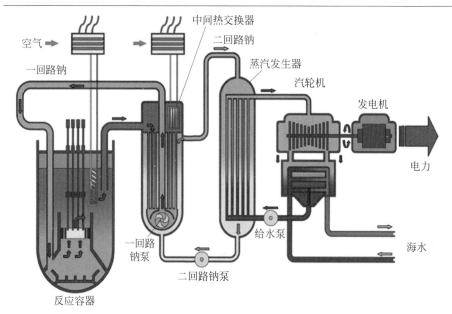

图 1.2.10　钠冷快堆系统(回路式)

(请扫Ⅱ页二维码看彩图)

冷却系统包含了一回路钠冷却系统、二回路钠冷却系统和三回路蒸汽-水冷却系统。由于钠冷快堆通常使用蒸汽轮机进行能量转换,因此系统设计时必须考虑到钠加热蒸汽发生器的钠水反应。为了保护堆芯免受钠水反应的影响,钠冷反应堆一般有中间冷却系统(二回路冷却系统)。

衰变热可以通过蒸汽发生器或安装有空气冷却的独立系统来排出。由于系统压力较低,不同于 LWR,一般不需要应急堆芯冷却系统。此外,在空气冷却系统的情况下,由于钠的特点,几个实验和原型反应堆已经成功展示了其利用完全自然循环排出衰变热的能力,比如图 1.2.3 所示的 CEFR 非能动余热排出系统。

5. 回路式与池式

钠冷快堆系统布置上主要有两种类型:池式和回路式(图 1.2.9 和图 1.2.10)。在回路式中,主回路中的主要部件通过管道连接。现有的反应堆在反应堆容器上为管道设置了喷嘴。一些先进的设计则取消了喷嘴,改为采用有旋塞的管道。池式系统在反应堆容器内容纳了主要的主回路部件。主泵和中间热交换器(IHX)位于反应堆容器的顶盖上,热钠和冷钠被反应容器内部结构分开。回路式的优点是反应堆容器/结构紧凑,可以在工厂制造,并具有更好的抗震性。而池式的优点是热惯性大(因一回路钠储存在一个简单的容器内)。这两种布置方案在技术上都是可行的(Generation-Ⅳ-International-Forum,2002;Chikazawa et al.,2011;François et al.,2008;Devictor et al.,2013),都能满足设计目标,其中回路式显示出稍低的建设成本。表1.2.3罗列了一些池式和回路式反应堆。许多实验性和原型反应堆都采用回路式。从原型反应堆的运行经验来看,BN-350有运行经验,而文殊堆是唯一现存的回路式原型堆(因CRBR和SNR-300运行前已被终止)。对于池式,PFR、凤凰堆和BN-600积累了运行经验。其中,BN-600目前仍在运行,而PFBR和BN-800也已经开始运行。下一代反应堆中,PRISM、ASTRID、BN-1200和PGSFR选择了池式,但JSFR采用了回路式,并通过技术创新降低了建造成本。

表 1.2.3　世界上的池式和回路式钠冷快堆

国　　家	池　　式	回　路　式
美国	EBR-Ⅱ	EBR-Ⅰ,Fermi,SEFOR,CRBR,FFT
英国	PFR	DFR
法国	凤凰堆,超凤凰堆	Rapsodie
德国		KNK-Ⅱ,SNR-300
俄罗斯	BN-600,BN-800	BOR-60,BN-350
印度	PFBR	FBTR
中国	CEFR	
日本		常阳堆,文殊堆

1.2.3　铅冷快堆

铅冷快堆是由熔融铅(或铅基合金)冷却的快中子反应堆,采用闭式燃料循环方式,具有良好的核废料嬗变和核燃料增殖能力,以及较高的安全性和经济性。从20世纪50年代末开始,苏联就开始建造铅铋快堆,并将其用于核潜艇上。2000年以来,各国针对第四代反应堆的设计要求,纷纷提出了各自的铅冷快堆设计方案,如中国的CLEAR,俄罗斯的SVBR和BREST,欧洲的ESNII、ELFR/ELSY、ALFRED等,美国的SSTAR、SUPERSTAR,以及韩国和日本等国的设计概念。

1. 世界各国铅冷快堆的主要设计

1) 中国

中国的铅冷快堆开发始于2011年的加速器驱动次临界系统(accelerator driven sub-critical system,ADS)项目。ADS利用加速器加速粒子,使其与靶核发生散裂反应,散裂产生的中子作为中子源来驱动次临界包层系统,维持链式反应并产生能量,剩余的中子可用于增殖核材料和嬗变核废物。ADS 设计采用铅或铅基合金作为冷却剂。

中国科学院提出了三阶段的铅基反应堆发展路径:第一阶段是在 2020年前完成中国铅基研究堆 CLEAR-Ⅰ(热功率约 10 MW)的设计与建造(吴宜灿 等,2014),主要研究内容包括铅铋冷却反应堆的设计及安全分析,关键设备设计与研制,专用软件和数据库的开发,液态铅铋合金综合实验平台的设计、建造与运行技术;第二阶段是在 2020 年至 2030 年间建成中国铅基实验堆 CLEAR-Ⅱ(热功率约 100 MW);第三阶段预计在 2030 年后建成中国铅基示范堆 CLEAR-Ⅲ(热功率约 1000 MW)。

为了验证 CLEAR 设计中使用的核设计程序和数据库、开发测量方法和仪器,以及为 CLEAR 许可证申请提供支持,研究者们首先进行了零功率中子实验。为此,于 2015 年建成了零功率快中子实验装置 CLEAR-0,其既可在临界模式下运行(用于快堆的验证),也可在由加速器中子源驱动的次临界模式下运行(用于验证 ADS)。

CLEAR-Ⅰ 的开发旨在结合运行操作技术对铅基研究堆和 ADS 进行验证。图 1.2.11 给出了 CLEAR-Ⅰ 的示意图。CLEAR-Ⅰ 为铅铋共晶合金冷却的池式反应堆,和 CLEAR-0 零功率快中子实验装置一样能够在临界和次临界两种模式下运行。以次临界模式运行的堆命名为 CLEAR-ⅠA,由质子加速器和散裂中子源驱动;以临界模式运行的堆命名为 CLEAR-ⅠB,堆内使用核燃料组件替代散裂中子源。CLEAR-Ⅰ 铅基研究堆设计热功率为10 MW,堆芯入口和出口温度分别为 260℃和 390℃,一回路系统设有两个环路、四个换热器,没有主泵,以自然循环的方式导出堆芯热量。二回路以水为冷却剂。CLEAR-Ⅰ 铅基研究堆应用了成熟的燃料和材料技术以及安全设计,非能动余热排出系统设计采用两个独立的二级水冷系统,可通过水-空气换热器将余热排出至终端热阱;反应堆容器带有空冷系统,常规冷却系统失效时能紧急排出热量。堆芯经过中子动力学和非能动安全系统的适当设计,具有负反应性反馈的特征。ADS 项目的第二阶段,CLEAR-Ⅱ 铅基实验堆将用于 ADS 的相关实验和测试,同时作为高中子注量率实验堆,也可用于示范ADS 和测试聚变堆材料。CLEAR-Ⅱ 铅基实验堆采用铅或铅铋共晶合金作为冷却剂,热功率为 100 MW,配备 60~100 MeV/10 mA 能量级别的质子加速器和中子散裂靶。在 ADS 项目的第三阶段,基于 CLEAR-Ⅱ 铅基实验堆的技术积累和运行经验,中国铅基示范堆 CLEAR-Ⅲ 将验证和示范商用 ADS 的乏燃料嬗变技术。

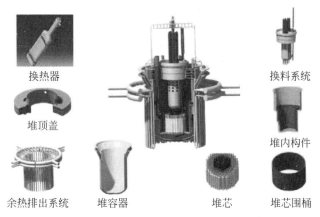

图 1.2.11 中国 CLEAR-Ⅰ铅基研究堆示意图

（请扫Ⅱ页二维码看彩图）

2）俄罗斯

俄罗斯目前正在开发的铅冷快堆有模块式铅铋快堆 SVBR-100（Zrodnikov et al.，2011）、BREST-OD-300 铅冷快堆（Dragunov et al.，2012a）和 BREST-1200 铅冷快堆（Filin，2003）。主要特性参数如表 1.2.4 所示。

表 1.2.4　俄罗斯铅冷快堆基本参数

反 应 堆型号	热功率/电功率	冷却剂	燃料类型	堆芯入口/出口温度	蒸汽温度/压强	设 计寿命
SVBR-100	280 MW/100 MW	LBE	UO_2，MOX，UPuN	340℃/490℃	278℃/6.7 MPa	60 年
BREST-OD-300	700 MW/300 MW	铅	（U-Pu）N，（UPu-MA）N，UN，（U-Pu）O_2	420℃/540℃	505℃/18 MPa	30 年
BREST-1200	2800 MW/1200 MW	铅	UN＋PuN	420℃/540℃	520℃/18 MPa	60 年

俄罗斯国家原子能公司 Rosatom 和私营企业合资成立了俄罗斯 AKME 工程公司，并开发了 SVBR-100 铅冷快堆。2015 年，季米特洛夫格勒市获得 SVBR-100 铅冷快堆选址许可。SVBR-100 铅冷快堆的模块化设计、较长的换料周期以及非能动安全性使其能适用于偏远地区的电力供应。图 1.2.12 为 SVBR-100 铅冷快堆的示意图，SVBR-100 铅冷快堆的设计特点包括以下方面：一回路系统集成式设计，没有一回路管道和泵；反应堆容器可更换；一回路维修和燃料装载时无需排干冷却剂；采用自然循环模式非能动排出余热；

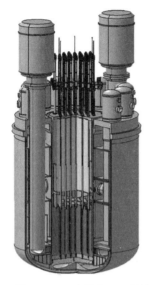

图 1.2.12　SVBR-100 铅冷
快堆示意图
（请扫Ⅱ页二维码看彩图）

液态金属冷却剂自由液面上的蒸汽分离可防止蒸汽发生器事故下蒸汽侵入堆芯；多种燃料选择。SVBR-100 的所有一回路系统和设备都位于一个高强度容器内，容器整体又被封闭于反应堆防护容器中，两者之间的空间可预防反应堆容器的冷却剂泄漏。反应堆整体容器被放置于一个水池中，可在无操作介入的情况下，超过 5 天时间持续地往水池导入热量。此外，SVBR-100 铅冷快堆二回路的系统压力高于一回路的系统压力，在蒸汽发生器管道破裂的情况下，不会发生放射性物质的扩散污染。SVBR-100 铅冷快堆使用铅铋共晶合金作为冷却剂，其较低的体积膨胀系数为操作期间提供了低反应性裕度。铅铋共晶合金的高沸点（约 1670℃）消除了堆芯偏离核态沸腾而引起的事故，并使得一回路系统在正常运行工况和事故条件下都保持较低的压力。在非预期的控制棒弹出事故下，堆芯的负反应性反馈将使堆芯功率降低至安全水平。铅铋共晶合金对裂变产物的容纳能力能有效减少冷却剂丧失事故的放射性后果。

BREST-OD-300 铅冷快堆是纯铅冷却的 300 MW 示范快堆，并带有厂内燃料后处理设施。BREST-OD-300 的开发设计主要基于军用铅铋反应堆的运行经验、小型和全尺寸型铅冷却设备模型，以及使用中子、热工水力和辐射物理程序的数值模拟结果。图 1.2.13 为 BREST-OD-300 铅冷快堆的示意图，反应堆一回路使用纯铅作冷却剂，一回路较高的热容可允许回路建立自然循环模式排出衰变热，从而减轻失流事故等瞬态事件对燃料完整性的影响。采用氮化铀/钚作燃料，具有高密度、高热导率的特性，能降低燃料最高温度，减少裂变气体产物的释放。钚增殖和较弱的燃料温度功率效应降低了所需要的剩余反应性和反应性事故的影响。反应堆容器为钢衬-钢-混凝土复合结构，内置用于预热和衰变热排出的换热器，并设有 5 个液压耦合腔体。堆芯、反射器以及乏燃料位于中央腔体内，4 个外围腔体内有蒸汽发生器、冷却剂泵、换热器、过滤器和其他组件。冷却剂泵产生冷却剂液位差，从而使铅流入堆芯，这种设计一方面可确保在泵跳闸时，冷却剂流量逐渐减少，另一方面也排除了在蒸汽发生器泄漏情形下，蒸汽气泡进入堆芯的可能性。

参考 BREST-OD-300 铅冷快堆的设计并结合其运行基础，俄罗斯将开发商用 BREST-1200 铅冷快堆，发电功率达 1200 MW。在概念设计上，BREST-

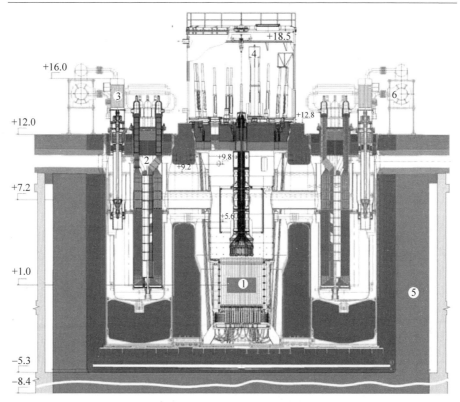

图 1.2.13　BREST-OD-300 铅冷快堆

（请扫 Ⅱ 页二维码看彩图）

1200 铅冷快堆和 BREST-OD-300 铅冷快堆相似，其不同之处主要有：配备超临界透平机，使用超临界蒸汽循环发电；因燃料棒中的钚含量沿直径均匀分布，所以堆芯径向功率分布更均匀；在失去冷却剂的情况下，吸收棒在重力作用下插入堆芯；可采用不同方式装卸燃料。

　　3）欧盟

　　ELSY 英文全称为 European Lead-cooled System，是在欧盟第六框架合作计划（FP6）的支持下发展起来的（Cinotti et al.，2009）。ELSY 堆芯符合"adiabatic core"的设计理念，着眼于闭式燃料循环以及自然资源的有效利用，在燃料循环中使钚和次锕系核素在整个动力过程中保持恒定的总量，仅消耗铀资源，确保所有的锕系核素被充分回收利用，只把裂变产物和后处理废料作为废物储存（Artioli et al.，2010）。反应堆设计功率为 1500 MWth/600 MWe，采用纯铅作为冷却剂，燃料方面选用 MOX 燃料。ELSY 采用池式结构（图 1.2.14），用于减少冷却剂总量和相应的地震负荷，反应堆压力容器内采用紧凑的方式容纳各组件。ELSY 堆芯通过管道与主泵相连,每个主泵与相应蒸汽发生器相连,将热量传递到二回路。采用高效的自然循环排出堆芯余热。ELSY 的冷却剂进出口设计温度分别为 400℃ 和 480℃,流速最大为 2 m/s。

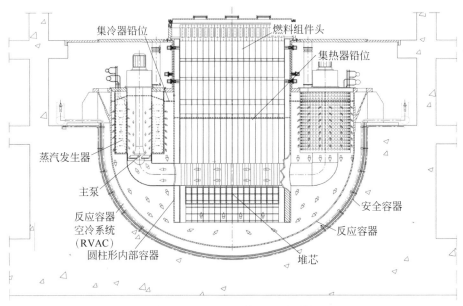

图 1.2.14　ELSY 的一回路系统

(请扫 Ⅱ 页二维码看彩图)

欧洲先进铅冷示范快堆(ALFRED)项目由促进 ALFRED 建造(Fostering ALFRED Construction,FALCON)国际财团支持,其中包括安萨尔多核能公司(Ansaldo Nucleare)、意大利国家新技术、能源和可持续经济发展局(ENEA)、罗马尼亚皮特什蒂核研究所(Institutul de Cercetari Nucleare Pitesti)和捷克雷兹研究中心(Centrum Výzkumu Řež,CVŘ),旨在将铅冷快堆技术发展到工业成熟水平(Frogheri et al.,2013)。ALFRED 的系统设计如图 1.2.15 所示。ALFRED 一回路系统采用池式设计,所有内部组件可拆卸或移除。一回路系统采用简单的流动路径,以最大限度地减少压降,从而实现高效的自然循环。离开堆芯的一回路冷却剂向上流经主泵,然后向下流经蒸汽发生器,换热之后进入冷室,随后再次进入堆芯。一回路熔池液面和反应堆容器顶盖之间充满惰性气体。反应堆容器呈圆柱形,有一个碟形下封头,通过 Y 形接口从顶部固定在反应堆腔体上。容器内部结构为堆芯提供径向约束,以保持其几何形状,并与可插入燃料组件的底部格架相连。反应堆容器周围留出的间隙是为了在发生泄漏时能维持主要的循环流道。堆芯由

171 个包裹的六边形燃料组件、12 根控制棒、4 根安全棒及环绕的哑棒组成。燃料采用混合氧化铀空心颗粒,钚富集度最大为 30%。8 台蒸汽发生器和主泵位于内部容器和反应堆容器壁之间的环形空间。ALFRED 配备了两组不同的、冗余的和相互独立的停堆系统。第一个系统由吸收棒组成,可凭借浮力从底部插入堆芯,同时实现控制功能;第二个系统通过气动系统将吸收棒从顶部插入堆芯。余热排出系统由两组非能动的、冗余的和相互独立的系统构成,每个系统中的 4 个独立的冷凝器系统与 4 个蒸汽发生器二次侧相连。4 个独立冷凝器中的 3 个已经足够排出衰变余热。这两个系统都是非能动的,由主动的控制阀控制其投入运行。反应堆厂房下方安装有二维隔震器,以削减水平地震荷载。

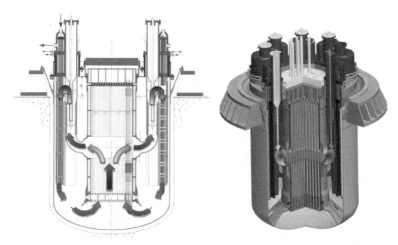

图 1.2.15　ALFRED 一回路系统

(请扫 II 页二维码看彩图)

4) 美国

Smith 等(2008)提出了小型安全可移动自动反应堆(small secure transportable autonomous reactor,SSTAR)的概念设计。如图 1.2.16 所示,SSTAR 的体积较小,设计发电功率为 20 MW,堆芯的设计寿命长达 30 年,换料周期可超过 15 年,能满足特殊的电力供应需求(如偏远地区供电)。SSTAR 为池式快堆,使用氮化物燃料,采用铅作为一回路冷却剂,通过一回路自然循环实现堆芯冷却。堆芯入口和出口温度分别为 420℃和 567℃。位于反应堆容器内的 4 个铅-二氧化碳换热器导出一回路热量,随后通过超临界二氧化碳布雷顿循环实现能量转换。

美国阿贡国家实验室在 SSTAR 概念设计的基础上提出了可持续、防核

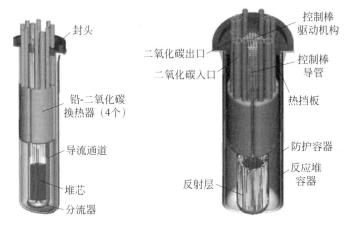

图 1.2.16　SSTAR 示意图

（请扫 Ⅱ 页二维码看彩图）

扩散、增强改进安全、可移动自动反应堆（sustainable proliferation-resistance enhanced refined secure transportable autonomous reactor，SUPERSTAR）小型模块化铅冷快堆的概念设计（Sienicki et al.，2011），设计概念如图 1.2.17 所示。SUPERSTAR 的设计寿命为 60 年，和 SSTAR 同样为池式结构设计，设计热功率为 300 MW，使用铀-钚-锆金属型燃料，一回路通过铅的自然循环导出堆芯热量，堆芯入口和出口温度分别为 400℃和 480℃。铅-二氧化碳换热器将一回路热量导出，随后利用超临界二氧化碳布雷顿循环进行电力转换。SUPERSTAR 的下降段内设置有衰变热换热器，可在事故情形下通过自然对流的方式非能动地排出堆内热量。

美国西屋电力公司提出了西屋铅冷快堆（Westinghouse lead-cooled fast reactor）的概念设计（Stansbury et al.，2018）（图 1.2.18）。西屋铅冷快堆是中等功率规模输出的模块化池式铅冷快堆，具有发电、高温供热、制氢等多种用途，设计热功率为 950 MW，使用铅作为一回路冷却剂，堆芯热量为氧化物型燃料，堆芯入口温度为 420℃，出口温度可超过 600℃。堆芯热量通过一回路铅冷却剂的强迫循环导出，位于反应堆容器中的 6 个铅-二氧化碳换热器则将一回路的热量导出至能量转换回路，可利用超临界二氧化碳布雷顿循环发电。西屋铅冷快堆设置了非能动热量排出系统，主要通过空冷模式和水冷模式实现对防护容器的有效冷却。当一回路系统过热时，反应堆容器可通过辐射的形式有效地将热量传导至防护容器。在空冷模式下，防护容器壁面通过空气自然对流排出热量。在水冷模式下，防护容器外部将充入水形成水池，防护容器将热量排至水池中。

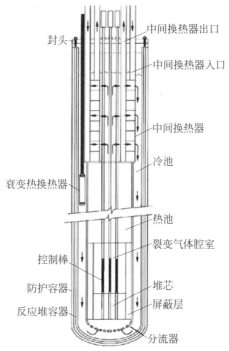

图 1.2.17　SUPERSTAR 设计示意图

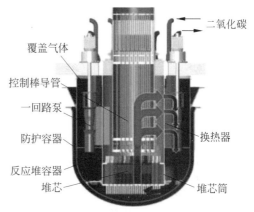

图 1.2.18　西屋铅冷快堆设计示意图
（请扫Ⅱ页二维码看彩图）

2. 设计特征和铅的性质

铅冷快堆所采用的冷却剂是熔融铅（或铅基合金），由于冷却剂的沸点很高（高达 1743℃），蒸汽压力很低，因此反应堆允许在高温和接近大气压下运行。第四代反应堆的铅冷快堆参考系统所考虑的主要冷却剂是纯铅，但同时也包含使用铅铋共晶合金（lead-bismuth eutectic alloy，LBE）冷却的系统。铅和铅基合金作为反应堆冷却剂既有许多相似之处，也有一些不同，具体如下文所述。铅的散射特性允许维持高能中子能量以及相对较低的中子吸收率，因此铅冷快堆系统堆芯的特点是具有快中子谱。

得益于铅冷却剂的如下特性，铅冷快堆系统具有高度的固有安全特性，并且能够大大简化系统设计：

——铅冷却剂与水或空气之间不存在快速的化学反应；

——铅的高沸点允许反应堆在接近大气压下运行，并消除了由冷却剂沸腾而导致的堆芯空泡风险；

——铅的高潜热和高热容量能在失热阱事故中提供重要的热惯性；

——铅可以屏蔽伽马辐射,并在高达600℃的温度下滞留碘、铯和其他裂变产物(FPs),从而当燃料中裂变产物释放时能大大减少源项的释放;

——铅较低的中子慢化特性使得燃料棒之间具有更大的间距,从而降低堆芯的压力损失,并减少流动堵塞的风险;

——简单的冷却剂流动路径、较低堆芯压力损失以及铅的热力学特性,允许在一回路系统中实现高水平的自然循环冷却。

3. 纯铅和铅铋共晶合金的比较

纯铅和铅铋共晶合金(LBE,由44.5%的铅和55.5%的铋组成)是铅冷快堆系统的主要冷却剂。LBE和铅在与空气或水的相互作用方面基本上是惰性的,这是铅冷快堆与钠冷快堆相比所具有的显著优势。这一基本特性对设计的简化、安全性能的提升以及相关经济性能,与其他第四代系统相比都具有重大影响。

相较于铅,LBE冷却剂的优点是熔点较低(124℃),而纯铅的熔点是327℃。因此,LBE被用于早期的铅冷反应堆及研究使用重液态金属作为反应堆冷却剂的研究设施。LBE的低熔点也带来操作上的优势。

目前,LBE仍被用于一些铅冷快堆的概念设计,但采用纯铅冷却的反应堆是第四代核能系统国际论坛(GIF)的主要焦点。使用LBE作为冷却剂有一些重要的缺点。首先,作为一种原材料,LBE(由于含有铋)更加昂贵,而且铋的存量稀缺,可能不足以支持大量反应堆的建造。其次,LBE的腐蚀性比铅强(当比较两种冷却剂在相同温度下的腐蚀性时)。LBE的热导率较低:在500℃时,LBE为14.3 W(m·K),而铅为17.7 W/(m·K)(OECD-NEA,2015)。然而,LBE最大的缺点是其中的铋俘获中子产生相对大量的钋-210:

$$\begin{array}{c}{}^{209}_{83}Bi + n \longrightarrow {}^{210}_{83}Bi \xrightarrow{\beta^-} {}^{210}_{84}Po\end{array} \tag{1.2.1}$$

钋-210的半衰期是138.4天,通过发射能量为5.3 MeV的α粒子衰变为钋-204。因此,其成为冷却剂中的重要热载荷和具有放射性的危险物质。钋在铅铋堆中的产生会带来不能忽视的产热。虽然,纯铅也无法完全避免钋的产生,由于铅的同位素铅-208能转化为铋-208,最终仍然会产生钋-210,但其在纯铅的产生率比LBE中低得多,其放热也很低,以至于可以被忽略。因此,两种冷却剂的选用有必要在堆型设计时予以具体问题具体分析和权衡利弊。

1.2.4　液态金属冷却反应堆的优势和挑战

从热工水力的角度来看,与水和气体相比,采用液态金属作为快中子反应堆冷却剂具有固有的优势,同时也会带来新的挑战,并需要开发新的研发工具。使用液态金属作为反应堆的冷却剂有以下优点。

液态金属冷却剂原子质量大,中子碰撞后不易产生质量损失,其次中子截面较小,裂变反应产生的快中子不会过多地减速和损失能量。液态金属的沸点较高,其中钠的沸点高于850℃,铅的沸点接近1750℃,缓解了堆芯空泡效应,可有效防止因堆芯空泡而导致的燃料包壳失效问题,同时因运行温度与沸点之间有足够的裕量,反应堆系统可以在不加压的条件下运行。高温的运行条件有利于提高动力转换系统的发电效率。另外,液态金属的热物性优良,比热容高,可在相对较小的系统中有效导出堆芯热量,延缓事故进程,其高密度有助于自然循环的建立,有利于建立非能动余热排出系统。液态金属的传热特性可允许燃料组件采用更大的燃料棒间距,可以实现较低密度的燃料组件布局,优化组件布局空间和简化流道,降低冷却剂压力损失。此外,根据燃料类型的不同,高密度铅可能会使熔融燃料漂浮,因此,在燃料熔融物靠近堆芯出口的情况下,会向低功率或无功率方向移动,铅熔池或铅合金熔池具有较高的自屏蔽能力,可将核电厂对外环境的影响降到最小。

然而,使用液态金属冷却的反应堆也必须面对一些挑战,主要包括以下几方面。地震等特殊灾害对熔池造成的晃动作用,需要采取减缓和支撑固定措施。系统运行温度较高,加重了液态金属对材料的腐蚀危害,限制了冷却剂的流动速度,因此需要开发新型的抗腐蚀材料。由于液态金属不透明,因此无法应用光学检查方法,同时为了适应液态金属的高密度和高温环境,需要专门开发和测试特殊的检测工具。液态金属的熔点较高,因此在启堆、正常运行和事故停堆时,都需要有预热器和防止液态金属凝固的措施。液态金属冷却剂特定的化学性质和中子学性质要求额外的防护系统,用于应对诸如钠与空气和水接触的化学反应,以及铅铋合金受中子辐照后会产生高毒性的放射性元素钋的问题。

参 考 文 献

成松柏,陈啸麟,程辉,2022.液态金属冷却反应堆热工水力与安全分析基础[M].北京:清华大学出版社.

吴宜灿,柏云清,宋勇,等,2014.中国铅基研究反应堆概念设计研究[J].核科学与工程,34:201-208.

徐銤,2011.中国实验快堆的安全特性[J].核科学与工程,31(2):116-126.

张廷克,李闽榕,尹卫平,等,2022.中国核能发展报告(2022)[M].北京:社会科学文献出版社.

AOTO K,UTO N,SAKAMOTO Y,et al.,2011. Design study and R&D progress on Japan sodium-cooled fast reactor[J]. Journal of Nuclear Science and Technology,48(4): 463-471.

ARTIOLI C,GRASSO G,PETROVICH C,2010. A new paradigm for core design aimed at the sustainability of nuclear energy: The solution of the extended equilibrium state[J]. Annals of Nuclear Energy,37(7): 915-922.

BUKSHA Y K,BAGDASSAROV Y E,KIRYUSHIN A I,et al.,1997. Operation experience of the BN-600 fast reactor[J]. Nuclear Engineering and Design,173(1-3): 67-79.

CHIKAZAWA Y,KOTAKE S,SAWADA S,2011. Comparison of advanced fast reactor pool and loop configurations from the viewpoint of construction cost[J]. Nuclear Engineering and Design,241(1): 378-385.

CINOTTI L,SMITH C F,SEKIMOTO H,2009. Lead-cooled fast reactor (LFR) overview and perspectives[C]//Paris,France: Generation Ⅳ International Forum Symposium.

DEVICTOR N,CHIKAZAWA Y,SAEZ M,et al.,2013. R&D in support of ASTRID and JSFR: cross-analysis and identification of possible areas of cooperation[J]. Nuclear Technology,182(2): 170-186.

DRAGUNOV Y,LEMEKHOV V,SMIRNOV V,et al.,2012a. Technical solutions and development stages for the BREST-OD-300 reactor unit[J]. Atomic Energy,113: 70-77.

DRAGUNOV Y G,TRETIYAKOV I,LOPATKIN A,et al.,2012b. MBIR multipurpose fast reactor—innovative tool for the development of nuclear power technologies[J]. Atomic Energy,113: 24-28.

FILIN A,2003. Current status and plans for development of NPP with BREST reactors [R]. International Atomic Energy Agency,IAEA-TECDOC-1348.

FRANÇOIS G,SERPANTIÉ J,SAUVAGE J,et al.,2008 Sodium fast reactor concepts [C]//Anaheim: United States of America: Proceedings of the 2008 International Congress on Advances in Nuclear Power Plants.

FROGHERI M,ALEMBERTI A,MANSANI L,2013. The lead fast reactor: demonstrator (ALFRED) and ELFR design[C]//Paris,France: Proceedings of Fast Reactors and Related Fuel Cycles: Safe Technologies and Sustainable Scenarios (FR13).

GENERATION-Ⅳ-INTERNATIONAL-FORUM,2002. A technology roadmap for generation Ⅳ nuclear energy systems[R]. Generation-Ⅳ-International-Forum,GIF-002-00.

GRABASKAS D,2014. A review of US Sodium Fast Reactor PRA Experience[C]. Hawaii, United States of America: Proceedings of the 12th Probabilistic Safety Assessment and Management.

IAEA,2013. Status of fast reactor research and technology development[R]. International Atomic Energy Agency,IAEA-TECDOC-CD-1691.

IAEA,2023. Nuclear power reactors in the world[R]. International Atomic Energy

Agency，IAEA-RDS-2/43.

LEE K L，HA K-S，JEONG J-H，et al. ，2016. A preliminary safety analysis for the prototype Gen Ⅳ sodium-cooled fast reactor[J]. Nuclear Engineering and Technology，48(5)：1071-1082.

LEIPUNSKII A I，AFRIKANTOV I I，STEKOL'NIKOV V V，et al. ，1966. The BN-350 and the BOR fast reactors[J]. Soviet Atomic Energy，21：1146-1157.

LUCOFF D，WALTAR A E，SACKETT J J，et al. ，1992. Experimental and design experience with passive safety features of liquid metal reactors [C]. Tokyo，Japan：Proceedings of the 1992 International Conference on Design and Safety of Advanced Nuclear Power Plants.

PIORO I，2016. Handbook of Generation Ⅳ Nuclear Reactors [M]. Duxford，United Kingdom：Woodhead Publishing.

POPLAVSKII V M，CHEBESKOV A N，MATVEEV V I，2004. BN-800 as a new stage in the development of fast sodium-cooled reactors[J]. Atomic Energy，96：386-390.

ROELOFS F，2019. Thermal Hydraulics Aspects of Liquid Metal Cooled Nuclear Reactors [M]. Duxford，United Kingdom：Woodhead Publishing.

ROUAULT J，ABONNEAU E，SETTIMO D，et al. ，2015. ASTRID，The SFR GEN Ⅳ technology demonstrator project Where are we，where do we stand for? [C]. Nice，France：Proceedings of the 2015 International Congress on Advances in Nuclear Power Plant.

SIENICKI J J，MOISSEYTSEV A，ALIBERTI G，et al. ，2011. SUPERSTAR：an improved natural circulation，lead-cooled，small modular fast reactor for international deployment [C]. Nice，France：Proceedings of the 2011 International Congress on Advances in Nuclear Power Plant.

SMITH C F，HALSEY W G，BROWN N W，et al. ，2008. SSTAR：The US lead-cooled fast reactor (LFR)[J]. Journal of Nuclear Materials，376(3)：255-259.

STANSBURY C，SMITH M，FERRONI P，et al. ，2018. Westinghouse lead fast reactor development：safety and economics can coexist[C]. Charlotte，United States of America：Proceedings of the 2018 International Congress on Advances in Nuclear Power Plants.

TENCHINE D，PIALLA D，GAUTHÉ P，et al. ，2012. Natural convection test in Phenix reactor and associated CATHARE calculation[J]. Nuclear Engineering and Design，253：23-31.

VASILYEV B A，VASYAEV A V，GUSEV D V，et al. ，2021. Current status of BN-1200M reactor plant design[J]. Nuclear Engineering and Design，382：111384.

ZRODNIKOV A V，TOSHINSKY G I，KOMLEV O G，et al. ，2011. SVBR-100 module-type fast reactor of the Ⅳ generation for regional power industry[J]. Journal of Nuclear Materials，415(3)：237-244.

第2章 液态金属冷却反应堆严重事故分析总论

2.1 严重事故基本概念

2.1.1 反应堆安全概念

由于核反应堆在运行过程中会产生相当数量的放射性物质,且某些产物的半衰期相当长,因此,在其发生事故时,影响的不仅是反应堆本身,还涉及周围乃至更大范围的人员及环境。为此,世界各国都制定了专门的法律,并建立了专门的管理机构对其进行管理、监督和规范。核反应堆从建设、投入运行直至退役的各项工作都要置于国家的监督之下,并经过一系列的审查与许可。

由于核事故的影响范围大,所以核反应堆的安全审查是一件极其严肃的工作。核反应堆安全是指能可靠地保证电站工作人员和周围公众的健康与安全。为此,需做到以下两点:①在正常运行工况下,反应堆的放射性辐射及产生的放射性废物,对工作人员和周围居民的辐照剂量水平应小于规范规定的允许水平;②在事故工况下,无论是由反应堆系统内部原因引起的,还是由厂房外部原因引起的,反应堆的保护系统及其他相关安全设施必须能及时投入工作,确保堆芯安全、限制事故发展、防止过量的放射性物质泄漏到周围环境中。

通常,反应堆安全应达到三方面的目标(朱继洲 等,2018):①安全停堆,要保证反应堆在各种工况下可靠停闭,终止链式裂变反应;②余热导出,由于反应堆在停堆之后还有大量的衰变热产生,因此必须以可靠的方式导出堆内余热,防止反应堆过热;③放射性包容,在事故工况下,会有一部分放射性物质释放,此时,要按照纵深防御的原则将放射性物质包容和滞留在核电厂内。

2.1.2 反应堆运行工况与事故分类

反应堆严重事故的概念来源于反应堆运行工况与事故分类。按照反应堆事故出现的预计概率和可能的放射性后果(图 2.1.1),各国或组织对核电厂运行工况与事故分类制定了相关标准,如 1970 年美国标准协会(ANSI)分类法、1992 年 IAEA《国际核事故分级标准》(International Nuclear Event Scale,INES)和我国的核电厂事故分类法。

1. ANSI 分类法

ANSI 将核电厂运行工况与事故分为四类:

工况 I——正常运行和运行瞬变:

正常启动、停闭和稳态运行;带有允许偏差的极限运行;运行瞬变。这类工况出现较频繁,无需停堆,依靠控制系统将其调节至所要求的状态,并重新稳定运行。

工况 II——中等频率事件,或称预期运行事件:

在核电厂运行寿期内预计出现一次或数次偏离正常运行的所有运行过程。可能停堆,但不会造成燃料元件损坏或一回路、二回路系统超压,只要保护系统能正常运作,就不会导致事故工况。

工况 III——稀有事故:

发生概率为 $2\times10^{-4}\sim10^{-2}$/堆年,需要专设安全设施投入工作,以防止或限制对环境的辐射危害。

工况 IV——极限事故或假想事故:

发生概率为 $2\times10^{-6}\sim10^{-4}$/堆年,会释放大量放射性物质,在核电厂设计必须加以考虑,专设安全设施必须保证一回路压力边界的完整性。

2. IAEA《国际核事故分级标准》

《国际核事故分级标准》是由 IAEA 1990 年起草并颁布的,旨在设定通用标准和易于理解的统一术语向公众媒体通报核设施所发生事故的严重程度,使核工业界、新闻界和公众取得对事故的共同理解,以及方便国际核事故的调查、分析和交流。如图 2.1.2 所示,按照核泄漏的严重性,从 0 级到 7 级依次为:偏差,异常,事件,严重事件,主要在设施内的事故,有场外危险的事故,重大事故,特大事故。

0 级为偏差,不会对核电站的核安全造成影响;

1 级为异常,没有风险,但表明安全措施的功能或运行有异常;

2 级为事件,还没有产生场外影响,但是内部可能有核物质污染扩散,或核电站内工作人员遭受过量辐射;

3 级属于严重事件,放射性物质极小量释放,公众所受辐射程度小于规定限值,核电站工作人员的健康受到严重影响;

4级表示放射性物质小量释放事故,周围公众遭受相当于规定限值的辐射影响。同时,核反应堆堆芯和辐射屏障出现显著损坏,并可能出现工作人员遭受致命辐射;

5级属于具有场外风险的事故,放射性物质有限释放,核反应堆堆芯和辐射屏障出现严重损坏(从放射防护学上看,其量相当于 $10^{14}\sim10^{15}$ Bq 碘-131);

6级属于重大事故,表明有裂变放射性产物向外界释放(从放射防护学上看,其量相当于 $10^{15}\sim10^{16}$ Bq 碘-131);

7级属于特大事故,反应堆堆芯有大量放射性物质向外释放,同时涉及长、短寿命的放射性裂变产物的混合物(从放射防护学上看,其量超过 10^{16} Bq 碘-131)。

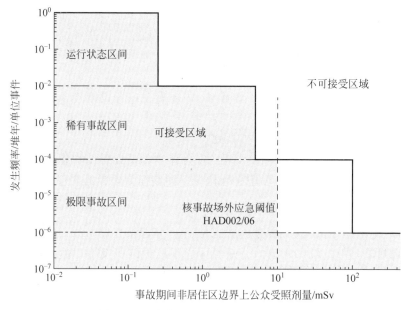

图 2.1.1　事故发生概率-放射性释放后果

3. 我国的核电厂事故分类法

我国的核电厂设计安全规定将电厂状态定义为四类,即正常运行、预期运行事件、事故工况(设计基准事故)和严重事故。

此外,参照当前轻水堆的许可要求,所有的异常事件都可分为三种类型,即异常运行瞬态(abnormal operating transients,AOT)、设计基准事故(design basis accidents,DBA)和超出 DBA 的严重事故(severe accidents,

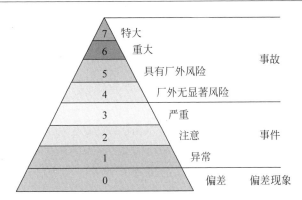

图 2.1.2　国际核事故分级标准示意图

SA)，如图 2.1.3 和表 2.1.1 所示(Yoshioka et al.，2014)。

图 2.1.3　反应堆状态分类

表 2.1.1　反应堆状态分类和定义

分　类	定　　　　义
严重事故(SA)	超出 DBA 的事件，将导致堆芯熔化和/或大量放射性释放
设计基准事故(DBA)	超出 AOT 的事件，将导致反应堆燃料故障 由 2 个设备故障或 2 次操作员错误或两者的组合引发
异常运行瞬态(AOT)	在反应堆寿期发生一次或多次的预期事件 由单个设备故障或单个操作员错误引发
正常运行	正常启动、停闭和稳态运行

2.1.3　核反应堆严重事故

反应堆严重事故是指反应堆堆芯大面积燃料包壳失效，威胁或破坏核电厂压力容器或者安全壳的完整性，并引发放射性物质泄漏的一系列过程。当反应堆发生设计基准事故时,如果专设安全设施发生多重故障或操纵员判断处理不当,致使余热排出能力部分或全部丧失,就有可能演变成严重事故。严重事故发生的概率小于 10^{-6} 每堆年。

根据堆芯损坏的时间尺度,核反应堆严重事故一般可分为两大类(朱继洲 等,2018)。

(1) 堆芯熔化事故(core melt accidents,CMA)。堆芯熔化事故是指由于堆芯冷却不充分,燃料棒升温,包壳开始熔化,进而燃料芯块开始熔化、迁移,造成堆芯支撑结构失效和堆芯解体的过程。其发展较为缓慢,时间尺度为小时量级。

(2) 堆芯解体事故(core disruptive accidents,CDA)。堆芯解体事故是指由于快速引入巨大的正反应性,引起功率陡增和燃料碎裂的过程。其发展非常迅速,时间尺度为秒量级。

压水堆的固有负反应性温度反馈特性和专设安全设施,使得压水堆发生CDA的可能性极小。在热中子反应堆中,堆芯各种成分由燃料熔化或冷却剂丧失所引起的重新分布,在中子学角度上都有助于停堆(汪振,2017)。一方面,如果熔融燃料分散开来,那么,中子逃逸出堆芯的概率就会变大,就不会进一步引起裂变,会导致功率降低;另一方面,如果燃料熔化坍塌成更小的体积集聚在一起,就会导致中子得不到有效慢化,快中子不适用于热中子的裂变反应,最终还是会导致功率降低。因此,对于压水堆而言,严重事故一般等同于 CMA。

然而,对于快堆来说,CDA 更为重要(汪振,2017)。如果堆芯发生熔化,熔融燃料聚集就会使堆芯反应性增加,从而重返临界,使堆芯功率骤增,并迅速释放出巨大能量,导致 CDA 的发生。一般地,在液态金属冷却反应堆(LMR)的研究中,严重事故可等同于 CDA(Wang et al.,2018)。

为确保反应堆安全,以钠冷快堆为例,可以采取纵深防御的方法进行管理和控制(Brunett et al.,2014),包括:①确保正常运行可靠,②对潜在故障后果进行限制和保护,③对不可预见和意外情况进行保护。对于严重事故,依靠纵深防御的思想,可以设置四道防线,即预防事故、限制堆芯损坏、遏制一回路系统内的事故,以及减少放射性产物的释放。

1. 严重事故的预防

结合高可靠性燃料组件、确保停堆排热系统等保护系统的正常运行及采用具有反应堆安全特性的设计特征,可以在很大程度上预防可能导致燃料熔化的事故。钠冷快堆在固有安全性方面具有独特的优势,例如利用液态金属的自然循环散热冷却,以及利用金属燃料反应堆在故障前堆内燃料重新分布而产生的固有负反应性反馈。固有安全性也可以通过反应堆系统的优化设计提升,使其在异常情况下促进负反应性反馈,比如利用由异常温度变化导致的堆芯几何形状变化的这种特性。研究者已经证明,在已有的钠冷快堆设计(例如 CRBR、文殊堆、超凤凰堆)中,这种方法可以预防可能导致 CDA 事故序列的发展,从而降低可能发生重大影响的严重事故的概率。尽管有些学者认为第一道防线可以足够保障钠冷快堆的堆芯安全,不需要进一步考虑 CDA 带来的后果。但如今的普遍共识是,钠冷快堆需要一套更完整的安全设计方法,即除了事故的预防外,还应该包括事故后果的限制功能,并可能涉及其余两道防线,以保护公众免受超出正常允许范围的事故后果影响。

2. 堆芯损坏的限制

长期以来,在假想的 CDA 研究中,人们已经认识到,钠冷快堆的一个重要特征是,钠冷快堆的结构设计使堆芯没有处于最大反应性的布置下(Tentner et al.,2010)。这导致了钠冷快堆在堆芯材料的重新分布或在假定的 CDA 期间,在堆芯可能发生的尺寸变化上具有与轻水反应堆不同的响应特性。理论上,由堆芯材料的重新分布而引起的堆芯几何形状变化,可能导致瞬时临界反应性的偏移,如 Bethe 和 Tait 的早在 1956 年就讨论过,堆芯材料重新分布的过程中有许多物理过程在发挥作用,最终限制了堆芯材料的重新分布,并导致了其几何形状向设定的目标变化,从而提供固有的安全屏障,可以防止或减轻反应性的偏移(Bethe and Tait,1956)。在 Bethe 和 Tait 的分析中,假设了一个完全熔融的堆芯,其原始几何形状在重力加速下坍塌。但需要认识到,使用的这种假设会导致过于保守的结果,这致使学者开发了一种分析 CDA 的机械论方法。机械论方法指的是分析者从假设的事故起点开始自始至终地跟踪事故的演化过程,直到各种物质以及部件失效序列达到另一个长期的稳定状态为止。这种方法能够帮助分析者和实验者从直接的因果关系确定事故后果(汪振,2017)。近年来,研究人员使用机械论方法结合复杂的计算机程序来描述与 CDA 相关的物理现象。这些计算机程序通过对单独实验和综合实验的分析来验证,确保了机械论分析产生合理的 CDA 事件序列。基于计算机程序的机械论方法分析能够用于确定事故期间随时间变化的能量释放,为分析整个堆芯瞬态提供系统的跟踪,并用于评估事故后燃料的冷却性能和放射性后果。此外,其对整个堆芯几何结构发生位置变化具备充分模拟的计算能力。

2.2 始 发 事 件

2.2.1 始发事件选取

反应堆运行过程中,偏离正常运行范围会导致异常事件。当超出系统的调节能力时,便可能导致各种事故工况。核电厂在设计中需要针对某些事故工况,按照确定的设计准则采取措施。安全分析报告中分析的始发事件或设计基准事故是一组有代表性的、可能冲击核电厂安全并经有关规章确定下来的事故的集合。按照这一事故清单,对核电厂进行分析计算,将结果与可接受限值进行对比,以评价核电厂是否符合安全要求。对于不同的堆型,相关机构制定了针对性的始发事件清单。

对于轻水堆,由于其发展较早,技术相对成熟,因而形成了相对稳定的始发事件分类清单。目前,普遍应用的是由美国核管理委员会(Nuclear Regulatory Commission,NRC)颁布的安全导则 1.70 中列出的、并经标准审查大纲加以补充说明的一组要求考虑的单一故障事件。这些事件按性质可归为 8 类:由二回路系统引起的排热增加;由二回路引起的排热减少;反应堆冷却剂系统流量减少;反应性和功率分布异常;反应堆冷却剂装量增加;反应堆冷却剂装量减少;来自子系统或部件的放射性物质释放;未能紧急停堆的预期瞬态。

对于高温气冷堆,美国爱达荷国家实验室基于对通用原子能公司的高温气冷堆等 3 个堆型进行分析,得到了适用于通用高温气冷堆的 5 类始发事件:化学侵蚀;排热问题;主回路压力边界破坏;反应性引入;长期事故。

液态金属冷却反应堆的始发事件一般分为:反应性引入事故;失流瞬态事故;失热阱瞬态事故;局部事故。其中,局部事故包括钠火事故、蒸汽发生器传热管道断裂事故和堵流事故等。针对不同的液态金属冷却反应堆堆型,其始发事件可继续细化。

对于钠冷快堆,中国实验快堆选取了 4 类始发事件:管道和设备的泄漏;反应性意外变化;堆内燃料组件排热恶化;燃料组件正常状态破坏。

对于铅冷快堆,欧洲铅冷示范堆 ALFRED 选取了 6 类始发事件:反应性及功率分布异常;一回路导出热量增加;二回路导出热量减少;一回路流量减少;一回路冷却剂装量减少;系统或设备的放射性释放。

2.2.2 CDA 的始发事件

由于液态金属冷却反应堆本身具有固有安全性,因此,只有在极端的重大异常工况下,才可能引发 CDA。可能导致 CDA 的始发事件有三类(Wang et al. ,2018; Tentner et al. ,2010)。

(1)反应性过快引入而导致反应堆保护系统无法及时有效响应的事件。这些事件包括气泡吸入堆芯、堆芯支承结构失效、堆芯约束系统失效。通常,这类假想始发事件可以通过反应堆设计而消除。

(2)导致反应堆保护系统功能失效的设计基准内的瞬态事件。这类事件包括无保护失流事故、无保护瞬态超功率事故、全厂断电伴随应急柴油发电机失效以及无保护堵流事故。无保护失流事故可能由一回路泵失效或大范围堵流所引发。无保护瞬态超功率一般是由非预期的控制棒弹出引起,而在 ADS 中,束流瞬变同样会造成次临界系统的无保护反应性引入。全厂断电以及应急供电系统的失效,则会使反应堆处于无保护失流和失热阱,且没有停堆保护的状态中。相比于铅冷快堆,钠冷快堆中的无保护堵流事故更为重要,在发生堵流的组件中,钠会因过热而沸腾,导致燃料和包壳发生熔化和迁移。

(3)导致反应堆热量排出能力丧失的事件(即使在停堆后)。这类事件包括严重的管道破裂事件、失热阱事件和衰变热排出系统失效。目前的事故分析和实验模拟研究表明,在无保护失流和无保护失热阱事故下,反应堆依靠固有的负反应性反馈机制和液态金属冷却剂良好的自然循环能力,在事故后期,反应堆通常能稳定在较低的功率水平而避免熔堆。较可能引发 CDA 的始发事件包括无保护瞬态超功率事故和无保护堵流事故(尤其是燃料组件瞬时全堵事故)(汪振,2017; Wang et al. ,2018)。

主逻辑图法(master logic diagram,MLD)是在确定目标项事件的前提下,应用逻辑门和演绎分析的方法逐层推理和罗列诱发目标项事件的所有始发事件。MLD 中的事件级别是由它们在故障树中出现的级别来确定,图 2.2.1 展示了由潜在始发事件所引起的事故路径主逻辑图(石康丽,2017)。

2.2.3 反应性引入事故

反应性引入事故(transient over-power,TOP)是指向堆内突然引入非预期的反应性,导致反应堆功率急剧上升而发生的事故。这种事故如果发生在反应堆启动时,就可能会出现瞬变临界,反应堆有失控的危险;如果发生在功

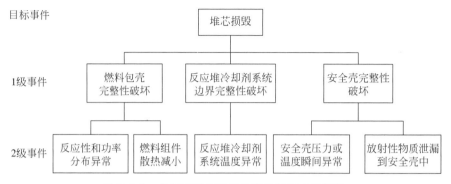

图 2.2.1　始发事件所引起的事故路径主逻辑图

率运行工况时,堆内严重过热,就可能会造成燃料元件的大范围破损,破坏一回路系统压力边界。

在 LMR 中,出现反应性引入的原因至少有 4 种:控制棒失控抽出、冷却剂沸腾或堆芯出现气泡、冷却剂温度变化和堆芯裂变材料分布变密集。

(1) 控制棒失控抽出。快堆中的控制棒分为 3 类:安全棒、补偿棒和调节棒。在正常运行工况下,安全棒全部提出堆外,在保护系统的触发下,可以快速插入堆芯停闭反应堆;补偿棒位于堆内的某一位置,用于补偿由燃耗造成的反应性损失,在系统稳定运行时,其位置保持不动,只有在调整功率等特定工况下才会移动;调节棒处于不断上下运动的过程中,用于调节功率的波动。在反应堆控制系统和控制棒驱动机构失灵的情况下,调节棒或补偿棒不受控地抽出,向堆内持续引入正反应性,引起功率不断上升的现象称为控制棒失控抽出事故(又称提棒事故)。

(2) 冷却剂沸腾或堆芯出现气泡。在堆芯内,不同位置的冷却剂沸腾及气泡的出现会引入不同的反应性。对于大型钠冷快堆来讲,空泡出现在堆芯中心位置会导致正反应性引入,而在边缘位置则会导致负反应性引入;对于小型快堆来说,由于堆芯体积小,中子泄漏概率更大,因此表现为负反应性反馈。

(3) 冷却剂温度变化。冷却剂温度变化会导致两方面的后果:冷却剂密度变化,导致中子泄漏变化;结构及燃料元件的变形和热膨胀,产生变形反馈。由于 LMR 的堆芯具有负反应性反馈特性,因此,冷却剂温度降低会引入正反应性。

(4) 堆芯裂变材料分布变聚集。在 LMR 中,由于燃料组件的热变形和辐照肿胀,有可能发生组件活性段向堆芯中心弯曲,导致燃料聚集并引入正反应性。因此,LMR 堆芯的设计必须考虑机械变形的约束,以防止堆芯燃料的聚集。在某些极端情况下,会出现部分或全部堆芯熔化,熔融堆芯物质在重力作用下迁移,并可能进一步聚集。由于 LMR 的燃料富集度很高,因此,超过一定质量范围的燃料聚集会引入非常大的正反应性,并引发严重的瞬发临界事故。

根据事故时反应堆的运行状态,反应性引入事故主要有以下三种事故:反应堆启动事故、额定功率下的控制棒失控提升、冷却剂过冷事故。

(1) 反应堆启动事故。在反应堆启动过程中,尤其是初次启动时,由设备故障或操作错误而引起控制棒失控抽出,以一定速率向堆内持续引入反应性,致使反应堆从次临界迅速达到临界,进而又发展为瞬发临界事故,并导致功率激增的情形,称为反应堆启动事故。

(2) 额定功率下的控制棒失控提升。在额定功率下,由于反应堆内有多项负反应性反馈存在,因此,不会发生类似启动过程中的瞬发临界事故。然而,因为堆芯已在额定功率下运行,更多功率的释放会使得反应堆在超额定功率下运行,组件温度升高,从而可能导致大范围的破损。

(3) 冷却剂过冷事故。以钠冷快堆的冷钠事故为例,由于堆芯的负反应性反馈,如果突然有较冷的钠进入堆芯内,将会引入显著的正反应性。

2.2.4　失流瞬态事故

失流瞬态事故(loss of flow,LOF)是指反应堆受意外事件影响而使一回路流量骤降,导致一回路正常冷却能力不足或失效的瞬态事故。在失流瞬态中,通过堆芯的冷却剂流量减少,堆芯欠冷却,热量会在堆芯及堆容器内积累,并引起堆芯燃料组件和冷却剂温度升高,如不及时停堆,可能会导致更加严重的事故工况。引发失流瞬态事故的原因包括由供电故障、泵卡轴或断轴引起的一回路泵停运以及全厂断电。

正常外部供电系统和备用外部供电系统发生故障,会引起电网电源故障,并使全厂断电,引起紧急停堆。在此情况下,应迅速启动应急柴油发电机,以维持一回路泵低速运转。

一回路泵在供电故障后,会自然降低速度惰转,因而可以在一段时间内,利用泵惰转提供的惯性流量排出堆内流量,缓解事故后果。由此类原因引起的一回路泵停运属于预计运行事件,对堆芯燃料组件和一回路边界的影响不大。然而,如果一回路泵因卡轴或断轴等而瞬时停止转动,则不仅不能提供惯性流量,还会由于一回路泵出口处的逆止阀没有关闭,导致冷却剂在停泵回路上倒流,通过堆芯的冷却剂流量严重减少,堆芯冷却剂和燃料包壳温度出现明显峰值。此类原因引起的主循环泵停运属于事故工况。

对于一些小型模块化的 LMR 的设计来说,在正常运行条件下,堆芯的热量导出依靠一回路自然循环而实现,不需要通过泵来驱动回路强制对流,因此,这种小型 LMR 无需考虑失流瞬态事故。

2.2.5　失热阱瞬态事故

在 LMR 中,失热阱瞬态事故(loss of heat sink,LOHS)主要表现为中间换热器或蒸汽发生器的换热功能失效,原因包括二回路(或三回路)泵故障、蒸汽发生器给水中断、主给水管道断裂。反应堆产生的热量无法及时通过回路排出,从而导致反应堆整体温度升高。

失热阱瞬态存在两种模式:在第一种模式中,一回路与二回路的直接换热失效;在第二种模式中,只有二回路与三回路的换热失效(对于钠冷快堆而言)。在第一种模式中,虽然中间换热器换热功能失效,但堆芯瞬时功率没有大幅变化,同时一回路泵正常运行,使得一回路整体被加热,液态金属熔池温度和堆芯入口温度升高,堆芯随后出现负反应性反馈调节和功率响应。在第二种失热阱瞬态模式中,虽然二回路没有出现失流,但由于与三回路的换热失效,二回路整体也会升温,但被视为是一回路的缓冲热阱。第一种失热阱瞬态模式是目前的研究重点。

2.2.6　无保护瞬态事故

在反应堆发生瞬态时,反应堆保护系统会因瞬态触发而执行紧急停堆功能,使安全棒插入堆芯中。这种带正常停堆保护机制的瞬态事故,称为有保护瞬态事故。在瞬态过程中,因反应堆保护系统失效而无法实现紧急停堆的瞬态事故,称为无保护瞬态事故。在无保护瞬态事故中,堆芯的反应性完全通过堆芯自身的反应性反馈而调节。因此,堆芯的负反应性反馈机制在无保护瞬态事故中起到至关重要的作用。无保护失流瞬态、无保护失热阱瞬态和无保护超功率瞬态是目前主要考虑的超设计范围的三类瞬态。

1. 无保护失流(unprotected loss of flow,ULOF)瞬态

无保护失流瞬态主要表现为一回路泵故障,且控制棒无法插入堆芯实现停堆。在设想的最保守的无保护失流瞬态中,全厂断电使得反应堆一回路泵和其他回路泵失电惰转,一回路冷却剂流量大幅降低,换热器的正常换热功能也因流量骤降而失效。在停堆保护功能失效的情形下,堆芯的反应性取决于自身的反应性反馈。泵的停运使得一回路冷却剂流量不断降低,直至一回

路自然循环模式建立,此时,一回路的循环流量取决于流动通道的总压降和浮力,可通过一回路的设计参数直接进行估计和预测。

2. 无保护失热阱(unprotected loss of heat sink,ULOHS)瞬态

无保护失热阱瞬态主要表现为换热器换热功能失效,并且控制棒无法插入堆芯实现停堆。在该瞬态情形下,一回路无法正常地通过换热器向二回路导出热量,同时,安全系统的停堆保护功能失效。与无保护失流瞬态不同的是,一般在无保护失热阱瞬态中,一回路泵仍保持正常运行,一回路冷却剂流量得到维持,但该瞬态事故依然会使一回路整体显著升温。和无保护失流瞬态类似,无保护失热阱瞬态下的堆芯反应性反馈起着重要作用。

3. 无保护超功率(unprotected transient over power,UTOP)瞬态

无保护超功率瞬态是无停堆保护机制的堆芯反应性引入瞬态,通常由控制棒意外抽出堆芯所引起。显著的正反应性被引入堆芯中,导致堆芯功率激增,引起堆内材料和冷却剂温度上升。堆芯中引入的正反应性会迅速被各种负反应性反馈所抵偿,虽然堆芯最终会达到反应性平衡,但会处于超额定功率状态。因此,无保护超功率瞬态下的设计安全裕度需要深入探究,并分析是否有可能发生冷却剂沸腾、燃料包壳破损和燃料熔化等现象。

2.2.7　局部事故

1. 钠火事故

钠冷快堆回路中的钠,如果泄漏而接触空气,则有可能发生钠火事故。钠火的特征为火焰和白色浓密烟雾。需要注意的是,燃烧的钠并不会完全消耗形成烟雾,大多数是以钠氧化物形式存在的沉积物以及未参加反应的剩余钠。一般地,钠火分为三种类型,即池式钠火、喷射钠火和混合钠火。影响其后果的主要因素是泄漏处的几何形状、大小、位置,以及钠的温度、流量和速度等。

钠火的事故后果包括三方面,即热力学后果、化学后果和环境后果。热力学后果直接表现为发生钠火事故房间的温度和压力升高,这可能危及该房间内的安全设备和系统以及建筑结构;化学后果包括钠与材料的反应、混凝土脱水,以及钠燃烧产物与材料的反应等。在钠与材料的反应中,最重要的是钠与混凝土的反应。

钠的燃烧产物有两种形式:气溶胶和沉积物。气溶胶最初由过氧化钠组成,在开放的空气中可能首先转变为氢氧化物,而后变成碳酸盐。这些高活

性的产物会造成放射性物质的释放,对人员和环境均有害。

2. 蒸汽发生器传热管断裂事故

在 LMR 中,蒸汽发生器传热管破裂会引起液态金属冷却剂与水的直接接触。由于传热管两侧的侵蚀、腐蚀、管束与支撑间的振动、磨损瞬变应力、热冲击和热疲劳等,管壁中的缺陷会不断扩展成裂缝透孔,导致水或蒸汽向液态金属回路中泄漏,进而引起液态金属冷却剂与水相互作用。

在钠冷快堆中,蒸汽发生器传热管道断裂事故会导致在钠回路中产生严重的热工水力效应,并伴随出现剧烈(峰值)的压力增大。反应中骤然产生和膨胀的氢气泡会形成以声速传播的冲击波和随之而来的压力波。在池式铅冷快堆中,蒸汽发生器传热管断裂事故一旦发生,管内高压水将喷入主容器低压高温熔融铅合金池中,水和铅或铅合金接触时产生剧烈的热力学作用,形成压力波冲击反应堆结构。同时,高压水因压力骤降发生闪蒸现象,从而产生大量蒸汽气泡。这些蒸汽气泡一部分可能上浮到熔池表面,另一部分则可能伴随着冷却剂的流动而迁移到堆芯附近,带来反应性扰动。蒸汽气泡如附着于燃料包壳表面,则将导致传热恶化与堆芯损坏,对反应堆安全造成极大威胁。

因此,在事故工况下,开展钠水、铅水相互作用研究,并针对该作用对反应堆设备部件的影响进行评估,具有重要意义。

3. 堵流事故

由于 LMR 燃料组件为密集棒束形结构,从而有可能在局部出现流道面积的减少或堵塞,原因包括:外来异物如定位件碎片等停留在组件入口处或子通道内部,燃料棒辐照肿胀和热膨胀引起流动面积减少,破损后的燃料碎片滞留在流道内(缓慢过程),组件棒束定位绕丝断裂或脱落被卡在流道内,腐蚀产物在流道内积聚(缓慢过程)等(Jin et al.,2023)。

燃料组件堵流可能引起两个位置的温度升高:一是燃料组件的燃料段末段,二是燃料组件内局部位置。在反应堆换料后或停堆期间,可以依靠装在旋塞上的流量计对每盒燃料组件进行流量测定,以判断燃料组件内是否存在局部堵流。在反应堆运行期间,当燃料组件流道面积减少或堵塞发展到一定程度时,随着冷却剂的温度升高,包壳温度将升高,最后导致燃料棒局部破损。对于该事故来说,可以通过覆盖气体探测系统和缓发中子探测系统进行报警和监测。

2.3　严重事故进程和特征

液态金属冷却反应堆 CDA 的演变是堆芯熔融物、气/液态冷却剂和固体熔融物碎片等相互作用的多相流和相变传热过程,同时也涉及热工水力学和中子学的耦合过程,具有高度的复杂性和不确定性。探究事故初期的瞬态过程对于评估事故后期的反应堆安全(尤其是重返临界问题和熔池的冷却问题)来说,尤为重要。

2.3.1　钠冷快堆 CDA

钠冷快堆在严重的 CDA 始发事件触发下,燃料和包壳温度升高。当包壳温度超过其熔点时,包壳材料开始失效并熔化,CDA 发生并开始发展。一般而言,CDA 的演化进程因反应堆的具体设计不同而有所差异(Tentner et al.,2010;Suzuki et al.,2014,2015;Bachrata et al.,2019),这里着重以 JSFR 为例加以说明。Suzuki 等(2014)认为,JSFR 的 CDA 典型演化进程可分为四个阶段:初始阶段、释出阶段、迁移阶段和排热阶段。

(1) 初始阶段。在始发事件的作用下,堆芯引入显著的正反应性,导致功率激增,堆芯中心区域燃料组件通道中的钠因过热而出现沸腾。燃料包壳则因欠冷而熔化失效,随后燃料芯块因高温而熔化瓦解,并逸散至气-液态钠中进行迁移。

(2) 释出阶段。在这一阶段中,从包壳内释放出的熔融燃料在径向移动,并波及相邻的燃料棒。气体裂变产物从熔融燃料中释放,熔融燃料和冷却剂发生相互作用,并有可能堵塞冷却流动通道。更多逸出的熔融燃料由于聚集而形成大体积的熔融燃料池,因而存在重返临界和引起能量激增的风险。同时,燃料组件包盒壁损坏,包盒失去完整性,相邻的燃料组件也受到威胁。

(3) 迁移阶段。一部分堆芯熔融物会随冷却剂流动而迁移逸散至一回路系统中,从而导致燃料重新分布,并有可能因聚集而发生重返临界;另一部分的堆芯熔融物则在重力作用下往下迁移,熔融燃料和冷却剂相互作用(射流碎化)产生固体颗粒状碎片,并在下腔室结构表面沉降和堆积形成碎片床。

(4) 排热阶段。由于衰变热的作用,颗粒碎片床中的钠发生沸腾,颗粒碎片在气-液作用下出现迁移和自动变平(self-leveling)等现象,从而改变碎片床的整体形状和高度。为确保碎片床能得到持续的冷却,并避免出现重返临界的情形,因此有必要对碎片床的形成机理、颗粒特征和碎片床迁移等行为进行研究,并提出应对措施。

上述四个阶段中出现的关键现象列于表 2.3.1 中。

表 2.3.1　JSFR 的 CDA 典型演化进程出现的关键现象

事 故 阶 段	关 键 现 象
初始阶段	钠沸腾、包壳失效、燃料熔化
释出阶段	燃料-冷却剂相互作用、熔融燃料池形成、燃料组件包盒损坏
迁移阶段	熔融燃料迁移和重新分布、熔融燃料碎化行为、碎片床形成
排热阶段	碎片床冷却、碎片床迁移行为

需要指出的是,在 CDA 中,最关键的因素始终是堆芯熔融物的状态。一方面,如果堆芯熔融物因收缩或迁移聚集而重返临界,激增的能量会使钠迅速沸腾,对堆内容器以及其他结构产生压力冲击;另一方面,堆芯熔融物如果得不到有效冷却,衰变热产生的高温会损坏与堆芯熔融物直接接触的结构(如主容器)。主容器的熔穿和泄漏意味着第二层安全屏障的失效,而这将可能造成放射性物质泄漏的严重后果。

2.3.2　铅冷快堆 CDA

铅冷快堆 CDA 的事故场景与钠冷快堆 CDA 存在较大差异(汪振,2017)。在钠冷快堆 CDA 中,由于堆芯冷却不足等,堆芯温度增加,钠沸腾而形成空泡,从而引入正的反应性,使功率激增。因此,钠沸腾会引起包壳熔化和燃料棒破裂,进而可能引发熔融燃料聚集的重返临界事故。而在铅冷快堆中,由于铅(或铅合金)的沸点高于燃料包壳的熔点,包壳熔化和裂变气体的释放要先于铅冷却剂沸腾进行,而且铅冷却剂的密度与燃料相近,因此,相比钠冷快堆,在铅冷快堆 CDA 中,燃料的迁移行为、重新分布和多相流流动过程会存在明显不同。

铅冷快堆 CDA 初期的典型演化进程可简单概括如下(汪振,2017;Wang,2017;Wang et al.,2018):①高温导致燃料包壳失效和熔化;②燃料芯块解体破裂,燃料颗粒释放进冷却剂中;③在浮力和流场的作用下,堆芯熔融物在冷却剂中迁移;④熔融物在冷却剂中凝固、聚集或在结构材料上凝固,并重新分布;⑤熔融物的重新分布可能堵塞冷却剂通道,引发堵流和重返临界问题。图 2.3.1 展示了铅冷快堆 CDA 初期的主要瞬态过程和典型事件,该阶段相关的关键现象如图 2.3.2 所示。

事故演变过程中涉及的关键现象总结如下(Wang et al.,2018;Wang,2017;汪振,2017)。

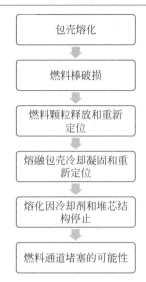

图 2.3.1　铅冷快堆的 CDA 初期的主要瞬态过程和典型事件(Wang,2017)

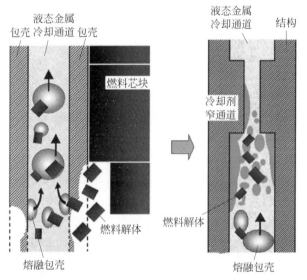

图 2.3.2　铅冷快堆的 CDA 初期关键现象(Rahman et al.,2008)

(请扫Ⅱ页二维码看彩图)

　　(1) 熔融包壳的迁移和再凝固:在铅冷快堆中,包壳的熔化先于冷却剂的沸腾,熔融包壳(例如钢)在冷却剂中发生迁移,并在结构材料上再凝固,可能会堵塞冷却剂通道,致使破损的燃料颗粒封闭、堆积在堆芯之内,从而造成重返临界。

　　(2) 燃料的迁移和重新分布:包壳失效后,燃料芯块破裂并碎化成颗粒释放进冷却剂中，由于燃料的密度只比冷却剂略大，因此，冷却剂流动的曳力将克服其重力使其随流场发生迁移，使得燃料重新分布，一旦形成燃料堆积则可能导致重返临界，同时严重影响余热排出。

（3）高压气体的释放和动力学行为：在燃料元件中，一般采用氦气加压，包壳破裂会导致裂变气体和氦气一同释放，并在冷却剂中迁移，给堆芯带来反应性扰动；同时，气泡在冷却剂中的迁移和积累造成不同程度的压力波动，可能导致燃料的分散和压实效应。

（4）堆芯熔融物与冷却剂相互作用（fuel-coolant interaction，FCI）：堆芯熔融物会与温度较低的冷却剂发生剧烈的热物理反应，熔融物注入冷却剂后，因界面扰动，会发生碎化现象，其造成的传热面积急剧增大，则可能引发蒸汽爆炸，形成压力积累，并对反应堆安全构成威胁。此外，得益于铅或铅铋合金良好的化学惰性，虽然熔融燃料与冷却剂很难直接发生化学反应，但会造成燃料芯块中的部分锕系元素溶入冷却剂中。

（5）熔池行为：一方面，堆芯熔融物聚集形成熔池，熔池在堆内压力瞬态（如 FCI 产生的压力积累）下会发生晃动、流动性等热工水力行为；另一方面，高温熔融物在冷却剂中的漂浮聚集可能会造成热分层现象，使得易裂变物质重新聚集，造成再临界。

由于堆芯熔融物的密度与铅合金冷却剂相近，堆芯熔融物与冷却剂相互作用产生的碎片更容易随冷却剂流动而迁移，因此，相比钠冷快堆，在铅冷快堆 CDA 中，受重力作用而形成堆积碎片床的情况和可能性有待探究（Buckingham et al.，2015；Wang et al.，2015）。

铅冷快堆 CDA 的安全分析和评价方法同样包括机械论方法、概率论方法和现象学方法。与钠冷快堆相同，铅冷快堆 CDA 的关键问题是堆芯熔融物的重返临界问题（汪振，2017）。在事故演化过程中，只要能够证明在任何情况下都不会发生重返临界，则可以放宽对事故演化完整过程的了解。例如，如果熔融的包壳和（或）熔融燃料迁移到堆芯上部，并在相对较冷的堆芯结构上凝固，那么，部分熔融物会封住冷却剂流动通道，使堆芯故障蔓延至整个堆芯，造成严重的堆芯几何变形，这一事故的整个演化过程非常难以通过机械论方法开展分析。然而，现象学的分析方法则可以通过截取事故逻辑树上的几个关键节点，来判断 CDA 的演化过程及其严重程度。例如，通过分析熔融物在堆芯结构上是否发生凝固来判断是否会造成堆芯故障的蔓延；通过评估全堆芯熔化后的中子及热工水力响应来判断是否会发生重返临界。现象学方法不考虑事故的起因及发展序列，处理的物理行为较为单一，比机械论方法分析的计算难度小。

2.4　与压水堆严重事故的比较

由于铅冷快堆严重事故目前研究相对较少,本节主要将钠冷快堆严重事故与压水堆严重事故进行比较和分析。

2.4.1　压水堆严重事故简述

压水堆发展较早,分布较广,技术相对成熟,对其严重事故的研究也相对成熟。如 2.1.3 节所述,核反应堆严重事故分为两类:堆芯熔化事故(CMA)和堆芯解体事故(CDA)。堆芯熔化事故的代表性事件为 1979 年 3 月 28 日发生的美国三哩岛核泄漏事故,该事故归属于国际核事件分级表第五级,是美国核电历史上最严重的一次事故;堆芯解体事故的代表性事件为 1986 年 4 月 26 日发生的切尔诺贝利核电站事故,该事故为世界核电历史上最严重的事故,也是首例归属于国际核事件分级表第七级的特大事故。

压水堆的堆芯熔化事故过程可以分为高压熔堆和低压熔堆。

低压熔堆以快速卸压的大、中破口失水事故为先导,并由于应急堆芯冷却系统(ECCS)的注射功能或再循环功能失效而导致。在低压熔堆中,由于失水和堆芯冷却不足,堆芯温度升高,堆芯裸露和熔化,导致锆和水蒸气接触并产生氢气;堆芯水位下降到下栅板以后,堆芯的支撑结构失效,熔融堆芯跌入下腔室水中,产生大量蒸汽;压力容器在低压下熔穿,熔融堆芯落入堆坑,并与地基混凝土反应,从而向安全壳释放氢气、一氧化碳和二氧化碳等不凝气体;不凝气体持续聚集,晚期的超压可能导致安全壳破裂或贯穿件失效,熔融堆芯也可能烧穿地基。

高压熔堆以堆芯冷却不足为先导条件,如失去二次侧热阱事件和小破口失水事故。高压熔堆有以下特点:高压堆芯熔化过程进展相对较慢,约为小时量级,因此有比较充裕的干预时间;燃料损伤过程是伴随堆芯水位缓慢下降而逐步发展的,对于裂变产物的释放而言,高压过程是"湿环境",气溶胶离开压力容器前有比较明显的水洗效果;压力容器下封头失效时刻的压力差,使高压过程后堆芯熔融物的分布范围比低压过程更广,并有可能造成完全壳内大气的直接加热(direct containment heating,DCH)。因此,高压熔堆过程具有更大的潜在威胁。

在始发事件发生后,压水堆严重事故在堆内的事故进展和现象主要包括:主系统给水丧失、堆芯裸露并烧干、压力容器内氢气产生、堆芯熔化、堆芯熔融扩展、裂变产物释放、裂变产物迁移和沉降、压力容器内蒸汽爆炸、压力容器熔融贯通。在堆外的事故进展和现象主要包括：堆外蒸汽爆炸、堆芯与混凝土相互作用、安全壳传热、安全壳直接加热、氢气燃烧、可燃性气体燃烧、裂变产物迁移、安全壳加压、安全壳破损、压力容器内的裂变产物放出、压力容器内冷却系统内的裂变产物沉积、安全壳内的裂变产物放出、安全壳内的裂变产物沉积、裂变产物在环境中放出。

对于压水堆的严重事故管理，其内容包括两部分：①严重事故的预防，即采用一切可用的措施，防止堆芯熔化；②严重事故的缓解，若堆芯已经开始熔化，则采取各种手段，尽量减少放射性物质向环境的释放。具体的事故管理基本任务包括：①预防堆芯损坏；②终止已经开始的堆芯损坏过程，将燃料滞留于主系统压力边界以内；③在不能确保一回路压力边界完整性时，应尽量减少放射性物质向安全壳的释放；④若不能确保安全壳完整性，应尽量减少放射性物质向环境的释放。

在压水堆严重事故的对策中，考虑了以下几种机能：①反应堆停堆机能，例如通过紧急停堆，辅助给水泵的启动，由蒸汽发生器对堆芯进行冷却并带走衰变热，以抑制压力上升；②反应堆冷却机能，例如利用汽轮机旁路系统增加对一回路的冷却、减压功能，进而启动 ECCS 的低压系统，利用补给水系统的连续水注入、ECCS 及其他泵向堆芯的硼水再循环等，通过对一回路的持续减压、注水和泄放等对堆芯进行长期冷却，其效果是提高向堆芯的注水能力，去除堆芯余热；③放射性物质封闭机能，例如利用喷淋系统降温降压，利用安全壳内的空冷系统进行自然对流冷却，使内部水蒸气凝结，用水箱的水向安全壳内注水，对一回路强制减压以防止 DCH，在安全壳内设置氢气点火器、氢气复合装置等用于防止氢气燃烧，以及利用沙堆过滤器，来提高安全壳除热能力和氢气浓度的控制能力；④安全机能的支持机能，例如利用消防水冷却ECCS 泵，以及连通相邻电厂间的动力用交流电源，以提供安全系统的冷却水供给能力和提高安全系统的供电能力。

在严重事故操作管理的规程中，各种威胁安全壳完整性的因素和处置方式如下：①晚期超压，这种威胁可以用过滤通风装置加以缓解；②氢气燃烧，已提出几种可能的解决方法，并对这些方法进行评估，例如德国反应堆安全委员会建议安装非能动催化复合器；③直接安全壳加热（DCH），大多数国家认为一种合理的解决方法是在压力容器损坏之前将主系统卸压；④安全壳的密封性（短期和长期），应加强对安全壳密封性的探测和控制；⑤安全壳内堆芯熔化碎片的可冷却性，该问题至今没有得到彻底解决；⑥蒸汽爆炸，虽然不存在任何遏制压力容器外蒸汽爆炸的方法，但能降低由于蒸汽爆炸而作用在安全壳上的荷载。

2.4.2　SFR 与 PWR 设计概况对比

　　虽然冷却剂沸腾的时间延迟与不同的堆型相关,但在正常条件下,钠冷快堆中冷却剂沸腾的裕度要显著高于压水堆(表 2.4.1)。此外,对于池式钠冷快堆,失压导致的冷却剂损失(如管道破裂)几乎可被消除。因此,钠冷快堆实际消除了快速完全失去冷却剂的严重事故场景(Bachrata et al.,2021)。

表 2.4.1　钠冷快堆与压水堆的热工水力特性(Bachrata et al.,2021)

	钠 冷 快 堆	压 水 堆
堆芯功率密度	约 300 MW/m³	约 100 MW/m³
冷却剂出口温度	约 550℃	约 300℃
工作压力	加压很小(0.1~0.5 MPa)	约 15 MPa
燃料组件设计	带六边形组件盒的三角形阵列	矩形阵列
主容器内冷却剂装量	ASTRID 等"池式"反应堆中钠装量更大,约为 2000 吨	约 280 吨
剩余功率和无流动下的冷却剂沸腾出现时间	约 15 h	约 30 min

　　从上述这些设计和运行特性可以推断,相对于压水堆,当分析钠冷快堆堆芯燃料的严重退化和熔化时(包括时间和整个堆芯尺度上的演进),应当更多地考虑相关安全系统的故障风险。除了压水堆中考虑的冷却剂丧失事故外,无保护事故瞬态是钠冷快堆严重事故分析中的重要假设场景,有必要对其进行重点评估。这是因为在轻水反应堆中,冷却剂的损失会导致负空泡效应,而钠冷快堆并不总是如此。因此,在压水堆中,反应性引入事故(例如控制棒弹出和蒸汽管道破裂)是设计基准事故的一部分,需采取措施防止整个堆芯熔化。而在钠冷快堆中,由于在正常反应堆运行期间,堆芯并不处于最大反应性的布置中,因而其几何形状变化或冷却剂空泡会引入反应性。因此,为开展保守的严重事故瞬态评估,应考虑反应堆紧急停堆等其他保护系统的故障风险。

2.4.3　SFR 与压水堆严重事故场景对比

　　考虑到在无保护瞬态中,由于钠冷快堆与压水堆在正常运行期间的堆芯反应性配置不同,钠冷快堆堆芯熔化瞬态最终有可能由冷却剂沸腾、包壳熔化和重新分布以及燃料压实而引入正反应性。图 2.4.1 展示了 SFR 中的堆芯退化时由熔融堆芯与周围钠之间的相互作用而导致高能堆芯膨胀的过程。相反,在压水堆中,堆芯区域内的冷却剂蒸发会导致熔融堆芯在重力驱动下向下传播。

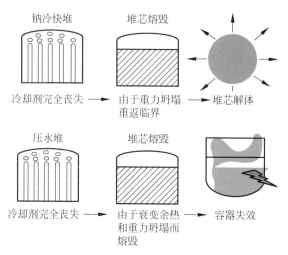

图 2.4.1　SFR 和 PWR 严重事故下堆芯退化过程示意图(Bachrata et al.,2021)

在 PWR 和 SFR 中,严重事故瞬态与第一道安全屏障(即燃料包壳)的失效有关。在严重事故瞬态中,燃料的熔化和随后的包壳失效会导致放射性物质的迁移和释放,因而需采取安全措施以保持第二和/或第三道安全屏障(即反应堆容器和安全壳)的完整性。因此,严重事故情景的主要目标之一即是评估安全壳可能加压的风险,从而评估其失效的风险。

对于 PWR,假设安注系统发生故障,导致冷却剂损失及堆芯退化和熔化。总的来说,导致压水堆芯退化的事故/事件包括:冷却剂损失;散热损失与安注系统损失相结合。例如,冷却剂丧失事故(小破口/大破口)或安注系统因停电失效。

对于 SFR,可能导致堆芯退化的事故分为两类,即反应性引入(无保护超功率瞬态)和堆芯冷却故障事故(无保护失流)。反应性引入可能发生在一根或数根控制棒的意外抽出、钠排出(气泡通过堆芯)或燃料压实的过程中。堆芯冷却故障事故可能是由主泵断电导致钠流量的整体减少或局部堵流(由于紧急停堆故障而蔓延整个堆芯的局部事故)。需指出的是,这些始发事故始终与反应堆紧急停堆故障相结合。因此,导致 SFR 堆芯退化的事故包括:无保护超功率瞬态(UTOP);无保护失流(ULOF);由于紧急停堆故障而蔓延至整个堆芯的局部冷却失效事故(未受保护的子组件故障)(USAF)。

对于 SFR 和 PWR 严重事故瞬态序列,我们需区分不同的阶段。对于钠冷快堆和压水堆,这些阶段在图 2.4.2 中以简化的形式进行说明。一般来说,在压水堆中,堆芯暴露可以在几小时内发生,也可能需要几天,这取决于堆芯初始状态和事故情景。在压水堆中,堆芯退化的"初期阶段"包括一系列可能的物理事件:由剩余衰变热导致未覆盖的堆芯升温、包壳变形和失效、金属(主要是锆)被蒸汽氧化、所有物质之间的化学相互作用。压水堆堆芯退化后期的特征是堆芯区域内熔融材料积累,形成堆芯熔池。此外,也可能存在结构的坍塌(如燃料棒、控制棒、支撑结构等)。因此,可能会发生堆芯熔融物重新分布到压力容器下封头中,并同时在下封头中伴随水的蒸发。需注意的是,在严重事故领域,"corium"(含燃料材料)一词仅用于 PWR 分析中,一般不会用于 SFR 分析中,这是因为与 PWR 不同,SFR 中液体材料不是各种化学相互作用的结果,而主要是由燃料氧化物和不锈钢组成。

在 SFR 安全评估中,严重事故序列可以分解为四个事故阶段,即初期阶段、过渡阶段、次级阶段和重新定位阶段(Bachrata et al.,2019;Bertrand et al.,2018)。这种划分有助于更好地跟踪瞬态演变,并展示其引发的现象。初级阶段的特征是钠沸腾、燃料棒损坏、燃料和/或包壳熔化。在初期阶段,每个子组件(sub-assembly,SA)与其他组件保持分开,由 SA 组件盒(hexcans)保持其完整性。在过渡阶段,组件盒失去完整性,开始径向的材料迁移,并形成熔池。六边形组件盒开口、轴向和径向熔体的传播是过渡阶段的特征。在事故的后期阶段,熔融物从堆芯区域迁移至堆芯外部。

2.4.4　SFR 与 PWR 早期阶段/初级阶段现象比较

表 2.4.2 比较了 PWR 和 SFR 严重事故第一阶段发生的主要物理现象。PWR 反应堆中的燃料包壳由锆合金(zircaloy)制成。而在 SFR 中,不锈钢作为快堆燃料组件的结构部件已显示出较优的性能,特别是作为燃料包壳。在压水堆严重事故瞬态的早期阶段,会发生包壳氧化和氢气的生成。产生的氢气可能会从反应堆冷却剂系统中逸出(通过裂口),并与安全壳内空气混合,而这可能导致快速爆燃甚至爆炸,由此产生压力波效应,从而对安全壳完整性造成直接威胁(Bertrand et al.,2011)。因此,评估氢气产量(瞬时和累积)的能力是 PWR 安全研究中的一个关键问题。此外,对于 PWR,在堆芯退化的早期阶段,一些堆芯结构可能会过早地与包壳相互作用。这些反应会形成熔点低于锆合金的共晶共熔物。压水堆中与包壳有关的最后一个现象是包壳破裂(由于温度升高和芯块内形成裂变气体)。由于蠕变,燃料内的这种过

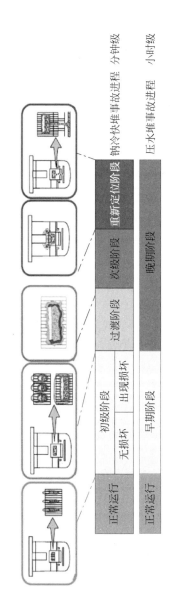

图 2.4.2　严重事故瞬态不同阶段的简化示意图(Bachrata et al.,2021)

(请扫Ⅱ页二维码看彩图)

压会导致包壳膨胀,这种称为肿胀(ballooning)的现象可能导致包壳破裂和裂变产物的释放。

在 SFR 严重事故中,钢包壳熔化和重新分布主要影响堆芯反应性。首先,在 UTOP 的情况下,包壳破裂的位置和瞬间将影响熔融燃料和裂变气体的释放。通过该包壳开口喷射熔融燃料,将引起燃料组件通道内的燃料-冷却剂相互作用。这两种现象都会导致燃料组件通道的空泡,从而导致快速引入正反应性。对于 ULOF,事故首先受热效应控制,可以先着眼于包壳熔化和重新分布。再者,不锈钢熔融液体沿燃料棒重新分布(向上或向下),也会对堆芯的中子学方面有影响,并且在某些情况下会导致反应性增加。因此,这些现象对于进一步的严重事故瞬态评估很重要。对于 PWR 和 SFR 严重事故瞬态,包壳失效/熔化以及熔融燃料和包壳的重新分布,对堆芯几何形状会产生重要的影响。

表 2.4.2　严重事故早期阶段/初级阶段现象(Bachrata et al. ,2021)

PWR	SFR
包壳氧化和氢气形成	包壳熔化和重新分布/中子学
包壳破裂	堆芯区域燃料与冷却剂相互作用(FCI)
熔融金属与完好的燃料棒相互作用	裂变产物释放/中子学
裂变产物的释放	裂变气体/辐照燃料对燃料棒的损坏和
锆合金熔化和燃料溶解	熔融燃料运动的影响
堆芯熔融物扩展	熔池形成、钢的池内分层/中子学
FCI	熔池内 B_4C 化学成分的影响
熔融金属氧化	熔池和六边形组件盒之间的热传递
熔池形成并重新分布到下封头	蒸汽气泡膨胀
氢气燃烧	
安全壳加压	

在 PWR 和 SFR 的初级阶段,熔融或退化的燃料和包壳可能会开始迁移。了解熔融堆芯材料的迁移进展,对于 PWR 和 SFR 严重事故瞬态分析都很重要。在压水堆中,此现象与堆芯区域内退化堆芯的重新注水可能性密切相关,目前该现象已成为严重事故管理程序的关注对象(Bachrata et al. ,2012a,2012c)。然而,由蒸汽形成和氢气产生而导致的压力增加是 PWR 更为关注的重点。如前所述,在 SFR 概念中,熔融堆芯的迁移进展会影响堆芯的中子学现象。因此,重要的现象主要与六边形组件盒内的熔池形成(混合/分离)、熔池内 B_4C 化学成分的影响有关。此外,熔池和六边形组件盒之间的传热作为一个重要现象,对评估组件盒完整性失效情况和对预测首次燃料排

放的瞬间有着至关重要的参考价值。如果没有进行燃料排放,反应堆功率则不会随着中子反应而降低。此时,燃料中的能量沉积可以达到非常高的值,甚至导致燃料和不锈钢汽化。因此,由于容器中的蒸汽膨胀(Manchon et al.,2017),对机械能释放的研究和分析也受到了较多的关注。

2.4.5　SFR 与压水堆后期/重新分布阶段现象比较

在本阶段中,对于压水堆严重事故,需要关注与退化的堆芯重新分布到压力容器下封头(图 2.4.3(a)的瞬态阶段)相关的物理现象。而对于钠冷快堆严重事故,退化的堆芯主要向下重新分布到位于堆芯下方的下腔室中(图 2.4.3(b))。

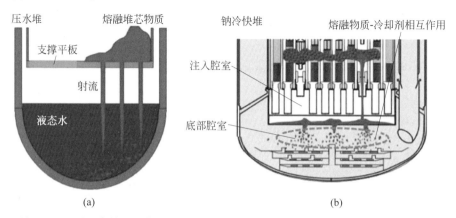

(a)　　　　　　　　　　　　　　　　　　(b)

图 2.4.3　严重事故的后期/重新分布阶段进入下腔室,(a)PWR 和(b)SFR 与内部堆芯熔融物捕集器的比较(Matsuo et al.,2019)

(请扫Ⅱ页二维码看彩图)

在压水堆严重事故的后期阶段,当堆芯熔融物到达下封头时,物理现象的不确定性与两个主要风险的评估有关:①当高温堆芯熔融物与残留的水接触时,产生的蒸汽会导致压力峰值,甚至使容器内的蒸汽爆炸;②在与堆芯熔融物接触时,容器会承受热通量,可能形成相当大的局部热通量,甚至可能导致容器破裂(Miassoedov et al.,2008)。因此,对于某些压水反应堆,其堆内滞留原则迫切需要预测堆芯熔融物将经历的变化,包括从其重新分布到下腔室,直到其冷却或转移出反应堆容器(Marie et al.,2015;Le Tellier et al.,2015)。

从表 2.4.3 可以看出,后期/重新分布阶段的一些现象在 PWR 和 SFR 严重事故分析中很常见。当排出的熔融材料与冷却剂接触时,都有与熔融材料射流破碎有关的现象。因此,FCI 导致的蒸汽形成是一个需要评估的重要现象,其与周围结构上的热机械载荷的风险有关。此外,在 SFR 设计中,还需评估射流对堆芯捕集器的影响。在 PWR 和 SFR 瞬态中,要评估的共同关键点是碎片床的可冷却性(Bachrata et al.,2012b;Matsuo et al.,2019)。

表 2.4.3　严重事故后期/重新分布阶段现象(Bachrata et al.,2021)

PWR	SFR
堆芯熔融物射流碎化,碎片形成	熔融材料射流碎化,碎片形成
蒸汽爆炸	由钠腔室中的 FCI 和气泡膨胀造成的容
碎片床干涸、再淹没的可能性	器和 DHX 热机械负荷
熔池形成	长期熔融材料可冷却性(主要是碎片床)
熔池中的自然对流	堆芯捕集器的再临界风险
氧化,氢气形成	堆芯捕集器的热侵蚀
容器载荷和容器下部失效	钠火反应
堆芯熔融物-混凝土相互作用	裂变产物转移和重组
安全壳直接加热	
蒸汽爆炸	
氢气燃烧	
安全壳加压	
裂变产物转移与重组	

在 PWR 设计中,还需评估与熔池到达下封头有关的其他现象(Marie et al.,2015):射流碎化和相关的碎片尺寸分布、碎片聚集、熔融物流道的形成、碎片的冷却极限、3D 堆芯熔融物重定位、形成堆芯熔融物嵌套在碎片中、熔融金属相的迁移、熔融金属反向分层(由锆的氧化和 B_4C 的影响控制)。化学反应、氧化和产氢是该期间的重要现象。在热通量和温度评估方面,要详细研究形成的熔池内的相分层。更准确地说,金属层在熔池上方分层,即聚焦效应,可能会由于向容器传递巨大热流而危及容器完整性。控制冷却性的主要现象包括:堆芯熔池表面、碎片床、反应容器与堆芯熔池周围固结壳之间空隙的临界热通量。此外,在低压下,碎片的冷却效率、堆芯熔池冷却和间隙的冷却效率是重要的讨论对象(Marie et al.,2015)。上述与压水堆下腔室熔池形成和冷却性有关的现象,主要与下腔内水存量低及其快速汽化有关。

需注意到,虽然在 SFR 严重事故中考虑了上述的相似现象,如熔池形成、钢分层和向周围结构热传递等现象,但主要是在初级阶段中考虑,如从熔融燃料棒向六边形组件盒的热传递。

在 SFR 设计中,由于钠的大库存量及其热力学特性,在大多数情况下,碎片床被认为代表了严重事故场景的最终状态(即不发生重新熔化)。另外,

SFR 中更加关注重返临界的可能性。因此,一些牺牲材料被设计在下腔室中。堆内的堆芯捕集器被认为是一种可以减轻几乎所有发生在容器下腔室中的严重事故现象的解决方案,即射流冲击、临界、碎片的冷却、热载荷等。

最后,在容器失效的情况下,PWR 和 SFR 都考虑了堆外现象。对于压水堆,如果考虑外部堆芯捕集器(例如第三代欧洲先进压水反应堆(EPR)),这将带来的主要问题在于通过将堆芯熔融物散布到堆外并需要长期冷却。在第二代 PWR 设计中,要考虑的现象包括堆芯熔融物与混凝土相互作用(MCCI)、安全壳直接加热(DCH)等。这两种现象都可能导致安全壳内氢气的产生、燃烧、过热和加压,并可能导致安全壳结构的损坏和安全壳完整性的丧失。此外,在 MCCI 的情况下,如果不考虑停止对混凝土的烧蚀,则可能存在污染地下水的风险。基本上,与 PWR 相关的堆外问题旨在预防和缓解,防止由 MCCI 引起的过压和底层地基失效而导致的安全壳完整性丧失。而对于池式 SFR,在发生高能事故的情况下,唯一能够引起压力积累的堆外现象是钠火事故。实际上,在这种情况下,钠会撞击反应堆顶盖,并在其上方的腔室内燃烧。这样的火灾在压力驱动下,能够在反应堆建筑物中转移裂变产物。

此外,PWR 和 SFR 的一个共同问题是放射性核素在反应堆建筑物中的迁移,并最终传播到环境中。其从熔融堆芯到反应堆建筑物的迁移,对于 PWR,主要是通过主回路的破口,而对于 SFR,则是通过反应堆容器壁和顶盖泄漏。最后,在反应堆建筑物之间转移的放射性核素也同样取决于复杂的物理过程,如传输、沉积、壁面冷凝等。

参 考 文 献

石康丽,2017. 铅冷快堆始发事件及瞬态安全特性初步研究[D]. 合肥:中国科学技术大学.

汪振,2017. 铅基研究实验堆假想堆芯解体事故分析研究[D]. 合肥:中国科学技术大学.

朱继洲,单建强,奚树人,等,2018. 核反应堆安全分析[M]. 西安:西安交通大学出版社.

BACHRATA A,BERTRAND F,MARIE N,et al.,2021. A comparative study on severe accident phenomena related to melt progression in sodium fast reactors and pressurized water reactors[J]. Journal of Nuclear Engineering and Radiation Science,7(3):030801.

BACHRATA A,FICHOT F,QUINTARD M,et al.,2012a. Non-local equilibrium two-phase flow model with phase change in porous media and its application to reflooding of a severely damaged reactor core[C]. AIP Conference Proceedings,1453(1):147-152.

BACHRATA A,FICHOT F,REPETTO G,et al.,2012b. Code simulation of quenching of a high temperature debris bed:model improvement and validation with experimental results[C]. Anaheim, United States of America: Proceedings of the 20th International Conference on Nuclear Engineering and the ASME 2012 Power Conference.

BACHRATA A, FICHOT F, REPETTO G, et al., 2012c. Contribution to modeling of the reflooding of a severely damaged reactor core using PRELUDE experimental results[C]. Chicago, United States of America: Proceedings of the 2012 International Congress on Advances in Nuclear Power Plants.

BACHRATA A, TROTIGNON L, SCIORA P, et al., 2019. A three-dimensional neutronics—Thermalhydraulics unprotected loss of flow simulation in sodium-cooled fast reactor with mitigation devices[J]. Nuclear Engineering and Design, 346: 1-9.

BERTRAND F, GERMAIN T, BENTIVOGLIO F, et al., 2011. Safety study of the coupling of a VHTR with a hydrogen production plant[J]. Nuclear Engineering and Design, 241(7): 2580-2596.

BERTRAND F, MARIE N, BACHRATA A, et al., 2018. Status of severe accident studies at the end of the conceptual design of ASTRID: Feedback on mitigation features[J]. Nuclear Engineering and Design, 326: 55-64.

BETHE H A, TAIT J, 1956. An estimate of the order of magnitude of the explosion when the core of a fast reactor collapses[R]. UK Atomic Energy Authority, UKAEA-RHM (56)/113.

BRUNETT A, DENNING R, UMBEL M, et al., 2014. Severe accident source terms for a sodium-cooled fast reactor[J]. Annals of Nuclear Energy, 64: 220-229.

BUCKINGHAM S, PLANQUART P, EBOLI M, et al., 2015. Simulation of fuel dispersion in the MYRRHA-FASTEF primary coolant with CFD and SIMMER-IV[J]. Nuclear Engineering and Design, 295: 74-83.

JIN W, CHENG S, LIU X, 2023. Experimental study on the mechanism of flow blockage formation in fast reactor[J]. Nuclear Science and Techniques, 34: 84.

LE TELLIER R, SAAS L, BAJARD S, 2015. Transient stratification modelling of a corium pool in a LWR vessel lower head[J]. Nuclear Engineering and Design, 287: 68-77.

MANCHON X, BERTRAND F, MARIE N, et al., 2017. Modeling and analysis of molten fuel vaporization and expansion for a sodium fast reactor severe accident[J]. Nuclear Engineering and Design, 322: 522-535.

MARIE N, BACHRATA A, BERTRAND F, 2015. Comparison of an advanced analytical tool with the simmer code to support astrid severe accident mitigation studies[C]. Chicago, United States of America: Proceedings of the 16th International Topical Meeting on Nuclear Reactor Thermalhydraulics.

MATSUO E, SASA K, KOYAMA K, et al., 2019. Coolability evaluation of debris bed on core catcher in a sodium-cooled fast reactor[C]. Ibaraki, Japan: Proceedings of the 27th International Conference on Nuclear Engineering.

MIASSOEDOV A, GODIN-JACQMIN L, BACHRATA A, et al., 2008. Application of the ASTEC V1 Code to the LIVE-L1 Experiment[C]. Anaheim, United States of America:

Proceedings of the 2008 International Congress on Advances in Nuclear Power Plants.

RAHMAN M M,EGE Y,MORITA K,et al.,2008. Simulation of molten metal freezing behavior on to a structure[J]. Nuclear Engineering and Design,238(10): 2706-2717.

SUZUKI T,KAMIYAMA K,YAMANO H,et al.,2014. A scenario of core disruptive accident for Japan sodium-cooled fast reactor to achieve in-vessel retention[J]. Journal of Nuclear Science and Technology,51(4): 493-513.

SUZUKI T,TOBITA Y,KAWADA K,et al.,2015. A preliminary evaluation of unprotected loss-of-flow accident for a prototype fast-breeder reactor [J]. Nuclear Engineering and Technology,47(3): 240-252.

TENTNER A,PARMA E,WEI T,et al.,2010. Severe accident approach—final report. Evaluation of design measures for severe accident prevention and consequence mitigation [R]. Argonne National Laboratory,ANL-GENIV-128.

WANG G,2017. A review of recent numerical and experimental research progress on CDA safety analysis of LBE-/lead-cooled fast reactors[J]. Annals of Nuclear Energy,110: 1139-1147.

WANG G,NIU S,CAO R,2018. Summary of severe accident issues of LBE-cooled reactors [J]. Annals of Nuclear Energy,121: 531-539.

WANG Z,WANG G,GU Z,et al.,2015. Preliminary simulation of fuel dispersion in a lead-bismuth eutectic (LBE)-cooled research reactor[J]. Progress in Nuclear Energy,85: 337-343.

YOSHIOKA R,MITACHI K,SHIMAZU Y,et al.,2014. Safety criteria and guidelines for MSR accident analysis[C]. Kyoto,Japan: Proceedings of the International Conference on physics of reactors.

第 3 章　液态金属冷却反应堆严重事故关键现象概述

液态金属冷却反应堆严重事故涉及在不同事故阶段中堆内不同位置的多种现象。本章依照快堆严重事故的演化进程,对熔融燃料池形成、熔融燃料迁移、FCI 现象、碎片床行为以及放射性核素释放等现象进行扼要介绍。

3.1　熔融燃料池形成

液态金属冷却反应堆(以钠冷快堆为例)的燃料组件在发生瞬间全堵、瞬态超功率及失流等事故后,若未能及时发现和干预,则将导致堆芯内部出现钠沸腾、钢包壳熔化、燃料元件熔化现象,并逐渐发展成为燃料和钢的混合熔池(赵树峰 等,2007)。本节主要以法国超凤凰堆为例,在堆芯通道燃料子组件(SA)瞬间全堵(total instantaneous blockage,TIB)的始发事故情形下,展示钠冷快堆堆芯损坏等严重事故关键现象的演化过程(Marie et al.,2016)。

3.1.1　TIB 瞬态

TIB 事故(Papin,2019)始于 SA 入口处钠流的停滞。研究者对事件序列进行全面研究时考虑了事件进程分叉的所有可能性,并建立了详尽的现象学事件树(见图 3.1.1)。

SA 内冷却剂流动被阻塞后,其损毁的现象序列包括钠蒸发,烧干,包壳和燃料的过热和熔化,熔融池的形成和迁移,最终围绕被阻塞 SA 的六边形组件盒失效。此外,一些情形下,在包壳融化时,可能会形成向周围燃料组件的熔体传播,熔体可能以动力、热力、或同时以两种形式进行传播。

研究者根据事故时序进程,对 TIB 瞬态期间发生的连续现象进行建模和描述(图 3.1.1)。由于 TIB 期间组件内的热量导出功率显著小于产热功率,组件内部温度持续升高。实际上,SCARABEE 实验结果(Kayser et al.,1998)明确显示,燃料组件损毁主要由热效应控制。在燃料组件失效发展过程中,燃料功率保持在正常状态,对于超凤凰堆而言,该状态对应于每根燃料棒功率约 35 kW,轴向热通量呈余弦分布。

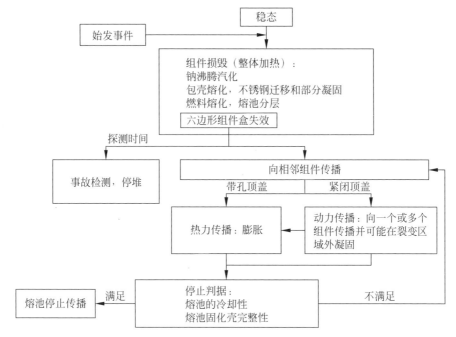

图 3.1.1　超凤凰堆在 TIB 事故期间的现象学事件树

3.1.2　阻塞燃料组件损毁

　　在损毁阶段开始时,阻塞 SA 内部的热力学过程可视为准绝热过程。研究者对包壳和燃料径向导热的特征时间延迟进行了评估,发现这些特征时间(分别为 0.43 s 和 0.74 s)相比于 SA 的加热持续时间更短;而在 SCARABEE BE3+实验中,组件内部流动被阻塞约 10 s 后,燃料开始熔化(Kayser et al.,1998)。因此,在恒定功率的情况下,燃料棒内的径向温度差在燃料熔化之前可以被认为是保持恒定的。研究者还使用 CASPAR 工具对某些 CESAR 实验进行了分析(Seiler,1977),认为自然对流对钠沸腾的发展没有显著影响,而钠的热惯性和周围结构起到主要的影响。研究者在 IGCAR 研究(Ravi et al.,2013)中也证实了这一点,其研究不考虑钠的自然对流,同时忽略轴向传导。

　　从能量守恒的角度看,燃料棒在局部经历的加热,具体取决于燃料中耗散的局部功率和整个组成的结构热惯性(如钠、包壳和燃料)。在轴向上,燃料组件通道在出现钠沸腾之前满足如下的能量关系:

$$P(z)\Delta t = \Delta T(z) \cdot \sum_i \rho_i c_{pi} S_i \qquad (3.1.1)$$

式中,$P(z)$为轴向 z 处的线功率;Δt 为时间间隔;$\Delta T(z)$为轴向 z 处的升温量;ρ 为密度;c_p 为比热;S 为截面面积;可变下标 i 表示燃料(f)、包壳(c)和钠(Na)三种组成材料。

3.1.3　钠沸腾和空泡形成

燃料组件通道内的轴向沸腾前沿可由达到钠沸腾温度的位置表示。在 1 bar(0.1 MPa)压力下钠的饱和温度为 1173 K。沸腾出现后,钠的焓变化可由钠的干度 x 表征,其定义为焓增量 ΔH 与钠汽化潜热 L_{Na} 的比值:

$$x = \Delta H / L_{Na} \qquad (3.1.2)$$

针对 GR-19BP 实验的 CASPAR 计算(So and Seiler,1984;Papin et al.,1990),很好地再现了 $x=0.2$ 时的沸腾前沿演化过程。关于钠的蒸干时间延迟 Δt 可由下式计算得出:

$$P(z)\Delta t = \rho_{Na} L_{Na} S_{Na} x \qquad (3.1.3)$$

一旦钠干涸,则传递给蒸汽的热量和蒸发剩余液体的热量可忽略不计。因此,可以认为组件通道在这个高度没有钠。CESAR 实验(So and Seiler,1984)也验证了这一假设。随后剩余的部件(包壳和燃料)被绝热加热,直到包壳局部开始熔化。

3.1.4　包壳熔化和重新分布

包壳熔化的前沿可以由包壳达到钢熔化温度(1773 K)的轴向位置表示。当轴向位置 z 达到钢的熔化温度时,包壳熔化的时间延迟 Δt 由下式计算得出(其中 L_c 表示包壳钢的潜热):

$$P(z)\Delta t = \rho_c L_c S_c \qquad (3.1.4)$$

包壳熔化期间,可认为燃料保持恒定温度。包壳熔化区域内的液态钢体积会受重力作用而重新分布。事实上,在堆外和堆内实验(PELUR、CEFUS、BE3+)中观察到的液态钢重新分布,主要是由于潜在的带动作用而被带至组件顶部,如被钠蒸气带动的熔融包壳液体,其后在上部较冷的区域发生凝固。另外,SCARABEE 实验中使用寿期初燃料进行的测试结果表明,钠蒸气流不足以带动大量的包壳熔融材料向上运动,因此不会在上方形成紧密的堵塞块(Papin,2019)。可见,这种向上的带动作用是局部且有限的,导致在故障组件最上面的较冷区域可能出现小厚度(1 cm)的多孔塞结构。即使在上部区域有这些阻塞,液态钢的重新分布也是由重力驱动的。在较高燃耗的情况下,由于裂变气体较大量地释放,更多的熔融物可能被向上挟带,但这种现象只在很少的实验中观察到(如 CABRI BTI 实验)。液态钢聚集的位置为包壳熔融下沿的高度。PELUR 和 CEFUS 实验表明(Papin et al.,1983,1990),液态钢会在固相线温度(solidus temperature)的轴向位置冻结。这种重新分布导致钢的逐步堆积。液态钢在未熔融燃料棒周围形成向下移动的熔池,并由于来自上方和下方的轴向钢熔化前沿推进,使液态钢的量继续累积。

3.1.5　液态钢熔池加热

　　热传递主要发生的位置为从熔池到六边形组件盒的径向方向,因此阻塞 SA 的热力学过程不再是绝热的。被液态钢熔池包围的固体燃料区域(图 3.1.2)有如下的能量平衡关系:燃料释放的热功率加热包壳钢,并可以通过全局的传热系数传递至液态钢熔池,该系数代表了燃料内部的径向传导和液态钢熔池内的对流。随后,熔融钢池的热量通过对流散失,传递至组件盒。

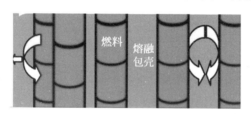

图 3.1.2　燃料棒周围熔融包壳液态钢熔池示意图(Marie et al.,2016)

(请扫Ⅱ页二维码看彩图)

3.1.6　燃料加热熔化和重新分布

　　燃料局部开始熔化时,假设燃料的位置不变,加热过程为准绝热态。

　　与包壳钢类似,燃料熔化的前沿由超过燃料熔化温度的轴向位置表示。对于固体和液相之间的熔化温度,取平均值 3006 K。一旦在某个轴向位置达到这个温度,就认为此处燃料开始熔化。在 SCARABEE BE3+测试中,这一假设能够很好地再现燃料熔化(Papin et al.,1990)。局部燃料熔化的时间延迟 Δt 由燃料的能量平衡关系计算(其中 L_f 表示燃料的潜热):

$$P(z)\Delta t = \rho_f L_f S_f \qquad (3.1.5)$$

　　与熔融包壳类似,熔融燃料的体积在燃料熔化前沿下方的高度处,受重力作用而迁移和重新分布(SCARABEE BE+测试)。熔融燃料池上方的包壳在燃料池形成后继而熔化,由于包壳与燃料的密度差而形成上层的液态钢层(图 3.1.3)。此外,一旦下方燃料熔化前沿渗透到下方钢池中,先前包含在该区域内的熔融钢将立即重新分布到上部液态钢层中。

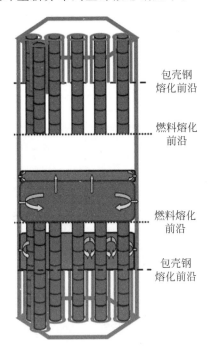

包壳钢熔化前沿

燃料熔化前沿

燃料熔化前沿

包壳钢熔化前沿

图 3.1.3　事故瞬态期间超出包壳和燃料熔化标准的故障燃料组件示意图(Marie et al. ,2016)

(请扫Ⅱ页二维码看彩图)

3.1.7　熔池加热

在上部和下部的燃料熔化前沿的不同区域内,涉及多种传热机制(图 3.1.3):其一是没有材料的空腔,其二是有两层分层熔融材料的区域(熔池)(图 3.1.4)。在这个区域内,分层的每个熔池可以通过相应的热平衡方程进行能量描述。其中主要的物理假设在先前的实验中已经得到了验证,分别如下。

(1) 从 SCARABEE 实验后期中观察到(Kayser et al. ,1998),熔池被自身的固化壳(处于其熔化温度的材料)所包围。而燃料的熔化温度高于钢的熔化温度,因此认为分隔两个熔池的固化壳是由固体燃料组成的。

(2) 燃料池顶部的对流是由 Rayleigh-Benard 不稳定性造成的,传热系数由 Bernaz 等(2001)研究得出。

（3）向侧面的传热取决于池内的对流。Alvarez 等（1987）从 BAFOND 实验中得出了圆柱形池在层流或湍流状态下熔池高度的平均努塞尔数。对于沸腾熔池，可使用 Greene 关系式描述该机制（Bede et al.，1993），这在 SEBULON 实验的数据上得到了验证，但其中仍有一些不确定因素，比如努塞尔数。这与实验差异、瞬态效应和实际材料等因素的影响有关。

（4）基于燃料池底部的热分层，BAFOND 实验与 Ravi 等（2013）的研究一致假设燃料池底部界面的热通量可以忽略。

（5）最后，Ravi 等（2013）假设通过熔融钢池上表面的热通量可以忽略。

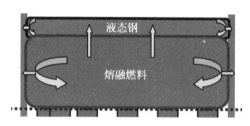

图 3.1.4　上部熔融钢池和燃料池示意图
（请扫Ⅱ页二维码看彩图）

3.2　熔融燃料迁移行为

某些超设计基准事故会导致燃料和钢组件盒熔化。随着沸腾池内温度、压力的升高，换热能力的增强，以及其他随机因素的作用，池壁将出现破损，熔融物失去约束，燃料和钢的混合高温熔融物便会在组件盒间隙甚至相邻组件内传播，使事故发展到周围的组件盒中，导致更加严重的事故后果。熔融物在堆芯内不同的位置会产生不同的反应性变化，如果积累达到一定程度，则将有可能导致再临界事故的发生，造成更严重的事故后果。如果有 30%～40% 的熔融燃料能及时传播或排出到堆芯外，则将显著降低堆芯内再临界的可能性（Soussan，1990；赵树峰 等，2007）。熔融物向邻近 SA 以及其内部的迁移现象已经被广泛地讨论，研究认为组件盒的破损作为始发事件引发了熔体的迁移和传播过程。

3.2.1　损毁 SA 的组件盒破损失效

导致组件盒破损的机制较为复杂，通常被解释为与燃料固化壳不稳定有关的热侵蚀（Papin，2019）。图 3.2.1 为沸腾池示意图，图的中央是燃料和钢的混合沸腾池,由于燃料熔点较高,在和低温池壁接触的地方会形成一定厚度的固化壳。若在稳态情况下,通过沸腾池的排热量、固化壳的导热量以及池壁的导热量三者相等,则此时两个固体结构区的厚度不会有任何变化。但随着沸腾池排热能力的增强,这种平衡态将被打破,导致固化壳和池壁发生部分熔化而逐渐变薄,进而破损,即热侵蚀的破损机理(赵树峰 等,2007)。

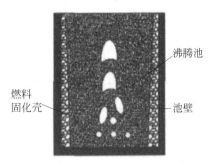

沸腾池

燃料
固化壳

池壁

图 3.2.1　沸腾池实验装置示意图(赵树峰 等,2007)

除了热侵蚀导致的破损机理,还有压力所致的破损机制。实验表明(Kayser and Soussan,1991; Dadillon et al.,1990),由于 SA 中可能存在过压,则组件盒可能会变形,并且可能会触及周围组件盒的包裹层。沸腾池内部压力的发展受以下因素影响:①在沸腾池发展过程中,随着混合熔融物温度提升,对应的饱和压力相应升高,若沸腾池是非封闭式的,那么这种升高的速度则相当慢,对池壁的破损不会有太大贡献;②在沸腾池沿轴向向上发展的过程中,若与上方的低温固体结构接触,则将发生冻结而使沸腾池封闭,导致压力以较快速度升高;③沸腾池上方是低温液态钠,如果钠落入池中,则将因钠的瞬间蒸发沸腾而产生高压,甚至有燃料-冷却剂相互作用(FCI)(类似于"蒸汽爆炸")的可能,但根据对 SCARABEE 实验的观察,可将 FCI 的可能性忽略,将其作用看作是瞬间的剧烈蒸发和沸腾。这种压力升高所造成的破坏性比前两种大得多。正是由于池壁两侧作用压力的不同,在压力差所致的应力超过池壁的抵抗极限时,将会导致池壁发生压力破损。

因此,根据不同的条件(过压、局部机械故障或包裹层的热点等),组件盒破损可能是由热力和压力的综合影响造成。组件盒的破损作为始发事件引发了熔体的迁移和传播过程。

在沸腾池的排热量达到一定程度后会导致下面钢结构的熔化进而流走,液态钢流走后,熔融物和池壁间存在两种作用机理:①在下面的液态钢流走后,不会对燃料固化壳产生影响,固化壳会弯曲变形而附着在下面的钢结构上,再以同样的方式继续进行新一轮的热侵蚀,如图 3.2.2(a)所示;②下面的钢流走后会对固化壳产生影响,导致固化壳破损而使液态熔融物直接与下面的钢结构接触,如图 3.2.2(b)所示。根据模型计算(赵树峰 等,2007),第二种热侵蚀的速度比第一种高出很多倍,因此固化壳的形成对于池壁的保护作用是相当大的。

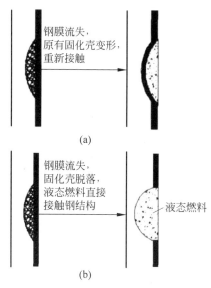

钢膜流失,
原有固化壳变形,
重新接触

(a)

钢膜流失,
固化壳脱落,
液态燃料直接
接触钢结构

液态燃料

(b)

图 3.2.2　两种不同的热侵蚀机理示意图
(a) 固化壳不脱落;(b) 固化壳脱落

　　根据机理描述,赵树峰等(2007)分别建立了两种模型。第一种模型包括沸腾池区、固化壳区和池壁区。对沸腾池的处理,将考虑的重点放在其给固体结构提供的热源上,对二氧化铀的固化壳和池壁分别用一维模型分析。由于此处导热存在相变,模型计算中采用了焓方法(Shamsundar and Sparrow,1975;Fink,2000)来处理。第二种模型中所描述的情况与法国的堆外实验GEYSER 很相似,该实验将温度为 3300 K 的二氧化铀直接注入初始温度为1300 K 的钢管中(Soussan,1990),并用整体冻结模型进行分析,得出第二种模型对池壁热侵蚀的状况。又假设在熔融物进入之前就有一层固化壳,用导热冻结模型(Schwartz et al.,1988)对其换热情况进行分析。结果表明,若固化壳不脱落,将对下面的池壁有相当大的保护作用,热侵蚀进行的速度将显著减慢;否则,将使池壁迅速升温,推理到沸腾池内的情况,就会导致池壁迅速熔穿,固化壳脱落使得热侵蚀加速(赵树峰 等,2007)。

　　在形成沸腾池的情况下,由于两侧的温度梯度较大,且靠近池壁一侧温度高于 1268℃,在此温度以上,钢的热应力为零。所以,对于池壁的分析,应引入"残余厚度"概念。残余厚度是指池壁中真正有抵抗应力的那部分厚度。法国 SCARABEE 实验中的 BE3＋测试表明,破损发生在轴向中心以下 96 mm 处,破损时未发生钠沸腾,外侧壁温约 700℃,实验中检测到的热流密度为 1100 W/cm^2,压力差为 5.5×10^5 Pa(Jones et al.,1986)。通常,池壁厚 4.6～5 mm,而实验中观察到,在壁厚还有 2～3 mm 时会发生快速熔穿事故,这是因为 2～3 mm 的壁厚中真正的残余厚度更小,小的残余厚度所能抵抗的压力差很小,在外侧壁温升高到一定值后,即使是 2～3 mm 厚度的池壁也会很快破损。

PV-A 是法国 SCARABEE 实验中用来检验熔融物在相邻组件中传播的实验装置。实验中观测到,当沸腾池的功率分别为 60 W/g、80 W/g 和 120 W/g 时,池壁均无破损;将功率提升到 137 W/g 时,通过池壁的热流密度达到 1000 W/cm^2,沸腾池内的压力为 2.66×10^5 Pa,棒束侧压力为 4.3×10^5 Pa,但仍未发生破损(Dadillon et al.,1990)。在这种情况下,将钠流量降为原来的 40%,池壁则立即破损。针对这种现象,尚未形成公认的理论。钠流量降为原来的 40% 时,由于钠所带走的热量减小,此时,直接会影响到池壁最外侧的壁温,因为它是直接与钠进行换热的,从而导致外侧壁温迅速升高,在 1000 W/cm^2 情况下,其升高幅度是相当快的。而根据破损模型计算来看(赵树峰 等,2007),只要外侧壁温再升高约 150 K,池壁就会破损,在 1000 W/cm^2 的大热通量情况下,外侧壁温能够很快地大幅升高,从而出现实验中所观察到的钠流量降低后立即破损的现象。

3.2.2　熔融物传播

热传播是一个由被入侵结构的加热和熔化控制的传播过程。Livolant 等(1990)从 SCARABEE PVA 实验中发现,熔融物的传播介于仅有热传播或仅有水力传播的情况之间。因此,熔融物的传播模型应结合热力和水力两种模式。水力传播假定喷出材料的运动只受水动力效应的控制,即只由于故障的 SA 与其相邻结构之间的压力差。该压力差可能是由于与紧密的上塞和被阻塞材料的汽化而产生的或在故障后,由于局部 FCI 产生。从过去的实验中,已经得出了一些物理上的解释:这个压力差越高,传播的各向同性越少。对于低压差,则没有水力传播,只有热传播,由于熔池的温度很高,热传播是平均各向同性的。然而,目前对于压力差和受水力传播影响的邻近 SA 的数量之间的关系,仍然缺乏数据来量化。

在组件盒破损和向邻近 SA 进行水力传播的第一阶段之后,过压消失,邻近 SA 的剩余结构只会经历热传播。另外,根据 SCARABEE-N 实验(Livolant,1990)的主要结论,TIB 事故不会导致剧烈的高能 FCI 和 SA 的破坏,因此只考虑促进水力传播的温和的局部 FCI 的影响,而剧烈的高能 FCI 可能会导致其他瞬态进展。因此,考虑以下几种传播情景:①只有一个各向同性的热传播源向相邻的六个 SA 传播;②在第一阶段,向给定数量的相邻 SA 进行水力传播,然后在第二阶段,热传播继续在所有的六个相邻 SA 中进行。

此外,SCARABEE BE3＋和 PIA 实验证实,由于早期组件盒变形和 SA 间的堵塞的形成,没有大量的燃料通过 SA 之间的间隙逃逸。

1. 水力传播

Papin(2019)提出,熔融物从破损组件中喷出并导致过压的过程,主要是通过一系列温和的熔融物进程实现的。炽热熔融物的入侵导致被包裹的燃料棒熔化,并且,受到局部但温和的 FCI 破坏后,会直接形成新的固化壳(Kayser and Soussan,1991)。水力传播的延迟与喷射出熔融材料总量的水力渗透所需时间相对应。在组件盒失效时,上层熔池中的熔融钢质量和位于失效位置上方的熔融燃料质量是主要的研究对象。Papin 等(1990)在实验中观察到,失效发生在热流最大的位置。该热流最大的位置,其平均值由 SCARABEE BF2 和 BF3 实验得出的轴向热流曲线确定(Bede et al.,1993)。邻近 SA 内重新分布的熔体形状可从 SIGELCO 的径向熔体注入实验结果中推断(Duret and Bonnard,1988),描述该形状的变量为轴向渗透距离与径向渗透距离之比。根据假设,重新分布的熔融材料熔体以失效位置 Z_{rup} 为中心。因此,其他特征参数(轴向渗透距离 H 和径向渗透距离 X)由所占体积的形状(六边形径向面积和 H 的高度,图 3.2.3)和重新分布的体积推断。

在燃料穿透到邻近组件时,缓发中子被钠流输送,从而被探测到。t_{DND}(缓发中子探测时间)是在组件盒失效后侦测到事故和启动停堆所需的时间,在 EFR 安全报告中考虑该值约为 11 s。超过这个时间延迟,功率就转为考虑剩余功率,并考虑 SPX 反应堆中剩余功率的下降规律。在熔融物渗透到邻近的 SA 内部后,需考虑堆芯功率的变化,以计算出被困在入侵熔体中的燃料棒被加热和熔化所需的时间延迟(导致钠汽化的热量可以忽略不计)。

2. 热传播

图 3.2.4 涵盖了如下现象:①组件盒失效后故障 SA 的退化在轴向上进展;②熔融材料在相邻 SA 中的径向热传播。对于热传播,假设所有耗散在熔融材料上的功率都用于加热和熔化相邻 SA 周围的结构(图 3.2.5)。熔化温度下的熔融材料随后与熔池混合,导致其温度下降。

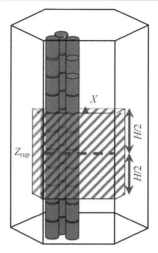

图 3.2.3　受水力传播影响的相邻 SA 中喷出的熔融物占据的体积

（请扫 II 页二维码看彩图）

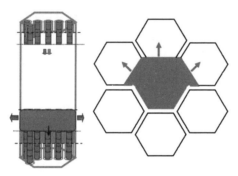

图 3.2.4　熔池在故障 SA 中的热传播

（请扫 II 页二维码看彩图）

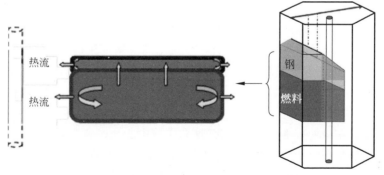

图 3.2.5　熔融材料迁移示意图

（请扫 II 页二维码看彩图）

3.2.3　熔融物冻结

　　为了研究快堆内发生事故后的状况,各国开展了不少堆外实验来研究熔融燃料的冻结机理(Soussan,1990;Schwartz et al.,1988)。GEYSER 系列堆外实验有 3 种不同形状的装置,包括单管、管排和管束。其中单管实验是为研究冻结机理而设立的,包括 GEYSER8 和 GEYSER11 等实验(Tattersall et al.,1989)。实验中燃料被加热到 3300 K 的熔融态,然后在一定的驱动压差下向上喷入实验段。图 3.2.6 给出了 GEYSER 实验的示意图,其中实验管内径 4 mm,壁厚 2 mm,燃料喷入前实验管内没有任何介质,壁温为 1300 K。实验段内装有热电偶,实验后进行切片检查。GEYSER8 和 GEYSER11 实验的驱动压差分别是 0.3 MPa 和 0.8 MPa。

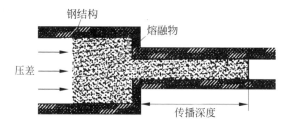

图 3.2.6　GEYSER 实验示意图(赵树峰 等,2007)

　　常用的冻结机理包括导热冻结机理和整体冻结机理,其他冻结机理都是以这两种机理为基础(Benuzzi and Biasi,1986;Berthoud and Duret,1989)。导热冻结机理如图 3.2.7(a)所示。通过固化壳的导热量比流体传给固化壳的对流换热量大时,固化壳增厚,反之会减薄,直到通道中某处形成的固化壳将通道堵死,流动停止。整体冻结机理如图 3.2.7(b)所示。在熔融物传播过程中始终没有固化壳形成,而是以流体的形态和固体结构进行换热,在整个流通界面的熔融物的焓值降到固态值以下时,认为整个界面冻结,流动停止。

　　实验中最终传播的停止并不是因为固化壳塞满了流道,而是由速度降低所致。赵树峰等(2007)建立的整体冻结模型能够较好地预测传播深度与时间的关系;而在导热冻结模型中,在不到 10 ms 的时间内入口处钢开始达到熔点,但由于钢的相变潜热是比热容的 300 多倍,因此还不能马上全部熔化。到 20 ms 时入口处有部分钢被熔化,这和实验中所观察到的现象一致。另外,导热冻结模型在流动停止时形成了不到 1.1 mm 厚度的固化壳,然而,当熔融物在相邻组件内传播时,通道截面是不断变化的,因此在管排和管束内也有可能是导热冻结机理致使传播停止。

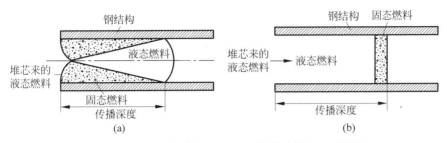

图 3.2.7　(a)导热冻结机理和(b)整体冻结机理示意图

实验后切片显示前端所形成的冻结呈等轴晶粒型,说明是由整体降温所致,中间及后面的贴壁处形成的都是柱状晶粒,且成长方向顺着流体流动方向,说明是由导热冻结所致。赵树峰等(2007)的研究表明,驱动压差是影响传播的重要参数,两者成正比例关系。而熔融物的初始速度对传播深度影响不大,但会影响冻结的时间。当由瞬态压力驱动时,会出现逐步传播的现象,而持续大驱动压差时不会产生这种现象。

3.3　FCI 和熔融燃料碎化现象

FCI 是核反应堆严重事故中的一个重要物理现象。在轻水堆堆芯熔化事故中,大量的堆芯熔融物可能与冷却剂发生强烈的热物理作用,引发蒸汽爆炸,并对反应堆安全构成威胁(张熙司 等,2020)。对于钠冷快堆而言,堆芯熔融物与温度较低的冷却剂发生剧烈的热物理反应,熔融物注入冷却剂后,因界面扰动会发生碎化现象,而传热面积的急剧增大,也可能加剧相互作用,造成压力骤增,从而对反应堆安全构成威胁。此外,得益于铅铋合金良好的化学惰性,虽然熔融燃料与冷却剂很难直接发生化学反应,但会造成燃料芯块中的部分锕系元素溶入冷却剂中(Cheng et al.,2022)。在严重事故下,FCI 现象有可能会造成能量释放而威胁主容器的完整性,同时 FCI 也是熔融燃料移动的重要驱动力,对于无保护瞬态过程的反应性有着重要影响,甚至决定着堆芯降级的过渡阶段发生瞬发超临界的潜力(薛方元 等,2019)。从对钠冷快堆严重事故的分析中,研究者认识到,在悲观假设条件下(如最小的燃料排出),CDA 可能会进入一个过渡阶段,在这个阶段,可能会形成一个大型的、全堆芯规模的熔融燃料池,这个燃料池中含有足够多的燃料,通过燃料压实而迅速达到再临界状态(图 3.3.1)(Zhu et al.,2017;Suzuki et al.,2012a,2014)。另外,沸腾池压力升高主要的因素是 FCI 现象,这种作用导致的压力升高的范围在 MPa 量级,因此 FCI 造成的危害相当大(Abe et al.,2004)。

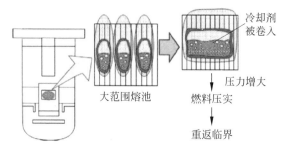

图 3.3.1　过渡阶段的熔池形成和局部 FCI(Suzuki et al.,2014)

(请扫 Ⅱ 页二维码看彩图)

3.3.1　FCI 过程重要参数

研究者重点关注 FCI 过程中的一些重要参数,比如瞬时界面接触温度、周围韦伯数以及毕奥数。

1. 瞬时界面接触温度

钠冷快堆发生堆芯解体事故时,熔融堆芯材料与冷却剂钠接触并相互作用,瞬时界面接触温度 T_i (instantaneous contact interface temperature)对于熔融物固化壳的生成、液态钠的过热及沸腾行为有着决定性的影响(Zhang and Sugiyama,2010; Carslaw and Jaeger,1959)。因此,T_i 通常作为热力条件参数应用于熔融物破碎特性研究中。图 3.3.2 给出了 FCI 一维温度场分布图,其中 T_c、T_h 分别代表冷却剂和熔融物的初始温度,T_{mp}、T_i 分别为熔融物的凝固点温度以及冷热流体瞬时界面接触温度。$x=0$ 处为瞬时接触界面,$x<0$ 处为冷却剂区域,$x>0$ 处为熔融物区域,凝固相变界面处于 $x=X$ 处。冷却剂区、固化壳区以及熔融物区域温度分布分别为 T_0、T_1 和 T_2。为突出物理本质,合理简化问题,假设热量只沿着冷却剂方向传递,即一维传热,忽略相变材料在熔融状态时的自然对流和凝固时的过冷效应。

忽略潜热释放,基于一维半无限大平板导热问题的解析解(Zhang and Sugiyama,2010),可以得出此时冷却剂区和熔融物区温度分布:

$$T = \begin{cases} T_i + (T_i - T_c)\,\mathrm{erf}\!\left(\dfrac{x}{2\sqrt{\alpha_c t}}\right), & x < 0 \\[3mm] T_i + (T_h - T_i)\,\mathrm{erf}\!\left(\dfrac{x}{2\sqrt{\alpha_h t}}\right), & x > 0 \end{cases} \qquad (3.3.1)$$

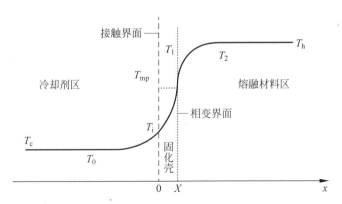

图 3.3.2　FCI 一维温度场分布(杨志,2020)

此时瞬时界面接触温度 T_i 的表达式为

$$T_i = \frac{T_h + T_c \dfrac{k_c}{k_h} \sqrt{\dfrac{\alpha_h}{\alpha_c}}}{1 + \dfrac{k_c}{k_h} \sqrt{\dfrac{\alpha_h}{\alpha_c}}} \tag{3.3.2}$$

式中,α 和 k 分别代表热扩散系数以及热导率;下标 c 和 h 分别代表冷却剂和熔融物。在考虑潜热释放情况下,此时温度场分布如下:

$$T_0 = \frac{T_{mp} + T_c \eta_c \, \mathrm{erf}(\phi)}{1 + \eta_c \, \mathrm{erf}(\phi)} + \frac{T_{mp} - T_c}{1 + \eta_c \, \mathrm{erf}(\phi)} \mathrm{erf}\left(\frac{x}{2\sqrt{\alpha_c t}}\right), \quad x < 0 \tag{3.3.3}$$

$$T_1 = \frac{T_{mp} + T_c \eta_c \, \mathrm{erf}(\phi)}{1 + \eta_c \, \mathrm{erf}(\phi)} + \eta_c \frac{T_{mp} - T_c}{1 + \eta_c \, \mathrm{erf}(\phi)} \mathrm{erf}\left(\frac{x}{2\sqrt{\alpha_{hs} t}}\right), \quad 0 < x < X$$

$$\tag{3.3.4}$$

$$T_2 = T_h - \frac{T_h - T_{mp}}{\mathrm{erfc}[\beta(1+\varepsilon)\phi]} \mathrm{erfc}\left(\frac{x}{2\sqrt{\alpha_{hl} t}} + \beta\varepsilon\phi\right), \quad x > X \tag{3.3.5}$$

ϕ 可通过以下方程求出:

$$\frac{\eta_c}{\exp(\phi^2) + \eta_c \exp(\phi^2)\mathrm{erf}(\phi)} - \frac{\eta_h}{\exp\{[\beta(1+\varepsilon)\phi]^2\}\mathrm{erfc}[\beta(1+\varepsilon)\phi]} \cdot \frac{T_h - T_{mp}}{T_{mp} - T_c}$$

$$= \frac{L\phi\sqrt{\pi}}{c_{phs}(T_{mp} - T_c)} \tag{3.3.6}$$

其中,无量纲比例系数 η_c、η_h、β、ε 的定义如下:

$$\eta_c = \frac{\lambda_c}{\lambda_{hs}} \sqrt{\frac{\alpha_{hs}}{\alpha_c}} \tag{3.3.7}$$

$$\eta_h = \frac{\lambda_{hl}}{\lambda_{hs}} \sqrt{\frac{\alpha_{hs}}{\alpha_{hl}}} \qquad (3.3.8)$$

$$\beta = \sqrt{\frac{\alpha_{hs}}{\alpha_{hl}}} \qquad (3.3.9)$$

$$\varepsilon = \frac{\rho_{hs}}{\rho_{hl}} - 1 \qquad (3.3.10)$$

式中,ρ、L、c_p 分别代表密度、潜热和比热;下标 hl 和 hs 分别代表固相熔融物和液相熔融物。此时冷却剂与熔融物的瞬时界面接触温度 T_i 由下式计算(Zhang and Sugiyama,2010):

$$T_i = \frac{T_{mp} + T_c \eta_c \mathrm{erf}(\phi)}{1 + \eta_c \mathrm{erf}(\phi)} \qquad (3.3.11)$$

2. 周围韦伯数 We_a

周围韦伯数 We_a(ambient Weber number)作为一个水力工况参数,其定义为惯性力与表面张力的比值(Pilch,1981):

$$We_a = \frac{\rho_c u^2 D_0}{\sigma_h} \qquad (3.3.12)$$

式中,ρ_c 为冷却剂的密度;u 为熔融液滴与冷却剂的相对速度;D_0 为熔融液滴初始直径,取熔融液滴进入钠池瞬间的最大水平直径;σ_h 为熔融液滴的表面张力系数。

3. 毕奥数 Bi

FCI 过程中,毕奥数 Bi(Biot number)表征熔融液滴表面导热热阻与换热热阻之比(杨世铭和陶文铨,2006),其定义如下:

$$Bi = \frac{hR}{k} \qquad (3.3.13)$$

式中,h 为熔融液滴外表面的对流换热系数;k 为熔融液滴的导热系数;R 为熔融液滴的半径。Bi 对于熔融液滴的凝固壳生长速率影响较大。低 Bi 条件下,对流传热相对导热效应较弱,熔融液滴热量无法快速传递给周围冷却剂,凝固壳生长速率缓慢;高 Bi 条件下,对流传热效应较强,熔融液滴热量能很快传递给周围冷却剂,凝固壳生长速率较快。

为了对核反应堆严重事故下 FCI 现象有更清晰的理解,以下分别阐述轻水堆和钠冷快堆中 FCI 的主要现象。

3.3.2　轻水堆 FCI

　　轻水堆中 FCI 过程可能引发剧烈的蒸汽爆炸现象,可分为如图 3.3.3 所示的 4 个阶段:预混合、触发、传播、膨胀(杨志,2020)。熔融物首先在冷却剂中碎化为厘米级的熔融液滴,并在其周围形成稳定的汽膜。在不稳定性作用下,汽膜发生塌陷,熔融物与冷却剂直接接触,急剧的传热及蒸发使得熔融液滴破碎为大量碎片,传热面积剧增,产生大量的蒸汽,并伴随着一定能量冲击波向周围传播,从而促进周围其他熔融液滴破碎,引发更大能量的压力冲击波(周源,2014)。蒸汽爆炸根据发生位置的不同分为压力容器内和压力容器外蒸汽爆炸,压力容器内蒸汽爆炸会威胁压力容器的完整性,压力容器外蒸汽爆炸则会威胁安全壳的完整性。

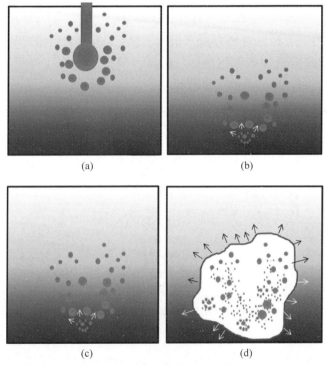

图 3.3.3　蒸汽爆炸的 4 个阶段

(a) 预混合;(b) 触发;(c) 传播;(d) 膨胀

(请扫Ⅱ页二维码看彩图)

　　El-Genk 等(1983)基于熔融二氧化铀以及锆合金包壳与冷却剂水的反应提出了如图 3.3.4 所示的冷却剂卷入-受热膨胀-产生压力模型,即冷却剂被卷吸进入带有凝固壳的熔融液滴内造成压力增加,进而引起液滴破碎。

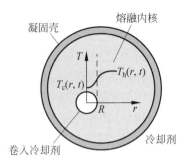

图 3.3.4　封闭凝固壳内卷入冷却剂受热膨胀压力模型

Corradini 等(1988)通过建模分析了轻水堆严重事故条件下 FCI 引起蒸汽爆炸发生的 4 个阶段,并提出如图 3.3.5 所示的熔融液滴破碎机理。他们认为,熔融液滴与水接触的一瞬间会在熔融液滴表面形成一层均匀的汽膜,当汽膜破碎时会在熔融液滴方向产生微水柱,微水柱刺破熔融液滴,进入内部并被包围,接着包围微水柱的一层熔融液滴由于微水柱体积的膨胀而破碎,重复以上过程,直到液滴完全破碎。

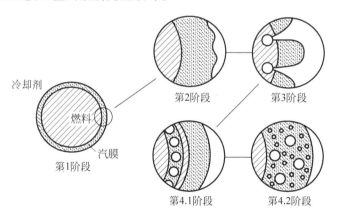

图 3.3.5　C-K 模型中熔融液滴破碎过程(Corradini et al.,1988)

Ciccarelli 和 Frost(1994)等通过 X 射线成像技术观察熔融液滴破碎的过程,并提出了热力破碎过程和受外部流动影响的热力破碎过程(图 3.3.6 和图 3.3.7),以描述熔融液滴破碎的过程。他们认为,汽膜破碎时冷却剂与液滴表面的接触不均匀性,会造成熔融液滴表面产生膜态沸腾的不均匀性,这会使液滴表面形成不同程度的凸起和凹陷,随着不均匀膜态沸腾的进行,这种液滴表面会越来越不均匀,并形成细丝状的突起,突起不断被拉长,直到液滴表面的汽膜破碎脱离,这些细丝状突起与冷却剂水直接接触,发生剧烈的传热,进而破碎,然后重复以上过程。

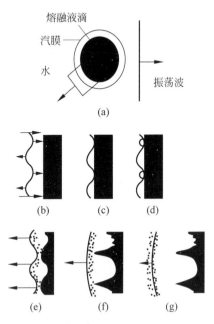

图 3.3.6 　 热力破碎示意图(Ciccarelli and Frost,1994)

(a) 热力破碎模型初始状态;(b) 振荡波导致汽膜不稳定;(c) 汽膜与熔滴表面接触;(d) 形成表面局部高压蒸汽;(e) 熔滴表面形成凹坑并开始碎化;(f) 熔滴表面形成尖刺突起、细丝发生破碎;(g) 汽膜脱落

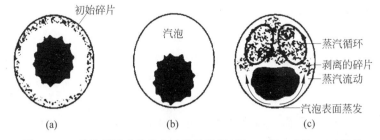

图 3.3.7 　 受外部影响的热力破碎示意图(Ciccarelli and Frost,1994)

(a) 汽膜初始生成并膨胀;(b) 气泡向后方发生位移;(c) 熔滴与水接触并发生汽化

3.3.3 　 液态金属冷却反应堆 FCI

对于液态金属反应堆(以钠冷快堆为例),由于液态钠具有良好的导热性

能,能将熔融物的热量迅速导出;此外,液态钠沸点较高(881℃),熔融物与液态钠接触界面的温度难以维持液态钠稳定的膜态沸腾,因此在钠冷快堆中发生像压水堆中那样剧烈的蒸汽爆炸现象的概率很低(陈凌海 等,2007;Cronenberg and Grolmes,1976)。钠冷快堆中堆芯熔融材料与冷却剂钠的相互作用特性以及熔融物碎片的形态特征对于评估堆芯解体事故的发展趋势至关重要(杨志,2020)。如果从破损燃料棒喷射出的熔融燃料得到充分破碎并从堆芯排出,则会引入足够的负反应性使得堆芯解体事故终止;若喷射出的熔融燃料在堆芯中凝固,并堵塞冷却剂通道,则会使堆芯传热恶化,堆芯再临界风险也会上升,导致更严重的后果(Nishimura et al.,2010)。同时,燃料碎片尺寸分布对于形成碎片床的最终形态、长期冷却以及再临界性也有着巨大的影响(Cheng et al.,2014b)。基于 FCI 破碎实验,研究者们提出了一些熔融物破碎模型,主要分为热力破碎和水力破碎两种(Cronenberg and Grolmes,1976)。

1. 热力破碎

1)气泡生长和溃灭

Swift 和 Baker(1965)进行了熔融金属分别落入水和液态钠的实验,发现熔融金属在液态钠中发生了破碎,而在水中并没有发生破碎。基于经典的沸腾曲线,他们提出与熔融物表面接触的液态钠处于剧烈的过度沸腾或核态沸腾的区域,钠气泡的生长和溃灭对熔融物表面产生强烈的扰动,从而导致熔融物的破碎;而在水中,熔融物表面被稳定的气膜覆盖,在转变为过度沸腾及核态沸腾之前,熔融物表面已经凝固,因此不会发生破碎。

2)冷却剂自发成核(spontaneous nucleation of coolant)沸腾

Armstrong 等(1976)为了研究液态金属冷却反应堆中发生蒸汽爆炸的可能性,分别进行了熔融二氧化铀入射以及冷却钠入射模式下的 FCI 实验。结果表明,只有液态钠入射时,才会发生小型的蒸汽爆炸。为了解释该现象,Fauske(1973)提出了冷却钠的诱陷-液液接触-过热机理。在液态钠入射时,微小钠滴会诱陷于熔融二氧化铀中。由于缺乏汽化核心,尽管两相瞬时界面接触温度高于钠的沸点,液态钠不会立即汽化,而是被熔融物加热到均相成核(homogeneous nucleation)温度,并剧烈地汽化,从而产生压力冲击波。

3)热相互作用区(thermal interaction zone,TIZ)

基于 Fauske 的自发成核机理,Matsumura 和 Nariai(1997)划分出蒸汽爆炸概率较大的区域,即 TIZ,如图 3.3.8 所示。区域的下限为界面接触温度不低于均相成核温度,上限为界面接触温度不超过冷却剂的最小膜态沸腾温度。均相成核温度由 Lienhard 公式给出：

$$T_{hn} = T_{sat} + \left[0.905 - \left(\frac{T_{sat} + 273}{T_{crit} + 273} \right) + 0.095 \left(\frac{T_{sat} + 273}{T_{crit} + 273} \right)^8 \right] (T_{crit} + 273)$$

(3.3.14)

式中，T_{sat} 和 T_{crit} 分别是冷却剂的饱和温度和临界温度。冷却剂为水时，T_{hn} 为 314.1℃；冷却剂为液态钠时，T_{hn} 为 1787℃。对比可见，钠冷快堆中堆芯熔融材料与液态钠相互作用时不太可能发生大型的蒸汽爆炸。

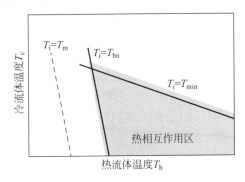

图 3.3.8 热相互作用区（Abe et al.，2004）

4）热应力导致破碎

此模型认为，熔融物在破碎过程中始终保持熔融状态，然而当瞬时界面接触温度低于熔融物凝固点时，熔融物的凝固效应无法忽略。Hsiao 等（1972）和 Cronenberg 等（1974）提出了由凝固壳上的热应力作用导致的热力破碎机理。熔滴凝固模型以及凝固壳上热应力分布如图 3.3.9 所示。初始时刻熔滴进入无限大均匀温度的冷却剂中，将熔滴温度简化为只在径向分布。熔滴外表面形成完整的凝固壳后，由于沿凝固壳径向不均匀的温度分布，凝固壳上产生径向及切向的热应力。同时，由于凝固壳收缩挤压内部液态熔融物，熔滴内部产生压力，对凝固壳产生反作用力。当凝固壳上切向或径向的总应力超过凝固壳的拉伸极限时，凝固壳便会发生破碎。

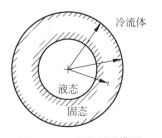

图 3.3.9 熔滴凝固模型

Schins 和 Gunnerson（1986）、Benz 和 Schins（1982）在较高的热力条件和水力条件下研究了熔融铜和熔融不锈钢在钠中的沸腾破碎机理，其中熔融物形态为射流状，得出在熔融不锈钢/钠和熔融铜/钠相互作用中不会发生蒸汽爆炸，初始时刻的膜态沸腾状态很难达到。研究者根据碎片的形状和尺寸提出了两种破碎机理：一种是熔融物由水力因素诱发的沸腾所导致的短暂而急促的破碎，这种破碎机理产生的碎片一般是光滑的、呈球状；另一种是延迟的热应力破碎机理，这种机理产生的碎片较粗糙，呈断裂状。

5) 钠卷吸模型

Sugiyama 等(1999)在过冷条件下，基于熔融锡和锌射流与水的相互作用实验，提出了钠卷吸模型这一热力学破碎机理。通过观察碎片的形状，研究者认为熔融金属射流的破碎是由水被卷吸进入熔融物射流内部所引起的压力突增造成的。

Nishimura 等(2002,2005,2007,2010)通过对熔融铜、银、不锈钢、铀等与钠相互作用进行系统性的实验，验证了 Sugiyama 的钠卷吸破碎机理，并给出了射流钠卷吸模型(图 3.3.10)和液滴钠卷吸微射流模型(图 3.3.11)两种破碎机理模型。研究者认为，当部分冷却剂被卷吸进入熔融射流内部时，冷却剂会吸收射流的潜热和显热，造成其体积急剧膨胀，进而使射流破碎；而对于熔融液滴来说，研究者认为液滴与冷却剂接触后形成正反两个方向的微射流，冲向液滴的微射流刺破液滴的固体外壳，并留在液滴内部，由于冷却剂吸热膨胀，在凝固壳内部产生足够大压力，导致液滴破碎。一系列的实验结果表明，液态金属冷却反应堆 FCI 的热力条件中，初始钠温度对熔融物的破碎无明显的影响，并且在低过热度的情况下，射流质量对破碎的影响要远小于过热度的影响。研究者提出了在韦伯数大于 200 时，水力因素是破碎的主要因素。

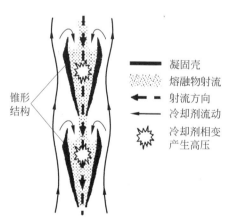

图 3.3.10　射流钠卷吸模型(Nishimura et al.,2005)

基于 Sugiyama 的微射流理论，Zhang 和 Sugiyama(2010)通过一系列不同热力和水力条件下的熔融铜、不锈钢、铝单一液滴与钠的相互作用实验，提

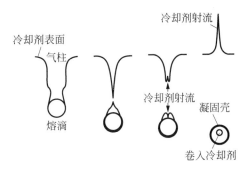

图 3.3.11　液滴钠卷吸微射流模型(Nishimura et al.，2007)

出了射流刺穿液滴的破碎机理(图 3.3.12)。从碎片形态推断，熔融金属液滴下落形成的微射流不只局限于液滴内部，还有可能会刺穿液滴。当钠微射流进入液滴内后，如果快速的潜热释放不能熔穿凝固壳，则会形成半球形或碟形碎片，如图 3.3.12(d)和图 3.3.12(e)所示；如果快速潜热释放能够熔穿凝固壳，则会形成如图 3.3.12(f)所示的带熔穿孔的碟形碎片。

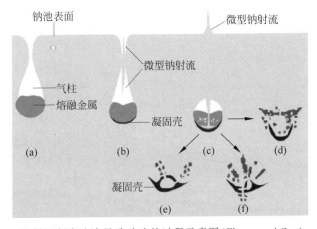

图 3.3.12　微射流刺穿液滴导致破碎的过程示意图(Zhang and Sugiyama，2010)

2. 水力破碎

常见的水力破碎模型主要有 4 类：R-T 不稳定性模型、K-H 不稳定性模型、边界层剥离模型及临界 We_a 模型。

1) 瑞利-泰勒(R-T)不稳定性(Rayleigh-Taylor instability)模型

如图 3.3.13 所示，R-T 不稳定性是指两种互不相溶的流体在重力或惯性力作用下产生的界面不稳定现象(Pilch，1981)。对于给定的表面张力 σ，不同的流体密度 ρ_h 与 ρ_c 以及两种流体之间的相对加速度 a(一般取重力加速度),R-T 不稳定性模型给出的临界波长 λ_{crit} 和最不稳定波长 λ_{RT} 分别为 (Duan et al. ,2003)

$$\lambda_{\text{crit}} = 2\pi \sqrt{\frac{\sigma}{(\rho_{\text{h}} - \rho_{\text{c}})a}} \tag{3.3.15}$$

$$\lambda_{\text{RT}} = 2\pi \sqrt{\frac{3\sigma}{(\rho_{\text{h}} - \rho_{\text{c}})a}} \tag{3.3.16}$$

2) 开尔文-亥姆霍兹(K-H)不稳定性(Kelvin-Helmholtz instability)模型

K-H 不稳定性是指两种互不相溶的流体由于存在与两相界面平行的相对速度而产生的界面不稳定现象(Pilch,1981),如图 3.3.14 所示。对于给定的流体相对速度 U、表面张力 σ、不同的流体密度 ρ_{h} 与 ρ_{c},K-H 最不稳定波长 λ_{KH} 为(Duan et al. ,2003):

$$\lambda_{\text{KH}} = \frac{2\pi\sigma(\rho_{\text{h}} + \rho_{\text{c}})}{U^2 \rho_{\text{h}}\rho_{\text{c}}} \tag{3.3.17}$$

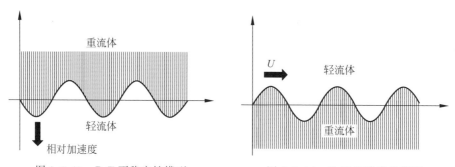

图 3.3.13　R-T 不稳定性模型　　　　　图 3.3.14　K-H 不稳定性模型

3) 边界层剥离(boundary stripping)模型

Nicholls 和 Ranger(1969)提出的边界层剥离模型是液滴破碎研究中比较流行的理论(Nishimura et al. ,2010),模型如图 3.3.15 所示。流体掠过液滴会在液滴表面形成一层薄的层流边界,并会从液滴的周围剥离出去。边界层剥离模型中,碎片尺寸大小与边界层厚度相当,由下式给出(Nicholls et al. ,1969):

$$\delta_{\text{h}} = d_0 \left(\frac{2\pi}{3} \cdot \frac{On}{A}\right)^{0.5} \varepsilon^{0.25} We^{-0.25} \tag{3.3.18}$$

式中,On 和 We 分别为奥内佐格数(Ohnesorge number)和韦伯数(Weber number),其定义分别如下:

$$On = \frac{\mu}{\sqrt{\rho \sigma d}} \qquad (3.3.19)$$

$$We = \frac{\rho_c u^2 d}{\sigma_h} \qquad (3.3.20)$$

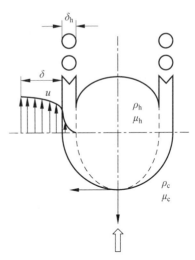

式(3.3.18)中，d_0 为射流直径，ρ 代表密度，ε 代表热流体与冷流体的密度比（定义见式(3.3.21)），A 为无量纲系数（定义见式(3.3.22)），μ 代表黏度，σ 代表表面张力；下标 c 代表冷流体，h 代表热流体，下标 0 代表射流未到达液池表面的初始状态。

$$\varepsilon = \frac{\rho_c}{\rho_h} \qquad (3.3.21)$$

$$A = \left(\frac{\rho_c \mu_c}{\rho_h \mu_h}\right)^{\frac{1}{3}} \qquad (3.3.22)$$

图 3.3.15　边界层剥离模型

4）临界 We_a 模型

临界 We_a 模型认为，液滴在流体中，表面张力与剪切力的平衡方程（Abe et al.，2004）为

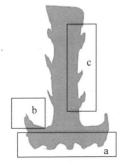

$$\pi d\sigma = f \times \frac{1}{2}\rho_S U^2 \times \frac{1}{4}\pi d^2 \quad (3.3.23)$$

临界韦伯数 We_c 为

$$We_c = \frac{\rho_S U^2 d}{\sigma} = \frac{8}{f} \qquad (3.3.24)$$

此外，射流现象可能会同时存在不同的水力破碎机理，如图 3.3.16 所示，同时存在 R-T 不稳定性模型(a)、边界层剥离模型(b)以及 K-H 不稳定性模型(c)等水力破碎机理（Nishimura et al.，2010）。

图 3.3.16　熔融物射流水力破碎机理示意图（Nishimura et al.，2010)

3.4　碎片床现象

3.4.1　碎片床的形成

当钠冷快堆发生 CDA 时，一部分熔化后的堆芯燃料在重力作用下往下

迁移,并与冷却剂接触,熔融的堆芯材料在过冷的钠冷却剂中快速淬火和碎裂,进而被冷却和凝固成碎片颗粒(Tentner et al.,2010;Zhang et al.,2011)。碎片颗粒可能会沉降在堆芯支撑结构上,或在反应堆下腔室内逐渐堆积成碎片床,如图3.4.1所示(Cheng et al.,2014b)。通常情况下,研究者认为,碎片床将形成圆锥形的几何结构。然而,近期成松柏等的一系列研究发现(Lin et al.,2017;Cheng et al.,2014b,2014c,2017,2018a,2018b,2018c,2019a,2019b;Xu et al.,2022),固体颗粒和冷却剂之间通过不同的相互作用方式,存在四种作用机制,进而导致出现四种不同的碎片床形状,即颗粒悬浮机制(平床)、池对流主导机制(凹床)、过渡机制(准梯形床)和颗粒惯性主导机制(凸床)。实验表明,颗粒大小、颗粒密度、颗粒形状、水深、颗粒释放管的直径等因素对几种机制之间的转换和最终床面几何形状有显著影响。

　　颗粒碎片床的长期冷却能力及其再临界的可能性是评估事故序列时需要考虑的主要问题。为了防止熔融燃料熔穿反应堆容器,并将在CDA中形成的熔融燃料或堆芯碎片分布到非临界的结构中,在一些钠冷快堆的设计中使用了堆内滞留装置,比如安装在容器底部区域的多层碎片收集器。在假设的CDA期间,排出的熔融燃料在下腔室中被淬火并碎化形成碎片颗粒后,会在收集器的不同层上堆积(Suzuki et al.,2012b)。为了稳定地移除碎片床在收集器上产生的衰变热以及保障熔融物堆内滞留(IVR)的有效实施,应仔细考虑碎片床的形态和迁移行为,从而合理地设计收集器的尺寸、滞留能力和分布。

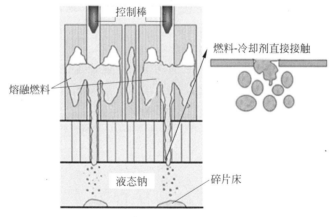

图 3.4.1　颗粒床的形成(Cheng et al.,2014b)
(请扫Ⅱ页二维码看彩图)

　　对碎片床形态和碎片的分析主要是通过碎片的质量中值直径、破碎长度、碎片床孔隙率和球型率等,根据碎片的尺寸和状态,还可以继续划分为破碎物和聚合物,进而根据它们所占的比例,把熔融射流和冷却剂的相互作用模式分为固化模式、部分固化模式、部分碎化模式和碎化模式(Cheng et al.,2022)。如前所述,根据两种流体相互作用时的热力条件,在 TIZ 上可以划分为膜态沸腾区域和热力相互作用区域等,在这两个区域中分别可能形成碎片较圆润的、较致密的碎片床,或呈现尖刺状、较疏松的碎片床。此外,为综合考虑热力和水力作用,学者通常还基于韦伯数、能量比和斯蒂芬数对堆积床的不同状态进行表征和预测。

3.4.2　碎片床的迁移行为

　　一般来说,碎片床的长期冷却能力和再临界可能性受到燃料和不锈钢碎片的尺寸分布、沉降方式以及碎片床形态的影响。FCI 中的熔体破碎过程决定了碎片床中的整体粒度分布,燃料和不锈钢颗粒在钠池中的沉降行为决定了碎片床的组分和沿碎片床高度方向上的粒度分布。同时,碎化后的颗粒沉降过程对碎片床的特性有重要的影响。堆芯中不同材料具有尺寸的差异,这些差异造成了颗粒的沉降速度的差异,进而在碎片床内产生颗粒尺寸和颗粒材料的分层。上述这些结果可能会影响碎片床的再临界潜力、床层有效导热性,也会导致碎片床内体积功率水平的变化和冷却剂的渗透深度。

　　通常碎片床的形态大体上呈圆锥等不平整的形状。然而,由于衰变热引起的冷却剂沸腾,颗粒碎片在气-液作用下会出现迁移和自动变平(self-leveling)等现象,从而改变碎片床的整体形状和高度(Zhang et al.,2010,2011)。这种机制,如图 3.4.2 所示,称为碎片床自动变平行为。自动变平行为是引发熔融燃料在堆芯捕集器不同位置间转移的一个重要诱导因素。此外,自动变平行为也会极大地影响碎片床的排热能力(Cheng et al.,2014b)。

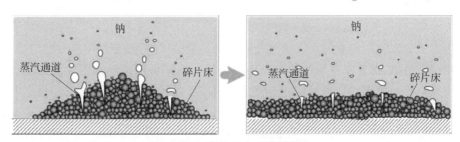

图 3.4.2　碎片床自动变平行为

(请扫Ⅱ页二维码看彩图)

　　为阐明钠冷快堆严重事故下碎片床自动变平现象的机理,成松柏和徐锐聪(2021)开展了系统性的机理实验与预测模型研究。实验方面包括宏观自平实验和微观流型实验。宏观自平实验综合运用减压沸腾、底部加热沸腾和气体注射等多种实验方式模拟冷却剂沸腾以驱动碎片床自动变平现象发生，系统阐明了包括"沸腾"方式，沸腾强度（或蒸汽速度），燃料颗粒尺寸、密度、形状，碎片床高度以及冷却剂液位等在内的众多实验参数和复杂工况对该现象的作用机理（Cheng et al.，2011b，2013a，2013b，2013c，2014a，2014b，2014c）。微观流型实验则通过在二维和三维条件下运用单一气泡、多气泡以及底部加热等实验方式，对该现象发生时燃料颗粒与颗粒之间以及燃料颗粒与冷却剂蒸汽之间的相互作用机理进行可视化观察，在此基础上识别和论证了包括气泡合并（bubble-coalescing）、过渡（transitional）以及气泡俘获（bubble-trapping）等在内的多种流型（Cheng et al.，2011a，2013b）。模型开发方面（Cheng et al.，2011b，2013c，2014b，2014c），提出了碎片床自动变平现象经验预测模型，该模型已经经过大量实验验证，被证实可应用于不同的"沸腾"模式（沸腾或气体注射）、沸腾强度范围，以及不同的碎片床形状和维度（二维或三维）。

3.5 反应堆源项

源项分析是反应堆许可过程中的重点之一，因为它关系着保护公众和环境免受放射性核素意外释放的危害。从历史上看，轻水堆早期的源项评估是基于既定的堆芯熔化情景，以及对放射性核素释放的保守、非机理性的假设（DiNunno et al.，1962）。1995 年后，NRC 开始转向根据从实验和建模中，对轻水堆事故情景中特定的放射性核素传播和滞留现象进行评估。随着液态金属冷却反应堆的发展，人们越来越关注钠冷快堆和铅冷快堆的源项分析。

目前，机械论源项（MST）建模和模拟工具的开发工作主要是美国的阿贡国家实验室和桑迪亚国家实验室共同开展。MST 分析需要使用现实的现象、模型和数据，对正常或事故情况下反应堆系统向环境的潜在放射性核素释放进行建模和模拟。这包括确定放射性核素源、描述潜在的释放途径、根据基本的物理和化学现象对这些途径进行建模，以及将这些模型应用于需要评估的特定情景（包括正常运行和事故情景）。

关于钠冷快堆的 MST 评估，相关机构已经开展了相对广泛的工作（Grabaskas et al.，2015，2016）。本节主要以钠冷快堆为例进行阐述。然而，从源项建模的角度来看，铅冷快堆有许多与钠冷快堆相似的现象，并可能使用许多相同的分析工具，因此，这些分析方法可以延伸至铅冷快堆的 MST 分析。

3.5.1　现象分析阶段

第一个分析阶段包括燃料棒中燃料放射性核素的产生和释放,第二个分析阶段包括燃料以外的放射性核素的产生。这两个重要的分析阶段构成了几乎所有固体燃料反应堆(包括钠冷快堆)MST 分析的起点。放射性核素在燃料中的传输行为极为复杂,某些元素有很强的滞留性,而其他元素则有很强的流动性。因此,深入理解这些现象至关重要,这些现象代表了放射性核素在燃料棒、燃料包壳、钠冷却剂以及上部的裂变气体腔室中的相互作用。燃料中的放射性核素的化学和物理相互作用,以及不同核素在不同温度和成分下的相互作用,都需要加以考虑。如果系统不通风,还必须考虑燃料元件中不断增加的气体压力。

第三个分析阶段涉及放射性核素在堆芯和主冷却系统中的相互作用。堆芯相互作用是指发生在燃料包壳之外的相互作用,或者是在放射性核素已经逃离燃料棒的情况下发生的相互作用。从燃料中释放后,放射性核素将与反应堆容器内的大量的钠发生相互作用。于是,在反应堆中设计的辅助系统也需要被考虑在内(如覆盖气体净化系统(CGCS)或初级钠净化系统(PSPS))。这些系统对源项分析很重要,因为在放射性核素通过堆芯、冷却剂回路或覆盖气体时,这些系统可能会把部分的放射性核素清除。

下一个分析阶段涉及反应堆建筑物或反应堆系统下一层安全壳中的放射性核素相互作用。气溶胶从反应堆系统的覆盖气体泄漏到反应堆建筑物是一个重要现象。然而,这对钠冷快堆来说有些特殊,因为泄漏的路径有可能被钠与周围材料及空气反应所形成的钠氧化物堵塞,从而沉淀为固体。

需指出的是,上述描述仅简单示例说明了放射性核素传输途径上的重要现象可以被分解为几个分析阶段。池式钠冷快堆相关的放射性核素输运现象的概况如图 3.5.1 所示。

3.5.2　基础事件

在一般的池式钠冷快堆设计中,通常有两个主要的放射性核素来源:燃料和辅助系统(如一回路钠或覆盖气体净化系统)。因此,对基础事件的 MST 分析也可以进行类似的分类。

固有的和非能动的安全措施通常被认为消除了假设的堆芯解体事故(HCDA)中的燃料损坏事故序列。以前,这些 HCDA 包括诸如燃料熔化、重返临界之类现象。这些事件被认为会导致大规模的燃料熔化、极端的容器负

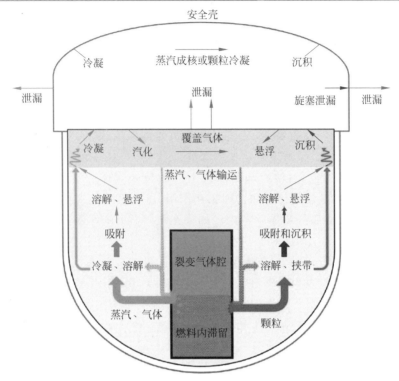

图 3.5.1　池式钠冷快堆放射性核素输运现象概况(Grabaskas et al. ,2015)

(请扫Ⅱ页二维码看彩图)

荷和钠火事故。如今,关注的重点通常是涉及对堆芯损害有限的低频事件,这可能涉及由局部堆芯堵塞、超功率事件或长期衰变热排热的丧失而造成的部分燃料损坏。这些事件一般不会导致高能的反应或堆芯重新分布,因而不会对主容器的完整性造成威胁。

对于与辅助系统相关的基础事件,主要关注过滤系统、衰变床及其管道内所含放射性核素的潜在释放。对于一级钠净化系统,该系统的泄漏也是需要关注的事件之一,特别是最终可能导致钠火事故和放射性核素的挥发。此外,与反应堆堆芯本身类似,这些系统通常被包含在具有类似安全壳的结构中,以限制潜在的释放。

3.5.3　裂变气体释放与池洗过程

反应堆放射性源项的种类众多,来源和传播方式复杂,以下主要对裂变气体释放与池洗过程进行描述。当堆芯包壳发生破损事故时,核反应积聚在包壳内的裂变气体可能会释放进冷却剂,并迁移至反应堆一回路中,将直接影响着放射性物质在反应堆一回路中的分布,这对于液态金属冷却反应堆安全分析和事故下放射性源项的评估分析至关重要。目前,针对气体裂变产物在反应堆冷却剂中的释放行为,现有研究主要针对压水堆事故工况,针对液态金属冷却反应堆事故工况的研究则相对较少。而现有的针对放射性裂变气体在反应堆冷却剂中池洗过程的研究表明,水堆池洗过程与液态金属冷却反应堆池洗过程存在明显差异,液态金属冷却反应堆池洗过程的综合理论模型的发展滞后于水堆。总体来说,考虑到液态金属冷却反应堆中裂变气体释放过程与水堆具有一定相似性,且放射性裂变气体在水池和液态金属池中的池洗过程仍存在共同的潜在机制,水堆中的裂变气体释放与池洗过程的相关研究可为液态金属冷却反应堆中的相关研究提供一定参考和借鉴。

在严格意义上,裂变气体释放到冷却剂中的物理过程分为四个步骤:①裂变气体经燃料裂变反应在芯块大量产生,并在燃料芯块内积累;②裂变气体从燃料芯块向燃料包壳间隙迁移;③裂变气体在包壳间隙输运,到达包壳破口;④经破口释放进冷却剂中(Dong et al.,2019)。鉴于裂变气体释放过程的复杂性,研究时往往需要建立简化的裂变气体释放模型(Lewis et al.,2017)。例如在水堆中,这些现象被分为两个过程:①裂变气体从燃料芯块释放至间隙;②从间隙经包壳破口释放至冷却剂中。借鉴针对水堆的研究分析,考虑水堆与液态金属冷却反应堆中不同冷却剂压力、间隙压力和冷却剂属性等情况,结合实验研究可以对现有的裂变气体释放模型进行优化,有助于更好地描述液态金属冷却反应堆中裂变气体释放的机理。

在裂变气体从燃料芯块释放到包壳间隙的过程中(即第一阶段),主要有反冲、击出、扩散三种机制发挥作用(Lewis,1988)。其中,反冲和击出属于非热释放过程,扩散属于热释放过程。因此,在低温条件下,反冲和击出机制占据主导地位,而在高温或反应堆运行条件下,扩散机制占据主导地位(Lewis and Husain,2003)。当裂变产物从燃料芯块释放到间隙后,裂变产物的释放过程就变为从间隙到冷却剂的释放阶段(即第二阶段)。第二阶段中裂变产物释放的两个主要机制是扩散和对流。研究表明(Dong et al.,2019),在稳态条件下,裂变产物在冷却剂中的扩散输运机制占据主导地位;在瞬态条件下,裂变产物的对流输运机制更为显著。相比于第一阶段的释放,第二阶段的释放更为复杂,需要考虑冷却剂进入所引起的压力脉动对裂变产物释放的影响,以及裂变产物的释放过程中所伴随的衰变和中子吸收等现象。

裂变产物的池洗过程是指一系列物理和化学过程,包括气泡流体力学、气溶胶和气态放射性核素保留机制在各种事故情景下的耦合相互作用,这些过程导致气体携带的裂变产物以气溶胶和气态形式滞留在液池中。气态放射性核素(主要是碘)的滞留或释放受物理和化学过程的影响,这些过程与气溶胶池洗过程存在差异(Gupta et al.,2023)。

池洗过程的基本现象之一是注入液池的气体会破裂成更小的气泡,在气泡沿池上升的过程中,会产生较大的表面体积比,气溶胶结合的污染物可以沉积并转移到周围的液池中。在此过程中,根据气泡流体动力学、水/气泡界面的热交换和相变现象、气溶胶沉积机制、挥发性放射性核素的质量转移和化学反应等,部分裂变产物会被保留在池中。此外,气泡在池中的停留时间(即可用于质量交换的时间)和去污因子(decontamination factor,DF)是决定池洗过程效率的重要因素。

参 考 文 献

陈凌海,罗锐,王洲,等,2007.两种不同类型 FCI 的机理对比研究[J].核动力工程,28:45-48.

成松柏,陈啸麟,程辉,2022.液态金属冷却反应堆热工水力与安全分析基础[M].北京:清华大学出版社.

成松柏,徐锐聪,2021.钠冷快堆严重事故中颗粒床相关现象机理研究[M].北京:清华大学出版社.

薛方元,张熙司,曹永刚,2019.钠冷快堆燃料和冷却剂相互作用实验模拟计算[C].包头:中国核学会 2019 年学术年会.

杨世铭,陶文铨,2006.传热学[M].4 版.北京:高等教育出版社.

杨志,2020.钠冷快堆堆芯熔融材料-液态钠相互作用破碎特性及机理研究[D].哈尔滨:哈尔滨工程大学.

张熙司,薛方元,胡文军,等,2020.低熔点金属与冷却剂相互作用的数值模拟[J].科技创新导报,17(15):118-120.

赵树峰,罗锐,王洲,等,2007.快堆组件盒壁破损机理模型的建立与验证[J].原子能科学技术,41(4):448-452.

周源,2014.蒸汽爆炸中熔融金属液滴热碎化机理及模型研究[D].上海:上海交通大学.

ABE Y,KIZU T,ARAI T,et al.,2004. Study on thermal-hydraulic behavior during molten material and coolant interaction[J]. Nuclear Engineering and Design,230(1-3):277-291.

ALVAREZ D,MALTERRE P,SEILER J,1987. Natural convection in volume heated liquid pools—The BAFOND experiments:Proposal for new correlations,science and technology of fast reactor safety[R]. London:British Nuclear Energy Society.

ARMSTRONG D R,GOLDFUSS G T,GEBNER R H,1976. Explosive interaction of molten UO$_2$ and liquid sodium[R]. Argonne National Laboratory,ANL-76-24.

BEDE M,PERRET C,PRETREL H,et al.,1993. One component,volume heated,boiling pool thermohydraulics[C]. Grenoble:Proceedings of the 6th International Topical

Meeting on Nuclear Reactor Thermal Hydraulics.

BENUZZI A,BIASI L,1986. Sensitivity of penetration lengths of molten aluminium in quartz-glass tubes[C]. Guernsey：International Conference on Science and Technology of Fast Reactor Safety.

BENZ R,SCHINS H,1982. Boiling fragmentation of molten stainless steel and copper in sodium[J]. Nuclear Engineering and Design,72(3)：429-437.

BERNAZ L,BONNET J,SEILER J,2001. Investigation of natural convection heat transfer to the cooled top boundary of a heated pool[J]. Nuclear Engineering and Design, 204(1-3)：413-427.

BERTHOUD G,DURET B,1989. The Freezing of Molten Fuel：Reflections and New Results[C]. Karlsruhe：Proceedings of the 4th Topical Meeting on Nuclear Reactor Thermal Hydraulics.

CARSLAW H S,JAEGER J C,1959. Conduction of Heat in Solids[M]. United Kingdom： Clarendon Press.

CHENG H,MAI Z,LI Y,et al. ,2022. Fundamental experiment study on the fragmentation characteristics of molten lead jet direct contact with water[J]. Nuclear Engineering and Design,386：111560.

CHENG S,CUI J,QIAN Y,et al. ,2018a. An experimental investigation on flow-regime characteristics in debris bed formation behavior using gas-injection[J]. Annals of Nuclear Energy,112：856-868.

CHENG S,GONG P,WANG S,et al. ,2018b. Investigation of flow regime in debris bed formation behavior with non spherical particles[J]. Nuclear Engineering and Technology, 50(1)：43-53.

CHENG S,HE L,WANG J,et al. ,2019a. An experimental study on debris bed formation behavior at bottom-heated boiling condition[J]. Annals of Nuclear Energy,124：150-163.

CHENG S,HE L,ZHU F,et al. ,2019b. Experimental study on flow regimes in debris bed formation behavior with mixed-size particles[J]. Annals of Nuclear Energy,133： 283-296.

CHENG S,HIRAHARA D,TANAKA Y,et al. ,2011a. Experimental investigation of bubbling in particle beds with high solid holdup[J]. Experimental Thermal and Fluid Science,35(2)：405-415.

CHENG S,TAGAMI H,SUZUKI T,et al. ,2014a. Experimental study and empirical model development for self-leveling behavior of debris bed using gas-injection[J]. Mechanical Engineering Journal,1(4)：TEP0022.

CHENG S,TAGAMI H,SUZUKI T,et al. ,2014b. An investigation on debris bed self-leveling behavior with non-spherical particles[J]. Journal of Nuclear Science and Technology,51(9)：1096-1106.

CHENG S,TAGAMI H,YAMANO H,et al. ,2014c. Evaluation of debris bed self-leveling behavior：a simple empirical approach and its validations[J]. Annals of Nuclear Energy,

63：188-198.

CHENG S，TANAKA Y，GONDAI Y，et al.，2011b. Experimental studies and empirical models for the transient self-leveling behavior in debris bed[J]. Journal of Nuclear Science and Technology，48(10)：1327-1336.

CHENG S，YAMANO H，SUZUKI T，et al.，2013a. An experimental investigation on self-leveling behavior of debris beds using gas-injection[J]. Experimental Thermal and Fluid Science，48：110-121.

CHENG S，YAMANO H，SUZUKI T，et al.，2013b. Characteristics of self-leveling behavior of debris beds in a series of experiments[J]. Nuclear Engineering and Technology，45(3)：323-334.

CHENG S，YAMANO H，SUZUKI T，et al.，2013c. Empirical correlations for predicting the self-leveling behavior of debris bed[J]. Nuclear Science and Techniques，24(1)：010602.

CHENG S，ZHANG T，CUI J，et al.，2018c. Insight from recent experimental and empirical-model studies on flow-regime characteristics in debris bed formation behavior [J]. Journal of Nuclear Engineering and Radiation Science，4(3)：031003.

CHENG S，ZHANG T，WANG S，et al.，2017. Knowledge from recent investigation on flow regime characteristics in debris bed formation behavior related to SFR severe accident analyses[C]. Shanghai：Proceedings of the 25th International Conference on Nuclear Engineering.

CICCARELLI G，FROST D L，1994. Fragmentation mechanisms based on single drop steam explosion experiments using flash X-ray radiography[J]. Nuclear Engineering and Design，146(1-3)：109-132.

CORRADINI M L，KIM B J，OH M D，1988. Vapor explosions in light water reactors：A review of theory and modeling[J]. Progress in Nuclear Energy，22(1)：1-117.

CRONENBERG A W，CHAWLA T C，FAUSKE H K，1974. A thermal stress mechanism for the fragmentation of molten UO_2 upon contact with sodium coolant[J]. Nuclear Engineering and Design，30(3)：434-443.

CRONENBERG A W，GROLMES M A，1976. A review of fragmentation models relative to molten UO_2 breakup when quenched in sodium coolant[C]. Tokyo：Proceedings of 3rd Specialist Meeting on Sodium-Fuel Interactions in Fast Reactors.

DADILLON J J，JAMOND C，KAYSER G，et al.，1990. The SCARABEE propagation test series PI-A and PV-A[C]. Snowbird：Proceedings of the 1990 International Fast Reactor Safety Meeting.

DINUNNO J，ANDERSON F D，BAKER R E，et al.，1962. Calculation of distance factors for power and test reactor sites[R]. Division of Licensing and Regulation，AEC，TID-14844.

DONG B，LI L，LI C，et al.，2019. Review on models to evaluate coolant activity under fuel defect condition in PWR[J]. Annals of Nuclear Energy，124：223-233.

DUAN R,KOSHIZUKA S,OKA Y,2003. Numerical and theoretical investigation of effect of density ratio on the critical Weber number of droplet breakup[J]. Journal of Nuclear Science and Technology,40(7)：501-508.

DURET B,BONNARD J C,1988. Crust instability criteria during transient freezing on a liquid film[C]. Chicago：Proceedings of the ASME Winter Annual Meeting.

EL-GENK M S, HOBBINS R R, MACDONALD P E, 1983. Fragmentation of molten debris during a molten fuel-coolant interaction[J]. Journal of Nuclear Materials,113(1)：101-117.

FAUSKE H K,1973. On the mechanism of uranium dioxide-sodium explosive interactions [J]. Nuclear Science and Engineering,51(2)：95-101.

FINK J K,2000. Thermophysical properties of uranium dioxide[J]. Journal of Nuclear Materials,279(1)：1-18.

GRABASKAS D S,BRUNETT A J,BUCKNOR M D,et al. ,2015. Regulatory technology development plan sodium fast reactor. Mechanistic source term development [R]. Argonne National Laboratory,ANL-ART-3.

GRABASKAS D S,BUCKNOR M,JERDEN J,2016. Regulatory technology development plan-SFR mechanistic source term metal fuel radionuclide release[R]. Argonne National Laboratory,ANL-ART-38.

GRASSO G,PETROVICH C,MATTIOLI D,et al. ,2014. The core design of ALFRED,a demonstrator for the European lead-cooled reactors[J]. Nuclear Engineering and Design, 278：287-301.

GUPTA S,HERRANZ L E,LEBEL L S,et al. , 2023. Integration of pool scrubbing research to enhance source-term calculations (IPRESCA) project—Overview and first results[J]. Nuclear Engineering and Design,404：112189.

HANSSON R,2010. An experimental study on the dynamics of a single droplet vapor explosion[D]. Stockholm：KTH Royal Institute of Technology.

HSIAO K H,COX J E, HEDGCOXE P G,et al. , 1972. Pressurization of a solidifying sphere[J]. Journal of Applied Mechanics,39(1)：71-77.

JONES G,SAROUL J,SESNY R,1986. The different APL and BE＋ tests within the SCARABEE programme：Means used in following and evaluating the evolution of the tests-application to a test of each type[C]. Guernsey：International Conference on Science and Technology of Fast Reactor Safety.

KAYSER G,SOUSSAN P,1991. Propagation and freezing in SCARABEE[C]. Brasimone：Proceedings of the 14th Meeting of the LMBWG.

KAYSER G, CHARPENEL J, JAMOND C, 1998. Summary of the SCARABEE-N subassembly melting and propagation tests with an application to a hypothetical total instantaneous blockage in a reactor[J]. Nuclear Science and Engineering,128(2)：144-185.

LEWIS B J,1988. Fundamental aspects of defective nuclear fuel behaviour and fission product release[J]. Journal of Nuclear Materials,160(2-3): 201-217.

LEWIS B J,CHAN P K,EL-JABY A,et al.,2017. Fission product release modelling for application of fuel-failure monitoring and detection-An overview[J]. Journal of Nuclear Materials,489: 64-83.

LEWIS B J,HUSAIN A,2003. Modelling the activity of ^{129}I in the primary coolant of a CANDU reactor[J]. Journal of Nuclear Materials,312(1): 81-96.

LIN S,CHENG S,JIANG G,et al.,2017. A two-dimensional experimental investigation on debris bed formation behavior[J]. Progress in Nuclear Energy,96: 118-132.

LIVOLANT M,DADILLON J,KAYSER G,et al.,1990. SCARABEE: A test reactor and programme to study fuel melting and propagation in connection with local faults. Objectives and results[C]. Snowbird: Proceedings of the 1990 International Fast Reactor Safety Meeting.

MARIE N,MARREL A,SEILER J M,et al.,2016. Physico-statistical approach to assess the core damage variability due to a total instantaneous blockage of SFR fuel sub-assembly[J]. Nuclear Engineering and Design,297: 343-353.

MATSUMURA K,NARIAI H,1997. Self-triggering mechanism of vapor explosions for the large-scale experiments involving fuel simulant melt[J]. Journal of Nuclear Science and Technology,34(3): 248-255.

NICHOLLS J A,RANGER A A,1969. Aerodynamic shattering of liquid drops[J]. AIAA Journal,7(2): 285-290.

NISHIMURA S,KINOSHITA I,SUGIYAMA K I,et al.,2005. Thermal interaction between molten metal jet and sodium pool: Effect of principal factors governing fragmentation of the jet[J]. Nuclear Technology,149(2): 189-199.

NISHIMURA S,KINSHITA I,SUGIYAMA K I,et al.,2002. Thermal interaction between molten metal and sodium: examination of the fragmentation mechanism of molten jet [C]. Arlington: Proceedings of the 10th International Conference on Nuclear Engineering.

NISHIMURA S,SUGIYAMA K I,KINOSHITA I,et al.,2010. Fragmentation mechanisms of a single molten copper jet penetrating a sodium pool—Transition from thermal to hydrodynamic fragmentation in instantaneous contact interface temperatures below its freezing point[J]. Journal of Nuclear Science and Technology,47(3): 219-228.

NISHIMURA S,ZHANG Z,SUGIYAMA K I,et al.,2007. Transformation and fragmentation behavior of molten metal drop in sodium pool[J]. Nuclear Engineering and Design,237(23): 2201-2209.

PAPIN J,SESIN R,SOUSSAN P,et al.,1990. The SCARABEE blockages test series: Synthesis of the interpretation[C]. Snowbird: Proceedings of the 1990 International Fast Reactor Safety Meeting.

PAPIN J,2019. Behavior of Fast Reactor Fuel During Transient and Accident Conditions, Comprehensive Nuclear Materials (Second Edition)[M]. Amsterdam: Elsevier.

PAPIN J,FORTUNATO M,SEILER J M,1983. Synthesis of clad motion experiments interpretation: Codes and validation [C]. Santa Barbara: Proceedings of the 2nd International Topical Meeting on Nuclear Reactor Thermalhydraulics.

PILCH M,1981. Acceleration induced fragmentation of liquid drops[D]. Charlottesville: University of Virginia.

RAVI L,VELUSAMY K,CHELLAPANDI P,2013. A robust thermal model to investigate radial propagation of core damage due to total instantaneous blockage in SFR fuel subassembly[J]. Annals of Nuclear Energy,62: 342-356.

SCHINS H,GUNNERSON F G,1986. Boiling and fragmentation behaviour during fuel-sodium interactions[J]. Nuclear Engineering and Design,91(3): 221-235.

SCHWARTZ M,SOUSSAN P,STANSFIELD M C,et al. ,1988. Interpretation of out-of-pile experiments on the propagation and freezing of molten fuel [C]. Winfrith: Proceedings of the 13th Meeting of the Liquid Metal Boiling Working Group.

SEILER J-M,1977. Étude de l'ébullition du sodium au cours d'un transitoire rapide de puissance dans un canal chauffant: travail effectué dans le cadre de la sûreté des réacteurs à neutrons rapides[D]. Grenoble: Institut National Polytechnique de Grenoble.

SHAHBAZI S,2022. Fast reactor source term modeling and simulation functional requirements and gap assessment [C]. Vienna: Proccedings of the International Conference on Fast Reactors and Related Fuel Cycles 2022.

SHAMSUNDAR N,SPARROW E M,1975. Analysis of multidimensional conduction phase change via the enthalpy model[J]. Journal of Heat Transfer,97(3): 333-340.

SO D,SEILER J,1984. Sodium boiling, dry out and clad melting in a subassembly of LMFBR during a total instantaneous inlet blockage accident[C]. Grenoble: Proceedings of the 11th Liquid Metal Boiling Working Group.

SOUSSAN P,SCHWARZ M,MOXON D,et al. ,1990. Propagation and freezing of molten material interpretation of experimental results [C]. Snowbird: Proceedings of the 1990 International Fast Reactor Safety Meeting.

SUGIYAMA K I,SOTOME F,ISHIKAWA M,1999. Thermal interaction in crusted melt jets with large-scale structures[J]. Nuclear Engineering and Design,189(1-3): 329-336.

SUZUKI T,KAMIYAMA K,YAMANO H,et al. ,2012a. Evaluation of core disruptive accident for sodium-cooled fast reactors to achieve in-vessel retention [C]. Beppu: Proceedings of 8th Japan-Korea Symposium on Nuclear Thermal Hydraulics and Safety.

SUZUKI T,KAMIYAMA K,YAMANO H,et al. ,2014. A scenario of core disruptive accident for Japan sodium-cooled fast reactor to achieve in-vessel retention[J]. Journal of Nuclear Science and Technology,51(4): 493-513.

SUZUKI T,NAKAI R,KAMIYAMA K,et al. ,2012b. Development of Level 2 PSA methodology for sodium-cooled fast reactors-Overview of evaluation technology development [C]. Paris: OECD/NEA Workshop on PSA for New and Advanced Reactors.

SWIFT D,BAKER L,1965. Experimental studies of the high-temperature interaction of fuel and cladding materials with liquid sodium. Proceedings of the conference on safety, fuels,and core design in large fast power reactors[R]. Argonne National Laboratory, ANL-7120.

TATTERSALL R B,MADDISON R J,MILLER K,1989. Experiments at AEE Winfrith on the penetration of molten fuel into pin arrays and tubes[J]. Nuclear Energy,28(4): 269-280.

TENTNER A,PARMA E,WEI T,et al.,2010. Severe accident approach—final report. Evaluation of design measures for severe accident prevention and consequence Mitigation [R]. Argonne National Laboratory,ANL-GENIV-128.

XU R,CHENG S,XU Y,et al.,2022. Investigations on flow-regime characteristics during debris bed formation behavior in sodium-cooled fast reactor by releasing high-temperature particles[J]. Nuclear Engineering and Design,395: 111866.

ZHANG B,HARADA T,HIRAHARA D,et al.,2010. Self-leveling onset criteria in debris beds[J]. Journal of Nuclear Science and Technology,47(4): 384-395.

ZHANG B,HARADA T,HIRAHARA D,et al.,2011. Experimental investigation on self-leveling behavior in debris beds[J]. Nuclear Engineering and Design,241(1): 366-377.

ZHANG Z,SUGIYAMA K I,2010. Fragmentation of a single molten metal droplet penetrating sodium pool II stainless steel and the relationship with copper droplet[J]. Journal of Nuclear Science and Technology,47(2): 169-175.

ZHU T,CHENG S,LIN S,2017. Knowledge from recent investigation on local fuel-coolant interaction in a liquid fuel pool[C]. Shanghai: Proceedings of the 25th International Conference on Nuclear Engineering.

第4章 液态金属冷却反应堆严重事故实验

在无外界干预和堆内保护装置失效的情况下,液态金属冷却反应堆严重事故中会出现不同的复杂事故进程,并且涉及多相、多组分的热力学,流体力学,传热学,中子学和结构力学等问题。为此,相关研究者针对如第 3 章提到的液态金属冷却反应堆严重事故内的关键物理现象进行了实验研究,比如使用非核材料和介质进行机理性研究,评估某一事故关键现象的特征、对事故进程和反应堆安全的影响,进而为相应的严重事故应对和缓解策略制定提供依据和参考,同时也为严重事故数值方法和程序工具的验证和确认提供数据。

本章主要根据国内外相关文献,针对液态金属冷却反应堆堆芯解体事故中堆芯熔融物行为、燃料-冷却剂相互作用(FCI)和碎片床行为等严重事故关键现象的实验研究进行介绍,内容包括实验条件与方法、重要实验现象分析、模型与机理分析等;随后简要地介绍了液态金属冷却反应堆严重事故中关于放射性裂变产物迁移行为的有关实验研究。

4.1 堆芯熔融物行为

4.1.1 熔融池晃动

液态金属冷却反应堆严重事故中,堆芯内的熔融燃料如果无法及时排出堆芯,则会在堆芯内部与其他结构材料形成熔融池。在这样的熔融池中,可以形成由熔融燃料、熔融结构、液态金属冷却剂、再凝固燃料、裂变气体、燃料蒸气、固体燃料块等物质的混合物组成的多相流系统(Liu et al.,2006,2007;Tentner et al.,2010)。熔融池中的材料可能由于高温而突然蒸发,在局部形成高压,将熔融池推到堆芯外围,熔融池由于晃动而又返回堆芯中心区域,可能导致再临界的发生(Yamano et al.,2009)。因此,熔融池在突然增压作用下的晃动行为是堆芯解体事故中的关键现象之一。

在近几十年里,考虑到熔融池晃动运动对评估反应堆严重事故进展(特别是能量临界问题)的重要意义,德国卡尔斯鲁厄理工学院(Karlsruhe

Institute of Technology,KIT)、日本九州大学和中国中山大学的研究者分别在狭窄的二维或较大的三维圆柱形液池中进行了一系列实验研究(Maschek et al.,1992a,1992b; Morita et al.,2014; Cheng et al.,2018c,2018d,2019c, 2019d,2019e,2020),包括如溃坝、流阶、注气等工况的实验。通过在纯液池中进行的实验,捕获了晃动运动的一些重要特征(如池中心和外围的最大高度),并根据流动流型详细分析了晃动运动的机理。为了预测晃动运动过程中晃动强度的变化,基于纯单相和分层液池条件下的注气实验,Cheng 等(2020)建立了初步的经验模型。然而,在实际反应堆事故中,由于固体燃料块和结构材料的熔化不足,熔融池中可能存在一定体积的固相(Liu et al., 2006,2007),研究人员根据不同相之间相互作用的不同机制,也仔细研究了固相对熔融池晃动运动的影响。研究人员基于单粒径球形颗粒注气方法实验得到的数据,分析了固体颗粒在池底积聚时晃动过程的流型转换过程,并提出了经验模型和流型图(Cheng et al.,2018d,2019c,2019e)。

　　Maschek 等(1992a,1992b)为了全面了解晃动运动的特点和机理,在溃坝条件下进行了一系列开创性的晃动实验。基本实验装置如图 4.1.1 所示,它包括两个圆柱形容器,用于启动液体晃动的过程。大的外容器的内径 D_{out} 为 44 cm,不同内径($D_{in}=11$ cm 或 19 cm)的小容器中填充不同高度的水(初始液位 $H_{in}=5$ cm、10 cm 和 20 cm)。通过突然向上抽离小容器,小容器中的水被瞬间释放至大容器,在实验过程中观察到了以下现象:由于重力作用,液体先向外晃动到容器壁上,再沿着壁面向下运动,然后向内运动并集中于容器中心(见图 4.1.2(a))。从图 4.1.2(a)所示的波形可以理解为,向外晃动运动相对稳定,而向内晃动运动则是一种相当无序的运动。另外,可以通过池周和池中心的最大高度来表征晃动运动的强度,并且初始水位和小容器内径的增加可以有效地促进晃动强度,导致池周和池中心的水位升高。非对称溃坝实验的实验结果如图 4.1.2(b)所示,液体在容器内没有集中地向内晃动。此外,还发现水柱左右边缘的最大晃动高度有明显差异。这些结果表明,由于水波传播距离的不同,非对称溃坝晃动过程不能实现高度对称的水团积聚。此外,流阶条件下的实验装置见图 4.1.1(c),中心水柱的水使用染料染色,而外层水环保持澄清。如图 4.1.2(c)所示,染色水释放后,外层清水被向上推至外部容器外围,而有色水则停留在池底,随后清水将彩色水压缩并向上推至池中心,形成彩色中心水柱,随后该水柱崩塌,导致水流向外晃动,遇到壁面后会对中心彩色水产生挤压,并产生了第二个晃动周期中的中心水柱。根据实验结果进一步发现,随着外容器水深 H_{out} 的改变,第一次向外晃动运动后出现的首个中心水柱高度也会发生变化。另外,还证实了晃动运动

可以在较高 H_{out} 下重复更多的次数,这是因为能量耗散主要集中在水面附近(如溃坝问题),而在较深的水中耗散明显减少。此外,小容器内的水质量越大,流阶实验中的晃动强度也越大。总之,根据溃坝和流阶实验可以发现,容器内水柱质量(势能)及晃动系统的对称性对晃动过程有着很大影响。

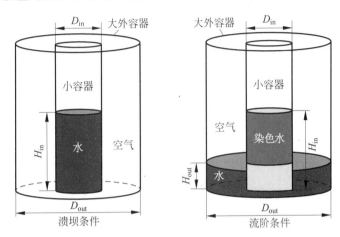

图 4.1.1 　 溃坝和流阶实验基本装置示意图

(请扫Ⅱ页二维码看彩图)

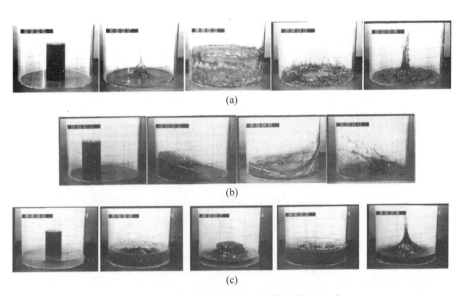

图 4.1.2 　 不同初始条件下液体的晃动运动

(a) 对称溃坝实验($D_{in}=11\ cm,H_{in}=20\ cm$);(b) 非对称溃坝实验($D_{in}=11\ cm,H_{in}=20\ cm$);

(c) 流阶实验($D_{in}=11\ cm,H_{out}=5\ cm,H_{in}=20\ cm$)

　　Cheng 等(2018b,2020)针对局部 FCI 后晃动运动的机理,在纯液体池中对不同参数条件下由单一压力事件触发的晃动运动进行了实验研究,所使用的实验系统如图 4.1.3 所示。通过将氮气注入二维矩形池中,模拟局部 FCI 产生的蒸汽。采用不同的实验参数,包括注入氮气压力 P(1.5~4.5 bar)、初始水深 H_w(10~60 cm)、喷嘴尺寸 D_n(10~50 mm)和注气时间 ΔT(0.06~0.1 s),以加深对局部 FCI 后晃动运动的理解。注气持续时间的设置与他们之前在 FCI 研究中观察到的局部 FCI 引起的蒸汽膨胀持续时间相对应(Cheng et al.,2014a,2015,2019f; Zhang et al.,2018)。

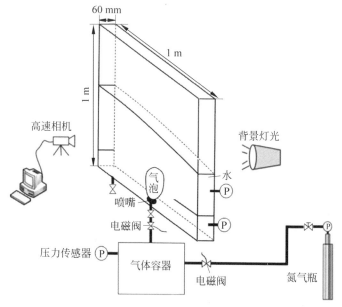

图 4.1.3　无水力扰动的注气实验示意图

(请扫 II 页二维码看彩图)

　　图 4.1.4 展示了典型的液池瞬态晃动过程。气泡脱离池底后,容易以下表面凹的形状上升,这说明气泡内部的气体压力相对于气泡底部的水静压更低。由于压力差的作用,随着气泡的上升,可以观察到两个对称的旋涡和一个向上的尾流。此外,随着气泡的升高,气泡尺寸有增大的趋势,气泡的几何形状有拉长的趋势。到达池面后,由于气泡底部气压与水静压之间的压差较大,上升的气泡立即破裂。然后,快速破裂的气泡会加速两个漩涡离开水池中心,将水从池中心推向池外围。

　　注气压力对池中心和池周最大水位高度变化量 ΔH_{max} 以及气泡停留时间的影响如图 4.1.5 所示。从图 4.1.5(b)中可以清楚地看到,在纯水池中,

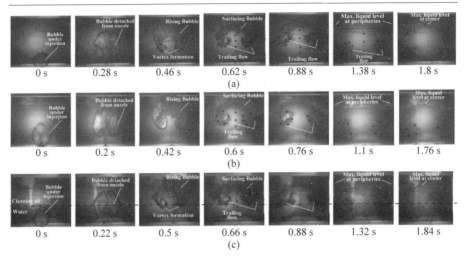

图 4.1.4 不同液池的瞬态晃动行为($P=4$ bar,$\Delta T=0.1$ s)

(a) 纯水池；(b) 纯油池；(c) 油-水分层池

（请扫Ⅱ页二维码看彩图）

随着注气压力的增加,池中心和池周的 ΔH_{max} 在 3.5 bar 之前逐渐增大,之后趋于减小。这可以解释为,当注气压力较高时,由于对气泡上升的举升力大大增强,对水位高度的影响更加突出。然而,当注气压力足够高(例如大于 3.5 bar)时,气泡上升速度的显著增强可能导致气泡在水池中的停留时间缩短,从而对水池晃动强度起到抑制作用。从图 4.1.5(a)中可以看出,与 ΔH_{max} 相似,在纯水池中,随着注气压力增大,上升气泡的停留时间增加,当注气压力大于某一临界值时,上升气泡的停留时间开始缩短。这是因为在气泡上升过程中,虽然随着注气压力的增大,气泡整体上升速度也会随之增大,但气泡破碎、变形或伸长等瞬态过程会更加剧烈,从而导致气泡停留时间的增加。然而,当注气压力足够高时(如大于 3.5 bar),尽管上述瞬态过程的削弱作用仍在一定程度上存在,但气泡总体上升速度应起主导作用。此外,随着初始水深的增加,晃动强度呈先增强后减弱的趋势,因为较高的水深会增加水惯性(阻力)和延长气泡在池内停留时间(正效应),两者具有相反的作用。一般情况下,较短的注气时间和较大的喷管尺寸可以有效地减弱晃动强度。

在实际反应堆事故期间,由于固体燃料芯块和结构材料的熔化不充分,会形成由熔融燃料、熔融结构、固体燃料块、再凝固燃料、钢颗粒、控制颗粒、裂变气体的混合物组成的多相体系(Yamano et al.,2003；Liu et al.,2006,2007)。此外,还可能存在一些非燃料结构(如控制棒结构),并且一定体积的

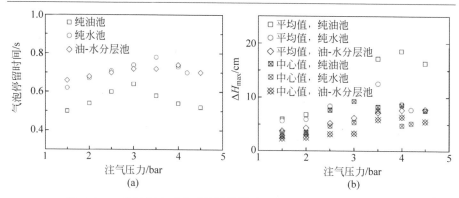

图 4.1.5　注气压力对晃动特性的影响($D_n = 50$ mm，$\Delta T = 0.1$ s)

（请扫Ⅱ页二维码看彩图）

固体颗粒还可能会积聚在熔融池底部(Maschek et al.，1992a；Cheng et al.，2018b)。为了阐明固相对晃动运动的影响，相关研究者在溃坝、流阶和注气条件下进一步开展了一系列研究。

Maschek 等(1992a，1992b)的实验中，使用了带杆状障碍和环形障碍的溃坝实验装置，如图 4.1.6 所示。在设置杆状障碍的实验中，最多放置了 12 根杆分布在水柱周围，杆直径根据其阻尼率按几何比例缩小(反应堆中控制/安全/虚拟棒的数量通常至少是其两倍)。为了更深入地了解杆状障碍的影响，使用不同的杆距中心距离 R_c 测试了对称(12 根杆)和非对称(半对称，6根杆)分布方案和布置。在设置环形障碍的实验中，在中心液体和外容器之间的池底分别引入了高度 H_{ring} 为 2 cm 和 3 cm 的有机玻璃环，以模拟大型熔融燃料池中的幸存(未熔化)结构。

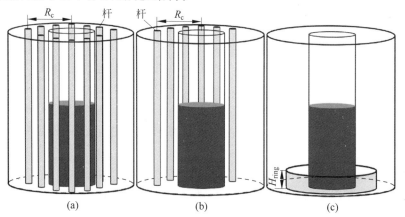

图 4.1.6　带杆状或环形障碍物的溃坝实验基本装置

(a) 杆状障碍对称分布；(b) 杆状障碍非对称分布；(c) 环形障碍

（请扫Ⅱ页二维码看彩图）

　　典型的溃坝晃动运动如图 4.1.7 所示。带杆状障碍的溃坝实验结果表明,杆状结构的存在不会对向外晃动的强度产生明显影响,而向内集中晃动则由于固有不稳定性的增加而被破坏。如果杆状障碍远离中心(即 R_c 较大)或呈不对称分布,则对集中晃动运动的阻尼效应在一定程度上会变弱。对于流体阶跃晃动(图 4.1.7(c)),液柱系统中的能量耗散较小,减小晃动高度的效果并不那么明显。在带环形障碍的溃坝过程中(图 4.1.7(d)和(e)),液柱释放后受到环状结构的影响而使液体结构呈碗状。水接触到外容器的周边后,又折返向中心,整个过程中没有观察到有效的集中晃动。可以判断,液体的晃动行为受到环形障碍的严重抑制,晃动强度显著变低。

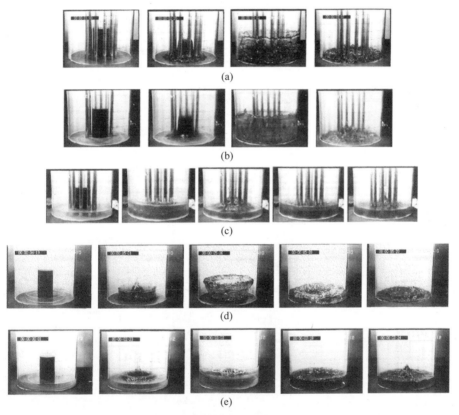

图 4.1.7　带杆状障碍的典型溃坝和流体阶跃晃动过程

(a) 障碍杆对称分布下的溃坝过程;(b) 障碍杆非对称分布下的溃坝过程;(c) 流阶条件下的溃坝过程;(d) 带环形障碍的溃坝过程;(e) 带环形障碍的流阶溃坝过程

　　Cheng 等(2018c,2019c,2019d,2019e)为了研究带固体颗粒的液池晃动行为,使用了带固体颗粒的注气实验装置,如图 4.1.8 所示。实验中关注的实验参数包括颗粒密度、颗粒尺寸、颗粒形状（球形和非球形）、初始颗粒床高度、颗粒组成（单一尺寸和双组分混合尺寸）、注入气体压力、气体注入持续时间。为了清楚地了解每个参数对流型特性的影响，首先采用单一尺寸的球形颗粒进行实验，具体工况包括颗粒密度（玻璃和氧化铝）、颗粒尺寸（0.125~8 mm）、初始颗粒床高度（5~30 cm）、注入气体压力（2~4 bar）以及注入气体持续时间（0.06~0.1 s）。实验结果表明，在涉及固体颗粒的液池晃动过程中，可以观察到3个明显的阶段：在第1阶段，注入的气泡在颗粒床内上升，该阶段涉及气泡从颗粒床底部进入并到达颗粒床顶部（见图4.1.9(a)~(e)中的第一张和第二张照片）；在第2阶段，即气泡脱离阶段，如图4.1.9(a)~(e)中的第三张和第四张照片所示，其中一些颗粒可能被抬起并倾向于滚落（例如沿着气泡边缘）；而在第3阶段，如图4.1.9(a)~(e)中的第五张和第六张照片所示，气泡在上部水域内上升，该过程中水池外围和中心的最大水位依次出现。

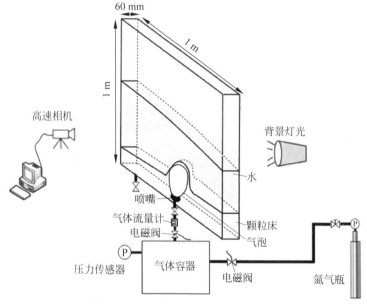

图4.1.8　含固体颗粒注气晃动实验系统
（请扫Ⅱ页二维码看彩图）

此外，还发现，根据不同相（即固体颗粒、液体和注入气体）之间相互作用的不同机制，存在三种流型：（Ⅰ）气泡冲量主导流型；（Ⅱ）过渡流型；（Ⅲ）颗粒床惯性主导流型。不同实验参数对流型转变和由此产生的晃动强度具有显著影响。实验中发现，颗粒床惯性和气泡冲量这两个关键因素可以决定流型

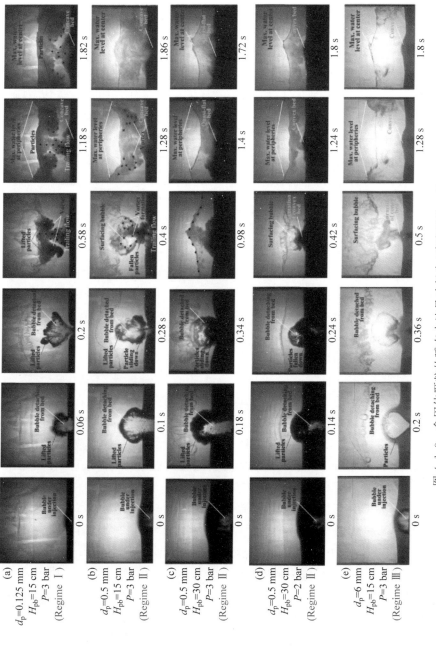

图 4.1.9　含固体颗粒的瞬态水池晃动行为（玻璃颗粒，$\Delta T = 0.1$ s）
（请扫 II 页二维码看彩图）

的变化。另外,实验还发现,颗粒球形度的降低,有利于流型从大编号流型向小编号流型的转变。这可以解释为,一些与形状相关的属性会引起额外的颗粒间摩擦和碰撞,从而导致第 1 阶段颗粒床惯性的减少、第 2 阶段颗粒滚落的抑制,以及第 3 阶段固体颗粒与气液流之间相互作用的增强。

综上所述,对液池晃动运动的研究对于改进液态金属冷却反应堆严重事故过渡阶段可能形成的大型熔融燃料池的潜在能量评估具有重要意义。本节系统地回顾了过去各种条件(如溃坝、流阶和注气条件)下的实验和模型研究。与已经考虑的实验条件相比,可以预见的是,实际反应堆的事故工况要更加复杂。因此,为了更深入、更全面地理解液池晃动运动的机理,并为反应堆安全分析提供更有价值的知识,进一步开展更复杂条件下(例如高密度液体、多组分、混合尺寸或混合密度的固体颗粒)的液池晃动运动实验仍然是必要的(Xu et al.,2022a)。

4.1.2 熔融物迁移

如 4.1.1 节所述,在液态金属冷却反应堆严重事故的过渡阶段,可能会形成由熔融燃料、熔融结构、再凝固燃料和固体燃料块等多相组成的受损堆芯,并可能会出现含固相熔融池(Liu et al.,2006)。由熔融池流动性导致的熔融物迁移、燃料重新定位、冷却凝固,可能减轻严重的再临界现象,对于快堆的安全设计与事故评估而言,具有重要意义。因此,熔融物迁移是堆芯解体事故中的关键现象之一。

日本九州大学的 Liu 等(2006,2007)进行了一系列针对熔融物迁移的实验。在多相流水池中使用了不同材质(塑料和 Al_2O_3)和不同尺寸的固体颗粒,实验装置如图 4.1.10 所示。主体装置由透明丙烯酸树脂制成的圆柱形水池组成,内径 310 mm,高 1000 mm。为了避免圆柱体的凸面效应,在圆柱体水池周围设置了同样由透明丙烯酸树脂制成的方形水池,水池中充满水,以便目视观察圆柱体内部。在两块底板之间放置了一个铁筛网,以防止颗粒掉落。顶部法兰上方有一根上管,管内水面设有浮子,以便通过高速摄像机记录水位变化。当压力容器内的压力达到隔膜(位于下部压力容器与水池之间)的破裂极限时,隔膜将破裂,压力容器充入的初始加压的氮气将喷入池中,从而推动池内的颗粒床向上运动。此外,还配置了两个压力传感器测量压力容器内和水池顶部的压力。研究者获取了不同密度颗粒、注气压强条件下的实验结果,并与 SIMMER-Ⅲ 程序的模拟结果进行了对比验证。研究者认为,不同种类固体颗粒形成颗粒床的瞬态行为基本相似。

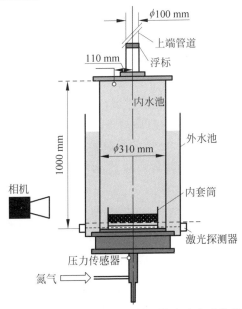

图 4.1.10　液体主导含固体颗粒液池实验装置

为了研究液态金属冷却反应堆堆芯解体事故中熔融物迁移和冻结的基本物理机制,日本九州大学的 Rahman 等(2005,2007,2008)对熔融金属在金属结构上的冻结行为进行了一系列的实验研究。实验装置如图 4.1.11 所示,

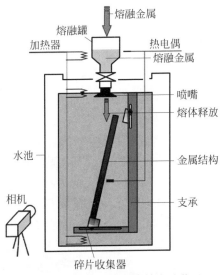

图 4.1.11　熔融金属冻结实验装置

(请扫 Ⅱ 页二维码看彩图)

研究者使用伍德合金模拟熔融物,分别在水和空气为冷却剂的条件下进行了实验。实验中,熔融液态金属会从装置上方倒在材质为不锈钢或铜的金属结构上,并在该结构上冻结。实验结果表明,伍德合金在空气中比在水中具有更好的结构黏附性以及更长的穿透长度。此外,由于黄铜的导热率比不锈钢高,伍德合金在不锈钢结构上的穿透长度比在黄铜结构上的穿透长度长一些。如图 4.1.12 和图 4.1.13 所示,空气冷却条件下,大部分熔融金属都黏附在金属结构板上,没有由于熔体凝固而形成的颗粒碎片。另外,在水冷却条件下,只有小部分熔融金属黏附在金属结构板上,大量的熔体以碎片的形式冻结。

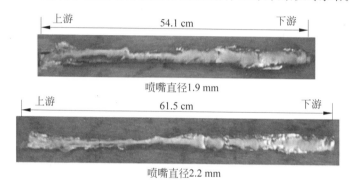

图 4.1.12　空气冷却条件下黄铜结构上凝结的伍德合金

（请扫Ⅱ页二维码看彩图）

　　基于七棒束实验装置(图 4.1.14),九州大学进行了熔融金属在棒束结构上冻结行为的实验研究(Hossain et al.,2009)。使用伍德合金作为熔融金属,分别在空气和水为冷却剂的条件下研究了棒束间隙中的熔融物穿透长度和棒束表面上金属凝固的特性。空气冷却剂和水冷却剂实验的比较结果表明,穿透和冻结行为的特性会受到来自冷却剂传热的显著影响,金属的穿透长度随棒束温度的升高而显著增加。随着熔体温度的升高,穿透长度略有增加。这表明,在该实验条件下,熔体温度对穿透长度的影响不显著。大部分凝固的金属黏附在棒束表面,棒束表面的金属凝固层在上游更厚、更宽。

　　为获得液态铅铋共晶合金(LBE)夹带金属颗粒的流动迁徙行为特性,西安交通大学搭建了液态 LBE 夹带颗粒流动凝固行为可视化实验装置 Eirene(图 4.1.15),开展了圆形通道内的 LBE 流动凝固实验和 LBE 夹带不锈钢颗粒的流动凝固实验,获得了液态 LBE 流动凝固动态特性的影像数据、LBE 进出口温度和管壁温度数据(蔡庆航 等,2023)。结合实验影像数据、热电偶测量数据和实验后处理数据分析,研究者获得了 LBE 夹带不锈钢颗粒的流动凝固过程:液态 LBE 推动金属球床上升过程中,在冷颗粒和玻璃管表面的冷却

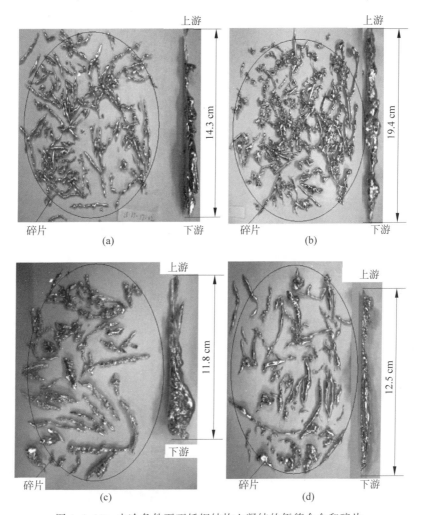

图 4.1.13　水冷条件下不锈钢结构上凝结的伍德合金和碎片

(a) 水冷温度 20.2℃喷嘴直径 1.9 mm；(b) 水冷温度 20.2℃喷嘴直径 2.2 mm；(c) 水冷温度 35℃喷嘴直径 1.9 mm；(d) 水冷温度 35℃喷嘴直径 2.2 mm

作用下，LBE 温度不断降低，并优先在颗粒表面或玻璃管表面发生凝固并形成凝固层；颗粒被凝固的 LBE 锚定在玻璃管表面，形成局部堵塞，同时凝固层进一步阻碍了颗粒流动，将大量颗粒滞留在相同位置，即实验后处理中观察到的 600～1000 mm 的颗粒集中区域；而高温液态 LBE 通过颗粒间隙继续向上流动，流速与温度逐渐降低，直至完全凝固并堵塞流道。

综上所述，目前针对液态金属冷却反应堆 CDA 中熔融物迁移的实验研究

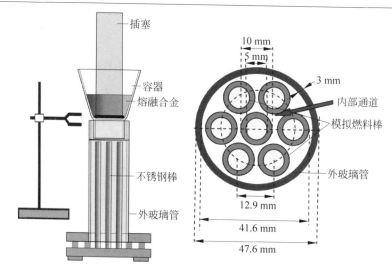

图 4.1.14　七棒束实验装置

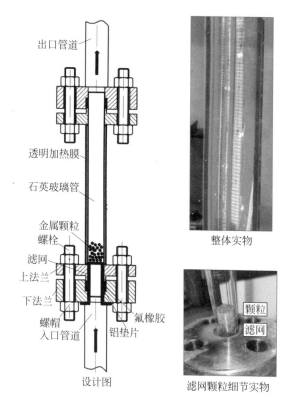

图 4.1.15　Eirene 实验装置实验段

（请扫Ⅱ页二维码看彩图）

相对较少,主要集中在固体颗粒的迁移行为和熔融物的冻结行为,主要用于验证安全分析程序中的计算模型。关于铅冷快堆堆芯解体事故中熔融物行为的公开实验研究文献和结果尤为稀缺。

4.2　燃料-冷却剂相互作用

在液态金属冷却反应堆堆芯解体严重事故下,如果堆芯得不到足够的冷却,则裂变产物的衰变热将导致燃料及其包壳熔化。这可能会导致熔化的堆芯物质侵入较低位置的腔室,或者熔穿主容器并向外泄漏。高温熔融堆芯物质会不可避免地与冷却剂直接接触,发生 FCI。熔融物和冷却剂相互作用可以分为以下几个阶段:①圆柱形的熔体射流喷射并破裂成液滴;②熔体液滴分解成更小的液滴或碎片;③在热效应的影响下,破碎的熔体再次被破碎,这一阶段可能发生蒸汽爆炸;④上面的两个或三个阶段后,熔融物不断积累在主容器底部并且形成碎片床。FCI 过程中可能产生的蒸汽爆炸将威胁反应堆容器的完整性,甚至引起放射性泄漏。该过程中,熔融燃料、熔融包壳材料、共熔物质可能以各种状态和形式(射流、连续滴、单个液滴)接触冷却剂,其间发生的碎化行为以及产生的蒸汽爆炸是需要重点关注的关键现象。因此,研究和评价 FCI 过程中熔融物的形态和发展尤为重要。

近几十年来,堆芯熔化后堆芯熔体与冷却剂相互作用的复杂过程得到了广泛关注和研究(Berthoud,2000)。许多学者对这一现象进行了理论和实验研究,形成了大量的熔体退化、演化和迁移的数学和物理模型(Sun et al.,2022)。本节回顾和总结了 FCI 现象的实验和理论研究,描述了熔体从射流到形成碎片床的整个演化过程中的行为。

Theofanous 和 Saito(1981)研究了熔融液柱在水中的瞬态水力破碎过程,在水力作用下,熔体射流的前缘会发生破裂,并逐渐破碎成熔体液滴,从而变得不连续。其中,熔体射流在水力作用下不连续的位置到水面的距离被定义为射流碎化长度(Chu et al.,1995)。熔体射流在破裂前如果以连续液柱的状态与内部结构接触,可能导致主容器烧蚀。因此,射流碎化长度是 FCI 现象中的一个关键物理参数。从熔体液柱中分离出来的熔体液滴在水力作用下进一步缓慢破碎,分散在冷却剂中形成预混合状态,在此过程中熔体主要受流体力学作用而碎化。随后,周围的液体在熔体液滴表面沸腾汽化,并形成稳定的蒸汽膜,阻止了熔体与冷却剂的直接接触,从而限制了高温熔体与周围冷却剂之间的传热。在熔融液柱或液滴破碎过程中,熔体与冷却剂的接触面积不断增大,这为熔融燃料-冷却剂系统被触发后发生蒸汽爆炸提供了先决条件(Corradini et al.,1988)。当熔体射流或液滴与容器壁面接触时,冷却剂中的压力波动会破坏熔体表面蒸汽膜的稳定性,并导致蒸汽膜破裂和崩溃。蒸汽膜破裂后,周围液体会形成射流撞击熔体,使熔体迅速破碎,即热效应破碎,传热面积迅速增大。因此,熔体与周围的冷却剂会剧烈交换热量,产生大量蒸汽,形成局部高压区域,然后可能发生蒸汽爆炸(Shamoun and Corradini,1996;Sun et al.,2022)。

如图 3.3.3 所示,FCI 过程中发生的蒸汽爆炸可以分为四个阶段(Shamoun and Corradini,1996)。

(1)预混合阶段:熔融射流破裂,形成熔融物和冷却水的混合区。由于蒸汽膜将熔体和水分开,因此熔体和水之间的传热相对较弱。预混合阶段的特征是产生蒸汽速率的时间尺度与熔体注入速度的时间尺度具有相同的数量级。如果冷凝能够平衡汽化,它会导致系统缓慢加压,甚至不加压。系统可以保持在这种亚稳态,直到熔体被淬灭,或者,如果条件合适,触发蒸汽爆炸。预混合过程的时间尺度在秒级别范围内,熔体颗粒的长度尺度在厘米范围内。

(2)触发阶段:扰动使熔体颗粒周围的蒸汽膜不稳定,导致局部传热增强加压和局部断裂。其中,引起汽膜失稳的原因有很多,包括不同撞击引起的压力脉冲、从膜态沸腾到核态沸腾的转变以及熔体-结构接触等。触发阶段导致局部细小破碎,从而增强传热和加压。

(3)传播阶段:触发阶段引起的增压使熔体周围的汽膜不稳定,导致周围熔体发生所谓细碎裂的现象。最初,细碎裂是由于蒸汽膜不稳定后局部液体之间发生接触而产生的。局部的冷却剂被迅速加热和加压,这导致周围熔体产生一些细小碎片,这种类型的破碎通常称为热碎化。随后,当压力已经很高时,细碎裂被认为是由熔体和冷却剂之间的密度和可压缩性不同而导致的相对运动引起的。细碎裂的传播速度取决于预混区的条件,受预混区扰动传播相对应的时间尺度控制。在这种情况下,典型的传播速度是每秒几十米。因此,系统的增压相对有限、缓慢和均匀,不会产生激波。但在预混合和准稳态传播中,细碎裂也会逐步升级到超音速。根据条件的不同,在系统膨胀之前,预混合物可以或多或少完全"燃烧",从而形成一个高压区。在传播阶段,熔体的热能转化为冷却剂的热能。爆炸传播过程的时间尺度在毫秒级,细破碎颗粒的长度尺度在几百微米级。

(4)膨胀阶段:冷却剂的热能转化为机械能。高压混合物在周围惯性约束下的膨胀决定了蒸汽爆炸的破坏潜力。蒸汽爆炸的破坏可能是由过程开始时的压力冲击波和随后传递给周围空腔结构的动能造成的。如果局部高压迅速消除，则可能不会破坏周围结构，但传递给相互作用区周围材料的动能依旧是导致破坏的原因。

最后，碎化后的熔体液滴或碎片在冷却剂的冷却作用下逐渐凝固，形成固体颗粒，并在容器底部积聚，形成碎片床。在这一过程中，熔体和冷却剂之间仍有热量传递和动量交换。熔体射流的直径、数量、形态、温度等参数会影响最终形成的碎片床的结构特性，进而影响碎片床的冷却特性（Spencer et al.，1986）。没有充分冷却的碎片床可能会重新熔化，甚至可能熔穿堆容器（Theofanous et al.，1997），进而威胁安全壳的完整性，并导致放射性物质的释放（Chen et al.，2019；Cai et al.，2020）。

FCI 过程中熔体射流的碎化主要分为三个水力学作用区域（Nishimura et al.，2010；Sun et al.，2022）：①射流前端的 R-T 不稳定性；②涡旋上升区的边界层剥离；③射流液柱主体的 K-H 不稳定性。如图 3.3.16 所示，这三种射流碎化水力学作用区域的相关理论已在 3.3.3 节中描述。

射流破碎行为主要受水力失稳影响。因此，在低密度气体环境下的破裂速率比在相对高密度的水中要慢得多。熔体射流进入冷却剂后，FCI 过程会产生局部高气体含量区域，这使得破碎长度的预测具有不确定性。先前的研究表明（Spencer et al.，1986），破裂既会发生在射流前缘（R-T 不稳定性），也会发生在射流尾柱（K-H 不稳定性和其他不稳定性）。当熔体进入冷却剂中一定距离后，熔体液柱不再连续，射流发生碎化。换句话说，这时没有连续的熔体液柱，只有液滴或碎片存在。在这一点上，虽然可能有液滴或碎片的扩散，但不再有前缘破裂。熔体通过冷却剂液面到完全破裂点的距离完全取决于此过程中熔体射流的破裂行为。鉴于这些事实，研究射流断裂长度不仅对模拟这一过程，而且对预测熔体射流是否会在连续状态下直接撞击主容器内部结构具有重要意义（Spencer et al.，1986）。

目前，针对 FCI 过程中的熔体射流碎化行为已经开展了广泛的实验研究，其中包括使用金属、金属氧化物熔体、其他模拟介质进行的许多实验研究，现有的熔体射流碎化实验总结如表 4.2.1 所示。

西安交通大学进行了将不锈钢/铜/铝注入钠中的射流碎化实验，基于钠气泡生长和熔体的破碎，提出了熔体射流在钠池中的碎化机理（Hu et al.，2019a，2019b，2020）。上海交通大学进行了一系列的锡射流注入水实验（He et al.，2020，2021），通过改变冷却剂的初始温度，观察到在不同沸腾条件下的三种不同的相互作用：稳定膜态沸腾、不稳定膜态沸腾，以及成核或过度沸腾。哈尔滨工程大学进行了将不锈钢注入钠中的射流碎化实验，实验结果表明：连续 316 不锈钢液滴的碎化可分为凝固变形区、碎化高速增长区和碎化低速增长区（Yang et al.，2020）。中山大学使用了 Pb、Bi-Sn-In 合金、Pb-Bi 非共晶合金、LBE 等不同金属进行了熔体射流注入水中的实验，探究了不同的熔体温度、水温、注入速度、喷口截面形状和水深等条件对熔体射流破碎行为的影响（Cheng et al.，2021a，2022a，2022b；Tan et al.，2022）。合肥工业大学在空气和氮气氛围下进行了锡射流注入水中的 FCI 碎化实验（Wang et al.，2020），结果表明氮气氛围下能够引发更强的蒸汽爆炸。日本原子力研究开发机构进行了 Bi-Sn-In 合金和 Bi-Sn 合金射流注入水中的实验，实验结果证实了喷嘴直径和入口速度变化对块状碎化产物质量分数的影响，并通过修正相关关系式，预测了在预期反应堆条件下块状碎化产物的质量分数（Iwasawa et al.，2019，2022，2023）。日本电力中央研究所用熔融铜模拟金属燃料在钠池中进行了一系列实验，结果表明在韦伯数 We 小于 200 的低注入速度条件下，熔体射流的初始过热度越高，碎片的尺寸越小；当 We 大于 200 时，射流过热度对碎片大小无显著性影响（Nishimura et al.，2010）。东京工业大学进行了 Pb 和 LBE 液滴碎化行为实验，得到了碎化过程中的压力峰值，并分析了液态重金属的碎化机理（Sa et al.，2011）。筑波大学将 U-alloy78 射流注入水中，发现射流侧面与射流正面的碎化行为不同，喷嘴直径对射流破碎长度有显著影响，而熔融射流温度和冷却剂温度对射流破碎长度没有影响（Abe et al.，2006）。浦项科技大学通过低熔点金属合金（Bi-Sn 合金）的熔体射流破碎实验，分析了不同射流直径和射流破裂长度估算方法的有效性（Jung et al.，2019）。韩国海洋大学通过开展伍德（Wood）合金射流破裂实验，将射流前缘下降速度相同条件下的射流破裂长度与现有模型进行比较，发现与 Epstein 和 Fauske 模型的一致性非常好（Bang et al.，2018）。俄罗斯莱朋斯基物理与动力工程学院开展了一系列 ZrO_2 和 Fe 熔体注入钠池中的实验，提出了一种冷却剂（Na，H_2O）中堆芯细粒化的物理模型，从该模型与实验测量的热相互作用参数和破碎机制的能量充分性的对应关系出发，对 Na-UO_2 熔体体系的模型进行了验证（Zagorul'ko et al.，2008）。此外，欧盟委员会联合研究中心将 Al_2O_3 和 UO_2-ZrO_2 注入水池中进行了一系列实验，在相同初始条件下比较两种熔体在 FCI 行为上的差异（Hohmann et al.，1995；Huhtiniemi et al.，1997）。斯图加特大学进行了一系列的伍德合金液滴碎化实验（Bürger et al.，1986），并研究了蒸汽爆炸阶段部分已凝固液滴细粒化的判据，提出了基于修正韦伯数的碎化临界条件（Uršič et al.，2014）。印度理工学院用雷诺数和韦伯数解释了铅和铝两种熔融金属的碎化行为（Pillai et al.，2016）。此外，英迪拉·甘地原子研究中心也使用伍德合金进行了碎化动力学和碎片床形成的一系列实验(Mathai et al.,2015)。

表 4.2.1　FCI 中的熔体射流碎化行为实验

研究机构	熔体材料	熔体质量	熔体温度/℃	冷却剂温度/℃
西安交通大学	不锈钢,Cu,Al	0.5~1.46 kg	1010~1589	钠:232~342
上海交通大学	Sn	3 kg	662~800	水:26~72
哈尔滨工程大学	不锈钢	—	1457~1804	钠:294~338
中山大学	Pb,Bi-Sn-In 合金,Pb-Bi 非共晶合金,LBE	2 kg	200~600	水:25~85
合肥工业大学	Sn	350 g	300~600	水:15
日本原子能机构	Bi-Sn-In 合金,Bi-Sn 合金	450 g	100~300	水:20~60
日本电力中央研究所	Cu	20~300 g	1095~1249	钠:248~300
东京工业大学	Pb,LBE	5 g	200~800	水:20~75
筑波大学	U-alloy78	100~400 g	100~300	水:50~70
浦项科技大学	Bi-Sn 合金	2.3~20 kg	200~306	水:57~99
韩国海洋大学	伍德合金	15 kg	85	水:40~60
莱朋斯基物理与动力工程学院	ZrO_2,Fe	0.07~0.11 kg	2827	钠:227~645
欧盟委员会联合研究中心	Al_2O_3,UO_2-ZrO_2	1.5~3.3 kg	2300~2400	水:20~90
斯图加特大学	伍德合金	—	75~160	水:10~68
印度理工学院	Pb,Al	—	380~1000	水/甘油:室温
英迪拉·甘地原子研究中心	伍德合金	2~20 kg	95~250	水:—

4.3　碎片床行为

液态金属冷却反应堆(以钠冷快堆为例)严重事故进程包括四个阶段:事故始发阶段、过渡阶段、事故后材料重新定位阶段和事故后余热排出阶段。在事故后材料重新定位阶段,熔融堆芯材料从堆芯排出,迁移至堆芯支撑结构或容器底部区域,并且与冷却剂发生 FCI 作用,形成颗粒碎片床,造成反应堆容器热边界失效的潜在风险。在事故后余热排出阶段,一方面,堆积形成的碎片床仍然持续释放衰变余热,这些热量能否及时被冷却剂移除取决于碎片床的厚度、尺寸、空隙率等因素。另一方面,冷却剂在碎片床中的沸腾作用会使碎片床出现自动变平现象,改变碎片床的堆积状态和高度。因此,为了有效地实现堆内滞留策略和缓解事故后果,有必要对严重事故进展阶段中碎片床的形成和自动变平行为进行深入研究,获取碎片床行为的特征,并理解其现象的机制,从而为采取事故缓解措施或改进堆内安全设备、事故缓解装置的设计提供重要的参考。本节针对碎片床形成和碎片床自动变平行为,结合相关的研究文献和综述,对有关的实验研究分别进行介绍(Xu and Cheng,2024)。

4.3.1　碎片床的形成

碎片床的形成过程主要为固体碎片在冷却剂池中的下落、在支撑结构上的堆积,并形成碎片床(Shamsuzzaman et al.,2013;Lin et al.,2017),如图 4.3.1 所示,这一过程中伴随的 FCI 现象对碎片床形成时的流型转变以及形成床的特征有显著影响。熔融燃料在到达反应堆容器底部前,会碎化为颗粒或碎片(Sheikh et al.,2018;Raj et al.,2015;Aoto et al.,2014)。碎片床由不同大小和形状的颗粒和碎片组成。碎片床的物理特征直接影响碎片床的事故后衰变热排出能力,碎片床中的热量如果无法被及时地排出,则将有可能熔穿主容器,造成更严重的事故后果。因此,针对碎片床堆积形成和其分布特征的研究是碎片床可长期持续冷却机制中的关键内容。

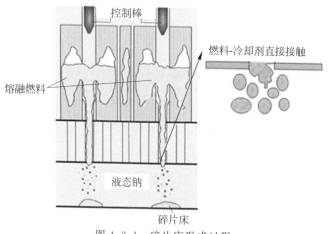

图 4.3.1　碎片床形成过程

(请扫Ⅱ页二维码看彩图)

为了阐明液态金属冷却反应堆(尤其是钠冷快堆)堆芯解体事故中碎片床形成的机制和特性,研究者已经开展了广泛的实验研究,涉及的单位包括日本九州大学和日本原子力研究开发机构(Shamsuzzaman et al.,2012,

2013,2014a,2014b,2018；Sheikh et al.，2016，2018，2020；Kawata et al.，2017)、印度英迪拉·甘地原子研究中心(Jasmin Sudha et al.，2015)、中国中山大学(Cheng et al.，2017，2018a，2018b，2019a，2019b；Lin et al.，2017；Xu et al.，2022b，2023)。表 4.3.1 总结了这些碎片床形成研究。

表 4.3.1　已有的碎片床形成研究

研究单位	碎片床形成研究	实验系统	实验条件	提出的经验预测模型
印度英迪拉·甘地原子研究中心	关注碎片床特征，不考虑冷却剂沸腾效应	见图 4.3.2	单一粒径铅球形颗粒(Jasmin Sudha et al.，2015)	休止角模型(Jasmin Sudha et al.，2015)
日本九州大学和日本原子力研究开发机构		见图 4.3.3	单一粒径单一性质固体颗粒(Shamsuzzaman et al.，2012，2013，2014a,2018)	颗粒床高度模型(Shamsuzzaman et al.，2018)
		见图 4.3.3	混合粒径球形颗粒(Sheikh et al.，2016,2018)	颗粒床高度模型(Sheikh et al.，2018)
		见图 4.3.4	单一粒径球形颗粒(Lin et al.，2017)	流型类型确认和转变的基准模型(Cheng et al.，2017)
中山大学	关注流态特性，不考虑冷却剂沸腾效应	见图 4.3.4	单一粒径非球形颗粒(Cheng et al.，2018b)	流型模型扩展(颗粒形状效应)(Cheng et al.，2018b)
		见图 4.3.4	混合粒径球形颗粒(Cheng et al.，2019b)	流型模型扩展(混合粒径效应)(Cheng et al.，2019b)
	关注流态特性，考虑冷却剂沸腾效应	见图 4.3.5	高温单一粒径球形颗粒(Xu et al.，2022b)	流型模型扩展(下落颗粒的沸腾效应)(Xu et al.，2022b)
		见图 4.3.6	注气条件、单一粒径球形颗粒(Cheng et al.，2018a；Xu et al.，2023)	流型模型扩展(底部堆积颗粒的沸腾效应)(Xu et al.，2023)
		见图 4.3.7	底部加热、单一粒径球形颗粒(Cheng et al.，2019a)	—

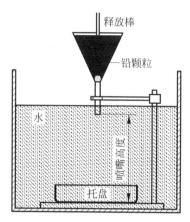

图 4.3.2　碎片床形成三维实验系统（Jasmin Sudha et al. ,2015）

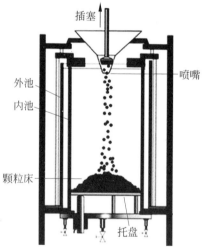

图 4.3.3　碎片床形成三维实验系统（日本九州大学和日本原子力研究开发机
　　　　　构）（Shamsuzzaman et al. ,2012）

　　为了在碎片床形成机制和特征的研究中获得可视化的观察结果,研究者
主要采用不同性质的固体颗粒和水模拟钠冷快堆堆芯解体事故中的碎片和
冷却剂钠,在实验中将固体颗粒通过释放喷嘴从顶部较高位置垂直排放到水
池中,在底部形成颗粒床。实验最初在室温下进行,通过改变参数（如颗粒尺
寸、密度、组分和形状、水深、喷嘴几何）来研究碎片床形成过程的基本特性,
主要包括碎片床形成期间的流型转变和形成床的几何形状（Shamsuzzaman
et al. ,2012,2013,2014a,2018；Jasmin Sudha et al. ,2015；Sheikh et al. ,

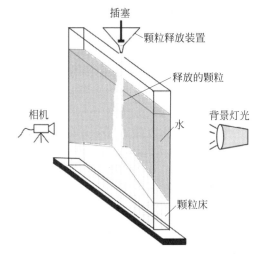

图 4.3.4　中山大学碎片床形成二维系统(Lin et al.,2017)

(请扫Ⅱ页二维码看彩图)

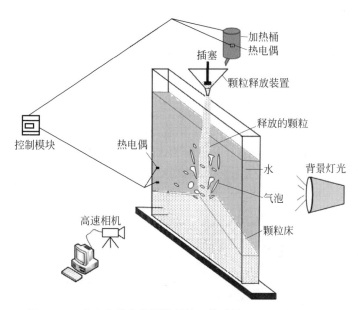

图 4.3.5　中山大学高温颗粒释放二维系统(Xu et al.,2022b)

(请扫Ⅱ页二维码看彩图)

2016,2018；Cheng et al.,2017,2018b,2019b；Lin et al.,2017)。然后,研究者考虑到高温落下的碎片和底部已堆积的碎片床可能触发冷却剂沸腾,拓展了实验条件,并开展了进一步的实验研究,以阐明冷却剂沸腾对碎片床形成

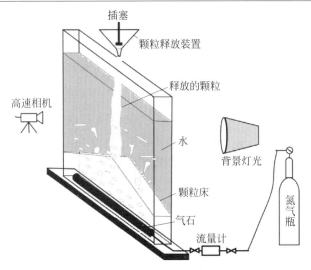

图 4.3.6　中山大学注气二维系统(Cheng et al.,2018a)

(请扫Ⅱ页二维码看彩图)

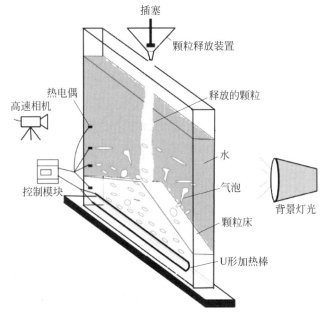

图 4.3.7　中山大学底部加热二维系统(Cheng et al.,2019a)

(请扫Ⅱ页二维码看彩图)

特性的影响(Cheng et al.,2018a,2019a；Xu et al.,2022b,2023)。基于实验结果,研究者提出了相关的经验预测模型用于预测碎片床的几何特性(包括

床高和休止角)(Shamsuzzaman et al.,2018；Sheikh et al.,2018)和流型转变
(Cheng et al.,2017,2018b,2019b；Xu et al.,2022b,2023)。

1. 不考虑冷却剂沸腾效应的实验研究

在关注碎片床形成特征的研究中,研究者分别使用了范围在 1.1～
6.0 mm 的均匀尺寸和混合尺寸固体颗粒。实验结果表明,在不同条件下,形
成床因实验参数的差异而呈现凹形或者锥形。表 4.3.2 给出了这些实验以及
真实反应堆严重事故中的材料性质。

表 4.3.2　反应堆事故(钠冷快堆堆芯解体事故)和未考虑冷却剂沸腾实验中的材料性质

物理参数	反应堆事故(钠冷快堆)	聚焦形成床特性的实验	聚焦流态转变特性的实验
碎片材料	混合氧化物燃料和不锈钢的混合物	氧化铝,氧化锆,不锈钢	玻璃,氧化铝,氧化锆,不锈钢,铜和铅
碎片密度/(kg/m^3)	7620～10800(1000 K)	3600～7800(298 K)	2600～11340(298 K)
碎片直径/mm	几百微米到毫米量级	1.1～6.0	0.125～8.0
冷却剂材料	钠	水	水
冷却剂密度/(kg/m^3)	830	997	997
冷却剂黏度/$(mPa \cdot s)$	24.0	89.1	89.1

由于碎片的尺寸是碎片床形成特性中的一个关键参数,研究者在研究碎
片床形成的流型特性时,考虑了范围更大的颗粒尺寸。在使用相同球形颗
粒、混合颗粒和非球形颗粒的实验研究中,研究者分别获得了以下的实验发
现和认识。

1) 在使用球形颗粒的实验中得到的认识

总体而言,碎片床形成过程可以分为两个关键阶段:初始阶段和后期阶
段(Lin et al.,2017；Cheng et al.,2017)。初始阶段涉及颗粒的释放,颗粒从
喷嘴下落至堆积碎片床的上部区域。在该阶段中,喷嘴出口的尺寸和排放颗
粒的特性对颗粒排放速率有显著影响。这个排放速率随后影响了由下降颗
粒引起的池内对流的强度和碎片床形成的行为。后期阶段涉及颗粒的堆积,
主要位于水池的底部。研究发现,由于颗粒惯性和池内对流的竞争作用,碎
片床形成过程中存在四种不同的流型,不同的流型对应不同几何形状的碎片
床:当颗粒惯性的作用显著小于池内对流的作用时(流型Ⅰ),会形成平坦的
碎片床;当池内对流仍然占主导作用时(流型Ⅱ),会形成凹形床;当颗粒惯

性变得更具有竞争作用时(流型Ⅲ),会形成梯形床;而当颗粒惯性起主导作用时(流型Ⅳ),会形成凹形床。颗粒惯性通常取决于固体颗粒的性质(如颗粒密度和大小),而池内对流由下落的固体颗粒流动引发,取决于水池的参数(如液位高度)和释放颗粒流速(如释放速率)。较高的释放流速(例如,在较小颗粒或较大排放喷嘴直径的情况下)预计会触发更显著的池内对流效应。

为了定量研究碎片床形成的特性,研究者结合多个关键初始参数,包括颗粒直径 d_p、颗粒密度 ρ_p、颗粒混合比 α、颗粒形状(球形或非球形)、颗粒体积 V_p、水深 H_w、释放喷嘴直径 d_n、喷嘴出口与池底之间的距离 H_n 和水池间隙厚度 W_{tank},对形成床的特性进行了定量分析,其中重点关注颗粒堆高 H_m、颗粒床高度 H_b、颗粒堆凹坑面积 A_{dim}、凹坑体积 V_{dim} 和颗粒床坡度角 θ_r,如图 4.3.8 所示。根据实验测量,研究者认为颗粒体积对形成床的特征没有显著影响(Shamsuzzaman et al.,2013)。此外,在准二维条件下,当水池厚度变化时,流态和形成床角度的变化并不显著(Lin et al.,2017)。在准二维和三维情况下,研究者已经证实颗粒密度更高和尺寸更大的颗粒会导致颗粒惯性增加,从而形成更高编号的流型,形成的颗粒床倾向于呈现凸形和具有更高的堆高。相反,水深的增加能促进池内对流的建立或增强对流强度。因此,这种转变导致流型由高编号向低编号过渡,所形成碎片床的形状更倾向于更凹或更平坦。此外,当释放喷嘴尺寸变小时,释放颗粒的阻力(如摩擦和碰撞)显著增加,导致颗粒释放速率降低,预期的结果是流型从低编号向高编号转变。

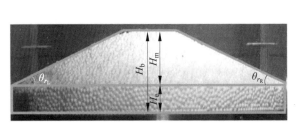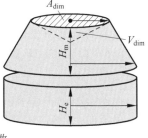

图 4.3.8　颗粒床测量几何参数

2) 在使用混合球形颗粒的实验中得到的认识

在使用相同球形颗粒实验的基础上,研究者进一步在实验中使用不同尺寸和不同密度的混合颗粒,研究非单一颗粒组分对碎片床形成特性的影响(Sheikh et al.,2018;Cheng et al.,2019b)。研究发现,在混合尺寸颗粒实验中,当较小尺寸颗粒的占比较高时,流型会从高编号转变为低编号。质量较大的颗粒倾向于在床的中心聚集,而质量较轻(尺寸小或密度低)的颗粒,与较重的颗粒碰撞产生位移,在碎片床形成过程中呈侧向分散。由此,研究者确认了两个相邻流型之间(如流型Ⅲ和Ⅱ之间)的一些中间流型(Cheng et al.,2019b)。另外,实验观察到混合尺寸颗粒床的堆高超过了单一尺寸颗粒床的堆高,混合颗粒之间的摩擦被认为是这一差别的影响因素(Sheikh et al.,2018)。在混合尺寸颗粒实验中,较小尺寸的颗粒倾向于在混合颗粒床的顶部堆积,这一现象在使用较大尺寸的释放喷嘴或尺寸差异大的混合颗粒时更显著(Sheikh et al.,2018,2020)。相比之下,对于混合密度颗粒的情况,床顶部的主要贡献者是较轻的颗粒,尤其是在使用较大喷嘴尺寸的情形下(Sheikh et al.,2018,2020)。这种堆积趋势差异的原因,可能是较大颗粒引起较高的颗粒射流速度,使较轻颗粒位移更明显。这些观察结果表明,在某些事故情景中(如钠沸腾),混合物中不同颗粒组分之间可能会出现分离和分层,这些组分惯性的差异可能会影响碎片床的冷却特性(Cheng et al.,2019b)。然而,颗粒分离和分层的特性仍有待进一步的研究。

3) 在使用非球形颗粒的实验中得到的认识

与颗粒形状相关的属性(如球形度)被证实对碎片床形成的动态行为有显著影响。实验研究中研究者使用了碟形、三角棱柱形、圆柱形和不规则形状的颗粒(Cheng et al.,2018b;Shamsuzzaman et al.,2018)。研究发现,对于球形度较小的非球形颗粒,下落颗粒对形成床的影响减弱,加上颗粒间摩擦加剧导致的侧向耗散受到抑制(Shamsuzzaman et al.,2018),两者共同导致颗粒集中在碎片床中心区域。此外,由形状相关因素(如偏心和粗糙度)引起的额外碰撞和摩擦有望增加颗粒释放的阻力,从而降低池内对流的强度(Cheng et al.,2018b)。因此,与球形粒子相比,这种现象导致了更高编号的流型和相对较高的碎片堆积。

2. 考虑冷却剂沸腾效应的实验研究

在实际严重事故中,高温碎片可能在下落过程和堆积床形成过程中引发冷却剂沸腾。研究者改进了原先的实验装置,分别通过释放加热的颗粒、水池底部注气以及底部加热沸腾的方法模拟冷却剂沸腾现象。这些实验研究对预测经验模型的发展具有重要意义,尤其是在进行实际钠冷快堆堆芯解体事故分析时。

1) 下落碎片引起的冷却剂沸腾

研究者在图 4.3.5 所示的实验装置顶部对颗粒进行预先加热(473~673 K),同时也对水槽内的水加热。实验观察到,围绕下落颗粒的气泡流动可能通过两个旋涡促进颗粒集中积累,产生对中心下落颗粒流的反作用力。这种反作用减弱了颗粒释放引起的池内对流的影响,使更少的颗粒移动到外围区域。因此,当下落颗粒引发冷却剂沸腾时,水池中心区域的颗粒分散程度明显变小,倾向于出现更高编号的流型。进一步的分析表明,随着颗粒和水温的增加或使用导热性更强的颗粒,沸腾现象加剧,下落颗粒周围的气泡流动增强而限制了颗粒的分散,因此得到的流型趋向于更高编号(Xu et al.,2022b)。

2)因堆积碎片引起的冷却剂沸腾

为了研究堆积碎片床引发冷却剂沸腾的影响,研究者采用了注气法和底部加热沸腾法(Cheng et al.,2018a,2019a;Xu et al.,2023),分别在图 4.3.6和图 4.3.7 所示的实验装置上进行了研究。在注气实验中,氮气通过气石从池底注入,流量范围为 0~100 L/min。在底部加热沸腾实验中,在池底放置的一根固定功率的 U 形加热管使水加热沸腾。研究发现,堆积碎片床引发的冷却剂沸腾与高温颗粒下落引起的冷却剂沸腾具有不同的作用和机制。无论存在何种流动形式,增加气体流速都能显著增强整个池内的对流作用,并有效降低颗粒惯性的作用。这使得颗粒的悬浮高度更高,促进了沉降过程中下落颗粒从中心区域向周边区域的传递。因此,流型很可能从高编号转变为低编号。除水深外,研究者验证了注气过程中其他重要参数对颗粒惯性和池内对流的影响。在底部加热沸腾实验中,研究者得到了与注气实验类似的定性实验结果。在底部加热沸腾的情况下,较高的水深可能导致传热面积的扩大以及池内热耗散的升高,从而可能导致更低的气泡产生速率。随后研究者对碎片床顶角进行了定量比较,并且提出了底部加热沸腾情况中上升气泡速率的表达式(Cheng et al.,2019a)。

3. 碎片床形成的经验预测模型

根据收集到的实验结果,研究者建立了经验模型,以对形成碎片床的特征以及碎片床形成过程的流型特性进行预测和估计。

1)预测形成床特征的模型

研究者基于 Buckingham 的 π 定理,建立了经验模型来评估堆积碎片床的基本指标,包括休止角和碎片床堆高(Jasmin Sudha et al.,2015;Shamsuzzaman et al.,2018;Sheikh et al.,2018)。与实验结果相比,这些模型提供了较好的预测结果。然而,对于休止角模型(Jasmin Sudha et al.,2015),支持模型开发验证的实验数据相当有限,需要进一步扩展,考虑更多重要参数的效应(如颗粒尺寸、密度、实验装置维度)。

对于碎片床高度模型,Shamsuzzaman 等(2018)的模型适用于单一尺寸、单一形状固体颗粒形成的碎片床。在该模型中,碎片床高度 H_b 与颗粒直径 d_p、颗粒密度 ρ_p、喷嘴直径 d_n、喷嘴高度 H_n、颗粒-流体密度差 $\Delta\rho$、εV_p(表征净颗粒体积与空隙率 ε)、流体黏度 μ_f、颗粒初始速度 v_i、终端速度 V_T、装置容器直径 D_c 以及颗粒球形度 φ 等有关,通过无量纲数分析,碎片床高度与各参数的关系表达式为如下形式:

$$\frac{H_b}{D_c} = k(\varphi)^a \left(\frac{d_p}{D_c}\right)^b \left(\frac{d_n}{D_c}\right)^c \left(\frac{H_n}{d_n}\right)^d \left(\frac{\Delta\rho}{\rho_p}\right)^e \left(\frac{\varepsilon V_p}{\rho_p}\right)^f \left(\frac{\rho_p d_n V_T}{\mu_f}\right)^g \left(\frac{v_i}{V_T}\right)^h$$

$$(4.3.1)$$

式中,k 为经验系数;$a \sim h$ 依次为系统变量的指数。需要指出的是,非球形颗粒在该经验模型中的预测值和实际实验值之间有相对较大的偏差,一个可能的原因是该模型没有充分考虑非球形粒子间的摩擦阻力。基于该模型,Shamsuzzaman 等(2018)进一步将预测结果外推到燃料密度范围,发现燃料颗粒的碎片床堆高因密度变大而变得更高。

　　Sheikh 等(2018)基于式(4.3.1)提出了修正后的模型,用于预测由单一或混合固体颗粒组成的碎片床堆高:

$$\frac{H_b}{d_n} = k \left(\frac{d_p}{d_n}\right)^a \left(\frac{\Delta\rho}{\rho_p}\right)^b \left(\frac{(1-\varepsilon)V_p}{d_n^3}\right)^c \left(\frac{\rho_p d_n v_i}{\mu_f}\right)^d \left(\frac{D_c}{d_n}\right)^e \left(\frac{V_T}{v_i}\right)^f \left(\frac{A_p}{d_n^2}\right)^g (4.3.2)$$

式中,A_p 表示颗粒表面积,它与颗粒球形度 φ 和颗粒直径 d_p 相关。Shamsuzzaman 等(2018)和 Sheikh 等(2018)提出的模型中具体的经验系数值、指数值以及各个无量纲比例值的取值范围可参考对应的研究文献。需要注意的是,仅仅根据碎片床的高度等特征并不足以评估碎片床的冷却性能,冷却剂在碎片床中移除衰变余热的能力与碎片床的形状密切相关(Basso et al.,2016;Takasuo,2016;Chen and Ma,2020)。

　　2) 预测流型特性的模型

　　碎片床形成的流型主要受颗粒惯性和池内对流两者的竞争作用支配。为此,研究者提出了一个无量纲判断指标 I,用于预测单一尺寸球形颗粒条件下的流型转变和碎片床的最终形状,其形式如下(Cheng et al.,2017):

$$I = K_B \cdot \frac{I_{convection}}{I_{inertia}}$$

$$(4.3.3)$$

式中,$I_{convection}$ 和 $I_{inertia}$ 是无量纲量,分别表征池内对流强度和粒子惯性;K_B 是经验常数。根据上述各实验参数对流型转变和颗粒床形状影响的分析,提出了以下的函数形式来评估 I:

$$I = 1.01 \times 10^{-8} \times \frac{\left(\frac{U_p}{U_c}\right)^{1.2} \left(\frac{H_w^2}{LW}\right)^{0.6}}{\left(\frac{\rho_p - \rho_l}{\rho_l}\right)^{0.9} \left(\frac{\mu_l V_T}{\sigma_l}\right)^{1.05}}$$

$$(4.3.4)$$

式中,U_p 为平均粒子释放速率,U_c 是引发池内对流的临界速度,两者的比值表征池内对流的强度;L 和 W 分别为水箱的长度和宽度,$\dfrac{H_w^2}{LW}$ 表示池侧对池内对流的影响;ρ_1、μ_1、σ_1 分别是液相的密度、黏度和表面张力;V_T 是粒子最终速度;$\dfrac{\rho_p-\rho_1}{\rho_1}$ 表示浮力的影响;$\dfrac{\mu_1 V_T}{\sigma_1}$ 表示颗粒与流体之间的相互作用。无量纲项的幂指数由拟合得出。

　　式(4.3.4)描述的经验模型又称为基模型。基于该模型,研究者针对单一尺寸球形颗粒的情况建立了如图 4.3.9 所示的四种不同流型的划分图,用于预测颗粒床的形成行为。为了描述两个连续流型之间的边界,在基模型的基础上,推导出与判断指标 I 值相关的三个理论边界:①$I\geqslant9.5$,颗粒悬浮流型(流型Ⅰ);②$1.5\leqslant I<9.5$,池内对流主导流型(流型Ⅱ);③$0.5\leqslant I<1.5$,过渡流型(流型Ⅲ);④$I<0.5$,粒子惯性主导流型(流型Ⅳ)。

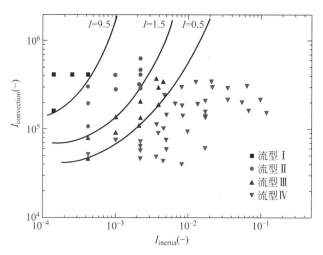

图 4.3.9　单一尺寸球形固体颗粒的流型划分图(Cheng et al.,2017)

(请扫Ⅱ页二维码看彩图)

　　在考虑更加现实的条件后,研究者将这一基于单一尺寸球形颗粒的基模型进行了扩展,进一步改善了模型的可预测性。涉及的实验条件包括(Cheng et al.,2018b,2019b;Xu et al.,2022b,2023):①无沸腾、单一尺寸非球形颗粒;②无沸腾、混合尺寸颗粒;③高温颗粒释放引起沸腾(单一尺寸球形颗粒);(4)堆积碎片床引起沸腾(单一尺寸球形颗粒)。研究者在相应的实验中分别对基模型进行了修正,引入了无量纲因子 K,该因子的具体形式取决于与具体实验条件相关的无量纲数。同时,研究者也针对每种实验条件的实验

结果,分别建立了对应的流型划分图。修正后的扩展模型统一形式如下:

$$I = K \cdot \left(K_B \cdot \frac{I_{\text{convection}}}{I_{\text{inertia}}} \right) \qquad (4.3.5)$$

对于颗粒形状效应,实验发现,在非球形颗粒的释放阶段,颗粒间的附加相互作用通过降低颗粒释放率而减弱了池内对流的影响。为了将这种效应纳入基模型,研究者提出了一个关于颗粒球形度和颗粒下落雷诺数的修正模型,用于表达无量纲因子 K(Cheng et al.,2018b)。对于混合粒径效应,Cheng 等(2019b)认为使用面积加权平均的直径能得到更好的预测结果,并通过引入一个表征颗粒尺寸分布收敛程度(范围为 0～1)的量来表达无量纲因子 K。针对高温颗粒下落引起的冷却剂沸腾效应,研究者提出了一个与气泡产生率、颗粒释放速度、释放喷嘴尺寸有关的无量纲量,用于表征沸腾效应对限制颗粒触发的池内对流的影响(Xu et al.,2022b)。结合高温颗粒对池内液体的有效加热功率和气体雷诺数,研究者给出了在该沸腾效应下关于无量纲因子 K 的表达式。类似地,针对已堆积碎片床引起的沸腾效应,研究者提出一个表征上升气体气泡流动对减轻颗粒惯性影响的无量纲量,并结合与上升气体气泡流动有关的弗劳德(Froude)数,给出了无量纲因子 K 的表达式(Xu et al.,2023)。以上这些实验的扩展模型具体表达形式以及流型划分图可参考对应的研究文献。

4.3.2　碎片床自动变平现象

碎片床自动变平是一种由于冷却剂沸腾或由碎片颗粒衰变热引起的自然循环而使碎片颗粒重新分布、碎片床形状变化的行为,如图 4.3.10 所示。研究者分别使用固体颗粒和水来模拟碎片床和液态钠,设置了多种实验条件开展碎片床自动变平行为的研究。已开展的实验研究大多在初始凸形(或锥形)碎片床的条件下进行。Zhang 等(2010,2011)首次在九州大学和日本原子力研究开发机构使用减压法和底部加热沸腾法进行了实验研究。Jasmin Sudha 等(2015)也使用底部加热沸腾方法在低热流条件下进行了碎片床自动变平实验。为了提供更多的可视化证据以支持对碎片床自动变平机制和特性的全面理解,Cheng(2011)和 Cheng 等(2011a,2013a)尝试了多种沸腾方法(如底部加热沸腾、单泡和多泡注入)来研究颗粒床内的微观沸腾流动形态。在此基础上,采用氮气注入以便于控制气相,支持经验建模和数值验证。日本九州大学/日本原子力研究开发机构和中国西安交通大学的研究者采用氮气注入的方法,相继开展了准二维小尺度实验(Cheng,2011)和三维大尺度实验(Cheng,2011;Cheng et al.,2011b,2013a,2013b,2013c,2014b,2014c, 2014d;Morita et al.,2016;Phan et al.,2018,2019;Teng et al.,2021)。考虑到强制循环的作用,日本东京大学的 Li 等(2022)使用注水的方法来观察颗粒床内微观混合密度颗粒的行为。表4.3.3 总结了上述关于碎片床自动变平的实验研究。

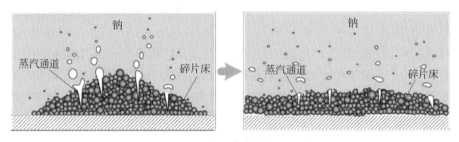

图 4.3.10   碎片床自动变平现象

(请扫Ⅱ页二维码看彩图)

表 4.3.3   碎片床自动变平实验研究总结

研 究 对 象	实 验 装 置	实 验 条 件	经验预测模型
冷却剂沸腾下的微观气泡流型	图 4.3.11	注气法、底部加热沸腾法、单一尺寸球形颗粒	—
冷却剂沸腾下的宏观自动变平	图 4.3.12	减压沸腾、单一尺寸球形颗粒	碎片床自动变平起始阶段、休止角
	图 4.3.13、图 4.3.14	底部加热沸腾、单一尺寸球形颗粒	碎片床自动变平起始阶段、休止角
	图 4.3.15、图 4.3.16	注气法、单一尺寸球形颗粒 注气法、单一尺寸非球形颗粒 注气法、混合颗粒	碎片床自动变平起始阶段、休止角、堆高 休止角、堆高 碎片床高度
强制对流下微观混合颗粒行为	图 4.3.17	注水法、混合密度圆柱形颗粒	—

根据对实验的分析以及获得的实验数据,研究者相继开发了经验模型,其中关注的方面包括碎片床自动变平发生准则(Zhang et al.,2010)、休止角的变化(Cheng,2011;Cheng et al.,2011b,2013a,2014b,2014c),以及颗粒床和堆高的变化(Morita et al.,2016;Phan et al.,2018,2019)。

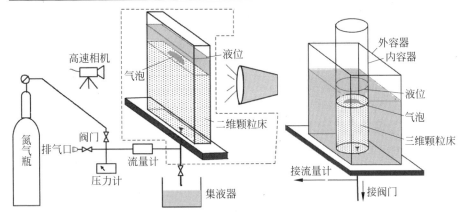

图 4.3.11　单气泡注入微观流型实验装置(Cheng et al.,2011)

(请扫Ⅱ页二维码看彩图)

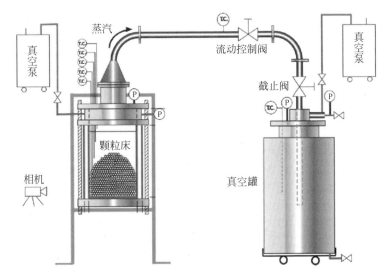

图 4.3.12　使用减压沸腾法的碎片床自动变平实验装置(Zhang et al.,2010)

(请扫Ⅱ页二维码看彩图)

1. 考虑冷却剂沸腾的实验

1) 微观气泡流型

在微观气泡流型实验中,研究者在二维和三维实验系统中(图 4.3.11)采用氮气单泡和多泡注气以及底部加热沸腾的方法,从微观上研究了颗粒床内的气泡在多个床参数(如粒径、密度和碎片床高度)下的行为。单泡注气和多泡注气的流量分别控制在 $0.0017\sim0.0027$ L/min 和 $1\sim4$ L/min。基于不同的气泡-颗粒相互作用机制,研究者确定了三种不同的气泡流型:气泡聚并、

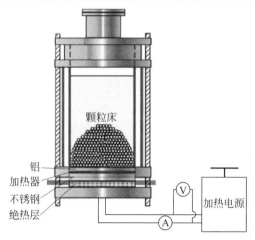

图 4.3.13　使用底部加热沸腾法的碎片床自动变平实验装置(Zhang et al.,2011)

(请扫Ⅱ页二维码看彩图)

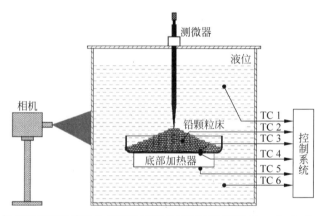

图 4.3.14　使用底部加热沸腾法的碎片床自动变平实验装置(Jasmin Sudha et al.,2015)

过渡和气泡捕获,这些气泡行为被证实是二维和三维实验系统中的一般特征(Cheng,2011;Cheng et al.,2011a,2013a)。

　　除了确认相互作用机制外,研究者还通过测量从颗粒床表面排出的气泡的频率和大小,定量研究了颗粒与气泡之间相互作用的参数效应。研究发现,表面排出气泡频率最初随着颗粒直径变大而增加,在接近 1 mm 直径时达到峰值,然后减小。这是因为,较小的颗粒由于颗粒床紧密堆积,对气泡运动造成了更多的限制,并且由于重量轻而容易悬浮,从而对上升的气泡提供了阻力。然而,当颗粒尺寸足够大时,增加的颗粒重量使它们受到浮力影响的程度降低,导致更多的气泡被捕获,表面排出气泡的频率较低。

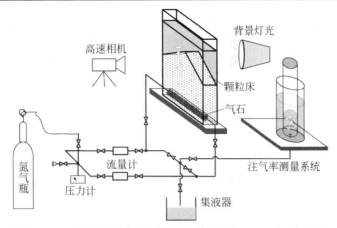

图 4.3.15 注气自动变平二维实验系统(Cheng et al.,2011b)

(请扫Ⅱ页二维码看彩图)

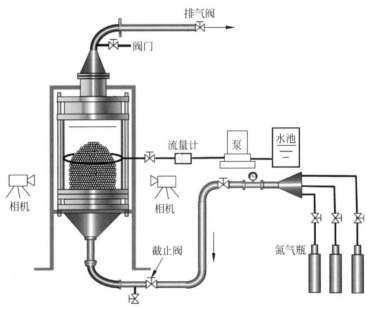

图 4.3.16 注气自动变平三维实验系统(Teng et al.,2021)

(请扫Ⅱ页二维码看彩图)

此外,研究者还阐明了颗粒密度对不同状态下表面排出气泡频率和气泡大小的不同影响。在气泡聚并流型中,由于浮力较小的颗粒对气泡运动的阻碍较小,较高的颗粒密度增加了表面排出气泡频率。在过渡流型中,颗粒密度对表面排出气泡频率的影响最小,因为颗粒的重量足以减轻浮力效应,但无法捕获气泡。然而,较低的颗粒密度导致较大的表面排出气泡尺寸,因为

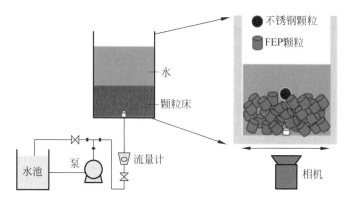

图 4.3.17　注水微观混合密度颗粒实验系统(Li et al.,2022)

高密度颗粒往往导致气泡破碎。在气泡捕获流型下,由于气泡捕获作用增强,颗粒密度增加导致表面排出气泡频率降低。

综上而言,在微观气泡流型的实验研究中,研究者确认了颗粒床内的气泡行为受颗粒床堆积密度、浮力效应以及颗粒床内气泡捕获和聚并程度的影响。这些发现为研究宏观碎片床自动变平的特征提供了有益参考。

2) 宏观自动变平

在宏观自动变平的实验中,研究者采用了减压沸腾法、底部加热沸腾法和注气法,引发堆积碎片床的变平行为(Zhang et al.,2010,2011;Cheng,2011;Cheng et al.,2011b,2013a,2013b,2013c,2014b,2014c,2014d;Jasmin Sudha et al.,2015;Morita et al.,2016;Phan et al.,2018,2019;Teng et al.,2021)。图 4.3.12～图 4.3.16 展示了这些实验所使用的实验装置。

研究者对休止角和颗粒堆高的变化进行了定量测量和分析,将实验 t 时刻的休止角与初始颗粒床休止角的比值定义为归一化休止角(Cheng et al.,2011b)。实验观察到,由于气流移动较大惯性颗粒的难度增加,具有较大惯性的颗粒床自动变平的过程进行得较慢。如果颗粒床包含形状不规则、球形度较小的非球形颗粒,由形状相关因素引起的额外摩擦和碰撞会进一步减慢该过程(Cheng et al.,2014b)。实验也发现,较大的注气速率能显著抬升固体颗粒,促使气泡流型的转变,从而促进自动变平过程。另外,注入的气体引起显著的液体对流,导致倾角的快速变化。这些现象和趋势在二维和三维实验中都可以观察到。

实验研究也注意到,相比冷却剂沸腾法,使用注气的方法会加快自动变平进程。此外,混合颗粒对自动变平行为的影响也很明显(Phan et al.,2018,2019)。混合密度颗粒床中占比大的较重颗粒,会使变平行为更加困难。因此可以推断,混合物较高的平均密度会导致较慢的碎片床自动变平过程。使用混合形状颗粒的实验则证实了球形度较小的颗粒会增加颗粒之间的相互作用从而阻碍自动变平过程。

2. 考虑强制循环影响的实验

在强制循环驱动的碎片床自动变平实验中,研究者从装置底部注入水,实验装置如图 4.3.17 所示(Li et al.,2022)。颗粒床主要由氟化乙烯丙烯(FEP)颗粒组成,被 60 mm 高度的水覆盖。研究者在颗粒床的中央顶部放置一个密度较大的不锈钢球形颗粒,以研究单个不锈钢颗粒在混合密度颗粒床中的运动。FEP 颗粒为直径 5 mm、高度 5 mm 的圆柱体,该形状可增加颗粒之间的碰撞阻力。

在 2 s 的注水过程中,一些密度较小的 FEP 颗粒被水流带动,使密度较大的不锈钢颗粒下落。不锈钢颗粒落在密度较小的 FEP 粒子之间,在注入水流作用下出现振荡,然后趋于沉降在颗粒床底部。经过重复实验和统计,不锈钢颗粒的运动呈现沿槽中心轴线的位置概率分布。研究者还采用快速傅里叶变换方法进行动态分析,在频域 1~50 Hz 内仔细观察颗粒的运动模式,评估不同方向上的运动距离比率(Li et al.,2022)。

目前,由强制循环驱动的宏观自动变平实验研究还不够深入,实验数据尚不充分,将来需要针对更多的参数进行扩展研究,从而更全面地理解和认识强制循环驱动的碎片床自动变平行为的机制和特征。

3. 自动变平行为发生的经验模型

根据实验结果,研究者在冷却剂沸腾情形下建立了用于预测碎片床自动变平行为发生的经验模型。Zhang 等(2010)首先提出,当颗粒床最顶部颗粒的垂直速度 U_{top} 大于零时,可作为自动变平发生的判据。U_{top} 的值由固体颗粒与流体之间的相对速度 U_{re} 以及两相流速度 U_{tp} 得出。为了确定 U_{re},研究者作了如下假设:①该模型局限于单一尺寸球形颗粒,对于非球形颗粒,应采用具有等效体积直径的球形粒子进行替换;②单个颗粒所受的合力为零,颗粒没有加速度;③对于液体和气体,颗粒周围均未发生相对滑移,其他颗粒施加的摩擦力可忽略不计。随后,根据力学平衡关系可推导出 U_{re} 表达式:

$$U_{re} = \sqrt{\frac{4gd_p}{3C_d}\left(\frac{\rho_p}{\rho_a} - 1\right)} \tag{4.3.6}$$

$$\rho_a = \alpha\rho_g + (1-\alpha)\rho_l \tag{4.3.7}$$

式中,d_p 为颗粒直径;ρ_p 为颗粒密度;C_d 为无量纲曳力系数;ρ_a 为平均流体密度；α 为颗粒床平均高度处的无量纲平均截面空隙率；ρ_g 和 ρ_l 分别为气体和液体的密度。

两相流速度 U_{tp} 的表达式则可以通过颗粒床内的平均流动面积来计算。对于采用注气方法的实验，U_{tp} 的表达式可通过气体速度 U_g 和颗粒床空隙率 ε 表示：

$$U_{tp} = \frac{U_g}{\alpha \varepsilon^{2/3}} \tag{4.3.8}$$

若采用加热沸腾方法进行实验，则气体速度 U_g 的表达式为

$$U_g = \frac{H_b (1-\varepsilon) q}{c_1 \Delta T_{sub} \rho_g + \rho_g h_v} \tag{4.3.9}$$

式中，H_b 表示颗粒床高度；c_1 表示液体比热容；ΔT_{sub} 表示过冷度；q 表示加热功率密度；h_v 表示汽化潜热。

尽管这个模型包含了关于顶部颗粒的假设，预测结果也比较合理，但必须注意的是，只对碎片床自动变平行为发生的预测并不足以评估自动变平行为的瞬态全过程。

4. 碎片床特征的经验模型

除预测自动变平行为发生的模型以外，研究者还提出了更精确地评估颗粒床休止角和颗粒床高度瞬态变化的模型（Cheng，2011；Cheng et al.，2011b，2013b，2014b；Morita et al.，2016；Phan et al.，2018，2019）。

1) 休止角预测模型

在碎片床自动变平进程中，颗粒床的休止角会逐渐降低。研究者采用随时间变化的归一化的休止角 $R(t)$ 来表示休止角在实验 t 时刻的定量变化程度，$R(t)$ 在实验开始（$t=0$）时值为1，在实验过程中 $R(t)$ 值为 $0 \sim 1$。预测模型表达式如下（Cheng，2011；Cheng et al.，2011b，2013b，2014b，2014c）：

$$\frac{1-R(t)}{1-R(t_0)} = \left(\frac{t}{t_0}\right)^n \tag{4.3.10}$$

式中，t_0 为根据实验结果选取的实验后期休止角变化非常缓慢的具体时间（二维注气、三维注气和三维减压沸腾实验中分别为 300 s、180 s 和 100 s）。取值范围为 $0 \sim 1$ 的经验指数 n 表征休止角的整体减少速率。

在二维注气、三维注气和三维减压沸腾实验的基础上，研究者分别确定了上述公式中的经验常数。不同条件下经验常数的差异，不仅是由于实验体系的不同，也与具体时间 t_0 的选择有关。对于非球形颗粒，颗粒形状的效应是通过加入与颗粒球形度、气泡雷诺数有关的无量纲因子 K_{NS} 对球形颗粒自

动变平模型进行修正。关于 $R(t_0)$ 和指数 n 的经验模型形式如下：

$$R(t_0) = K_{NS,1} \left[K_1 \left(\frac{U_g}{V_T} \right)^a \left(\frac{\mu V_T}{\sigma} \right)^b \left(\frac{\rho_p - \rho_l}{\rho_l} \right)^c \right] \quad (4.3.11)$$

$$n = K_{NS,2} \left[K_2 \left(\frac{U_g}{V_T} \right)^a \left(\frac{\mu V_T}{\sigma} \right)^b \left(\frac{\rho_p - \rho_l}{\rho_l} \right)^c \right] \quad (4.3.12)$$

式中，V_T 为颗粒终端速度；μ 为流体黏度，σ 为表面张力；K_1、K_2、a、b、c 为经验常数。当 $K_{NS} = 1$ 时，模型即为球形颗粒模型。

2）颗粒床堆高、高度预测模型

颗粒床的堆高和高度对颗粒床的冷却性能都具有显著影响，研究者进一步提出了用于预测自动变平期间颗粒床的高度和堆高的模型（Morita et al.，2016；Phan et al.，2019）。实验 t 时刻的堆高 $H_m(t)$ 和颗粒床高度 $H_b(t)$ 可通过以下关系式预测：

$$\frac{H_m(t) - H_m(t = \infty)}{H_m(t = 0) - H_m(t = \infty)} = \left(1 + \frac{t}{\tau} \right)^{-1} \quad (4.3.13)$$

$$\frac{H_b(t) - H_b(t = \infty)}{H_b(t = 0) - H_b(t = \infty)} = \left(1 + \frac{t}{\tau} \right)^{-1} \quad (4.3.14)$$

式中，τ 为自动变平过程的特征时间。为了更好地比较不同实验，初始堆高和初始颗粒床高度可通过修正 τ 而分别固定为定值。考虑到重要参数对自动变平发展的影响，Morita 等（2016）和 Phan 等（2019）提出了关于最终颗粒床高度、最终堆高和特征时间的经验公式：

$$\frac{H_m(t = \infty)}{D} = k_1 \left(\frac{U_g}{V_T} \right)^{a_1} \left(\frac{A_p}{D^2} \right)^{b_1} \left(\frac{d_p}{D} \right)^{c_1} \varepsilon^{d_1} Re^{e_1} Ar^{f_1} \quad (4.3.15)$$

$$\frac{\tau U_g}{D} = k_2 \left(\frac{U_g}{V_T} \right)^{a_2} \left(\frac{A_p}{D^2} \right)^{b_2} \left(\frac{d_p}{D} \right)^{c_2} \varepsilon^{d_2} Re^{e_2} Ar^{f_2} \quad (4.3.16)$$

$$\frac{H_b(t = \infty)}{D} = k_3 \left(\frac{U'_g}{V_T} \right)^{a_3} \left(\frac{A_p}{D^2} \right)^{b_3} \left(\frac{d_p}{D} \right)^{c_3} \left(\frac{V_b(1 - \varepsilon)}{d_p^3} \right)^{d_3} Re^{e_3} Ar^{f_3} \quad (4.3.17)$$

$$\frac{H_b(t = 0) - H_b(t = \infty)}{\tau U'_g} = k_4 \left(\frac{U'_g}{V_T} \right)^{a_4} \left(\frac{A_p}{D^2} \right)^{b_4} \left(\frac{d_p}{D} \right)^{c_4} \left(\frac{V_b(1 - \varepsilon)}{d_p^3} \right)^{d_4} Re^{e_4} Ar^{f_4}$$

$$(4.3.18)$$

式中，U_g 为颗粒床内截面面积平均气流速度；U'_g 为经过颗粒床孔隙率修正的间隙气流速度；D 为颗粒床直径；Re 为气体雷诺数；Ar 为浮动颗粒的气相阿基米德数；V_b 为颗粒床体积；$k_1 \sim k_4$、$a_1 \sim f_1$、$a_2 \sim f_2$、$a_3 \sim f_3$、$a_4 \sim f_4$ 为经验常数。

对于混合颗粒进行的实验,研究者提出采用以下形式的等效颗粒直径 d_{ev} 和等效密度 ρ_{ev} 来评估碎片床自动变平过程中混合颗粒的一般水力性能:

$$d_{ev} = \left[\frac{\sum\limits_{i=1}^{N} V_{pi}(1-\varepsilon_i)}{\sum\limits_{i=1}^{N} V_{pi}(1-\varepsilon_i)/d_{pi}^3} \right]^{\frac{1}{3}} \tag{4.3.19}$$

$$\rho_{ev} = \frac{\sum\limits_{i=1}^{N} V_{pi}(1-\varepsilon_i)\rho_{pi}}{\sum\limits_{i=1}^{N} V_{pi}(1-\varepsilon_i)} \tag{4.3.20}$$

式中,下标 i 表示第 i 种颗粒组分;N 表示组分总数量。

综上而言,自动变平行为发生模型、休止角模型、堆高和颗粒床高度模型都可以为碎片床自动变平行为提供合理的预测。然而,自动变平行为发生模型在准确预测方面存在挑战,并且该模型的假设需要得到更仔细的验证。休止角和堆高、高度模型则提供了关于自动变平瞬态发展的更详细的描述。休止角模型更侧重于预测早期快速自动变平阶段,这个阶段碎片床的形状特征对其冷却能力起着重要的作用。而堆高和高度预测模型则是基于完全变平后的碎片床特征提出的,对早期快速变平过程不能较好地描述,但是能更有效地进行碎片床冷却能力的长期评估。

4.4　放射性裂变产物迁移行为

液态金属冷却反应堆在严重事故下有可能出现安全屏障失效的情形,导致放射性裂变产物向环境释放的风险和严重后果。其中,气体裂变产物会从失效破损的燃料包壳中释放至液态金属冷却剂中,与熔融燃料和冷却剂发生相互作用,并随着冷却剂流动而迁移至一回路系统中,将直接影响着放射性物质在反应堆一回路中的分布,并给堆芯带来反应性扰动。同时,载有放射性裂变产物的气泡在冷却剂池中不断上升,直至金属熔池上方的覆盖气体区域。放射性裂变产物在迁移过程中会发生复杂的热工水力学现象,这对于液态金属冷却反应堆安全分析和事故下放射性源项的评估至关重要。本节对液态金属冷却反应堆严重事故中的气体裂变产物释放行为以及气体裂变产物池洗过程进行扼要介绍。

4.4.1　气体裂变产物释放行为

目前对反应堆冷却剂中气体裂变产物释放行为的研究主要是关注压水堆事故工况,针对液态金属冷却反应堆事故工况的研究相对较少。Dong 等(2019)基于现有压水堆研究,将裂变产物释放过程分为芯块-间隙释放和间隙-冷却剂释放两个阶段进行分析,总结了这两个阶段的释放模型以及相应模型中的关键参数。Tonks 等(2018)对商用轻水堆的裂变气体释放行为进行了研究,总结了反应堆正常运行时裂变气体释放的基本机制。Rest 等(2018)对 UO_2 燃料的裂变气体释放进行了综述,并对反应堆正常运行时裂变气体释放的机理进行了总结;此外,他们还探索了一种对气体释放有强烈影响的新机制,特别是高燃耗条件下裂变气体释放的意外加速。以上研究均是基于水堆开展的,缺少基于液态金属冷却反应堆的相关研究。尽管如此,有必要认识到,液态金属冷却反应堆和水堆中的裂变气体释放过程在物理机制上具有一定程度的相似性,从水堆中裂变气体释放研究中获得的知识和规律可以为液态金属冷却反应堆的相应研究提供参考(Wang et al.,2024)。

大量的关于水堆的研究表明,裂变气体释放到回路冷却剂中的过程可分为两步:裂变气体首先从燃料芯块释放到间隙,然后再从间隙通过包壳缺陷释放到反应堆冷却剂中。这两个过程可以分别用芯块-间隙释放模型和间隙-冷却剂释放模型进行描述(Lewis et al.,2017;Dong et al.,2019)。

针对裂变气体从燃料芯块释放到间隙的阶段(第一阶段),研究者认为主要有反冲、击出、扩散三种机制发挥作用(Lewis,1988)。其中,反冲和击出属于非放热过程,而扩散属于放热过程。因此,在低温条件下,反冲和击出机制占据主导作用,而在高温或反应堆运行条件下,扩散机制占据主导作用。基于这三种机制的相互作用,研究者提出了两种不同的模型:扩散模型(Dong et al.,2019)和动力学模型,用于捕获和量化裂变气体释放的复杂动力学行为。

Booth(1957a,b)首先提出了裂变产物从燃料芯块释放的简化扩散模型,模型假定裂变气体基于浓度梯度的驱动扩散到芯块的边界,然后释放到气隙空间。描述模型的扩散方程可通过傅里叶级数求解得到浓度表达式,再根据菲克定理可求得裂变产物释放速率,联立求解得到芯块到间隙的释放率与产生率之比(Beck,1960;Lewis and Husain,2003)。由于在瞬态条件下使用扩散模型求解裂变气体释放率较为复杂,研究者提出通过一级动力学模型来求解裂变产物的释放率(El-Jaby et al.,2007;Iqbal et al.,2007;Kim and Kim,

2012,2013)。在动力学模型中,研究者们将燃料芯块中裂变产物的浓度变化速率等价于裂变产物的产生速率减去裂变产物的消除速率,并假设裂变产物的释放速率与燃料芯块中的量成正比。裂变产物通过燃料芯块内的铀裂变产生,并通过迁移到间隙、衰变、芯块内的中子吸收等方式消除。研究者以此构建了动力学模型的平衡方程。

针对裂变气体从间隙到冷却剂的释放阶段(第二阶段),研究者认为扩散和对流是两个主要的输运机制。在稳态条件下,裂变产物在冷却剂中的扩散输运机制占据主导地位;在瞬态条件下,裂变产物的对流输运机制更为显著。相比于第一阶段,第二阶段的释放行为更复杂,需要考虑到冷却剂的进入所引起的压力脉动对裂变产物释放的影响,以及裂变产物释放过程中所伴随的衰变和中子吸收等现象。研究者们建立了计算间隙和冷却剂中裂变产物的质量平衡方程,并分别提出了扩散对流模型和一级动力学模型来描述裂变产物在该阶段的释放过程(Wang et al.,2024)。

Lewis 和 Bonin(1995),以及 Lewis(1990)认为在间隙中输运的速率由裂变气体的原子扩散过程决定,并提出了一个广义模型,将沿间隙的轴向扩散和一级动力学方法统一起来,给出了不同缺陷几何形状下裂变产物向冷却剂释放的速率表达式;该模型在短时间内准确捕捉裂变产物的输运过程方面很有优势,但模型也存在局限,如模型只适用于惰性气体且惰性气体在蒸汽中的扩散系数难以确定。此外,Lewis 等(1986)还提出了一阶动力学模型来求解裂变产物从间隙向冷却剂的释放速率;该模型忽略了裂变产物在间隙中迁移的确切机制,并假设迁移释放是一级动力学过程。进一步的研究表明,动力学模型中的动力学常数计算是进一步发展和应用广义模型或简化一级速率模型的关键。另外,也有研究者对动力学常数以及逃逸率系数进行了修正(Wang et al.,2024)。

目前,液态金属冷却反应堆中的裂变气体释放实验研究大多关注裂变气体向冷却剂释放之后的行为和特性,研究探讨了裂变气体释放对燃料组件的流动换热、失效传播等的影响情况,而且大多基于钠冷快堆开展,基于铅冷快堆的研究较少。Chawla 和 Hoglund(1971)进行了裂变气体快速释放引起的瞬态流动的实验研究,其气体释放组件实验段如图 4.4.1 所示。研究者建立了气体快速释放对钠冷快堆燃料组件影响的物理模型,该模型设想了多个燃料棒失效的情形,不仅考虑了组件外部液柱的惯性作用,还考虑了进口和出口腔室所引起的复杂三维流动效应。该模型可用于全堆事故中裂变气体泄漏率的计算,瞬态流动预测与实际观测结果吻合较好。这一实验研究揭示并强调了快速裂变气体释放的潜在后果,包括包壳过热和组件内液柱分裂成两段的风险。液柱流动的瞬态速度导致具有相当强度和宽度的压力脉冲的产生。此外,由局部区域冷却剂中的空隙或从破裂点径向传播的压力脉冲引起的过度偏转可能导致相邻燃料棒的破裂。然而在采用快通量设备(fast flux test facility,FFTF)燃料组件构型的实验中,多达 10 个燃料棒同时破裂的工况下,快速气体释放所引起的温度瞬变不会导致进一步的包壳失效。随后,Chawla 等基于钠冷快堆的堆芯顶部附近 217 根燃料棒同时失效而导致气体快速释放的假想工况,对 FFTF 燃料组件进行了样本计算,并对原瞬态模型进行了扩展(Chawla and Hoglund,1971;Chawla,1972;Chawla et al.,1975)。研究结果表明,FFTF 燃料组件在裂变气体释放的整个瞬态过程中受影响的持续时间足够短,冷却剂恢复流动非常快,因此即使堆芯顶部的 217 根燃料棒几乎同时破裂,也不会引起冷却剂和包壳的明显过热现象。

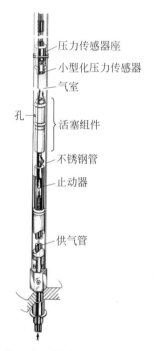

图 4.4.1　气体释放组件图(Chawla and Hoglund,1971)

　　van Erp 等(1972,1974)研究了钠冷快堆中由一个或多个燃料棒失效所引起的裂变气体释放而导致燃料棒之间失效传播的潜在机制和可能性。该研究确定了两种不同的燃料棒失效潜在传播机制:相邻燃料棒包壳中发生的热瞬态、施加在相邻燃料棒上的压力脉冲所引起的短期力学负荷。美国阿贡国家实验室等机构进行的实验表明,有限数量的燃料棒失效而释放的裂变气体会在邻近燃料棒的包壳引起热瞬变。这将导致相邻燃料棒之间迅速和广泛的失效传播。然而，随后的研究表明，即使在高气体释放速率下，裂变气体释放所引起的燃料棒间快速和广泛的失效传播也是不可能的。

1973年，美国阿贡国家实验室开展了钠冷快堆燃料组件裂变气体释放实验(Wilson et al.，1973)。实验采用电加热的三棒束通道，液态金属钠为冷却剂，氩气和氙气代替裂变气体产物，模拟燃料组件内裂变气体的释放行为(尤其是单个燃料棒失效所引起的)。裂变气体通过注气针释放到实验段的冷却剂流段，实验中气体释放速率受气体压力和注射针内径变化的影响。实验研究了由裂变气体释放导致的热瞬变而引起燃料棒之间失效传播的潜在机制以及可能性。然而，这一实验主要集中于评估气体释放对燃料棒流动模式和传热特性的影响，并没有深入研究气体释放本身的内在行为。

Haga等(1984)通过实验对钠冷快堆燃料子通道堵塞情况下的裂变气体释放行为进行了研究，采用两组37棒束燃料组件，探究了气体释放率对子通道温度、压力的影响。实验中，研究者将实验组件中心的24个子通道以及边缘的39个子通道用不锈钢封堵。研究发现，在尾流区释放的气体量是有限的，并且由于网格型棒束中心堵塞后，气体很容易流向堆芯流区，导致网格型棒束中心堵塞后的温升远小于其他几何形状。在局部子通道堵塞条件下，裂变气体释放会诱发包壳失效的传播。

Lee等(2001)通过与U-Pu-10Zr燃料辐照实验结果的对比以及模型中关键变量的参数研究，验证了各向同性燃料基质中的气体释放和膨胀(gas release and swelling in isotropic fuel matrix，GRSIS)模型的有效性，并建立了U-Pu-10Zr金属燃料的气体释放和膨胀机理模型。研究表明，气体原子的扩散率对裂变气体的释放影响较大，扩散率随温度的升高而升高，而晶粒尺寸、气泡成核速率和裂变密度则对裂变气体的释放无显著影响。

Epstein等(2020)基于前人关于液态金属物质雾化增强汽化速率的研究成果，为溶解在液态金属中的裂变产物汽化速率与金属雾滴大小不敏感且与金属汽化速率呈线性关系的观点提供了理论支持，并提出了一个预测金属雾化增强裂变产物从液态金属向覆盖气体释放的代数模型，对液态钠、铅和铅铋共晶池中的一些重要裂变产物的"逸出强度"进行了计算。研究结果表明，裂变产物的汽化速率在金属雾滴浓度较小时，不受金属雾滴清除能力的限制，而受金属汽化速率的限制。在液态金属与覆盖气体的边界层中，金属蒸汽转化为金属雾会增强金属汽化速率，而金属汽化速率增强将驱动裂变产物释放速率。因此，反过来也可利用保持覆盖气体热来抑制金属雾形成所引起的裂变产物的增强汽化。Epstein等(2023)还研究了铅冷快堆燃料组件失效情况下,裂变气体释放所携带的燃料与金属冷却剂液滴混合而导致的金属快速沸腾和局部蒸汽激增现象,以及对相邻燃料棒产生的气体覆盖(gas capping)效应。研究者对失效的燃料棒进行了分析,并建立了从燃料棒中喷射的燃料的速率和总量与失效破口大小的数学模型。在燃料棒失效情况下,底部低压腔室的裂变气体通过环形燃料区域到达失效位置,经失效破口以一种高动量喷射的形式释放到棒外,喷射的裂变气体将携带着燃料颗粒与冷却剂冲击邻近的燃料棒。研究结果表明,在等效循环失效破口尺寸范围内,铅合金冷却剂在裂变气体释放射流的夹带下出现降温,与排出的燃料混合后仍保持在铅沸点以下,铅冷却剂不会发生突然沸腾的现象。而在大失效破口条件下,释放的裂变气体射流所夹带的铅液滴,可能通过铅撞击加热的机制达到包壳熔点,导致相邻燃料棒的失效。

Bell 等(2020)基于 GBI7 实验装置(图 4.4.2),研究了严重事故条件下铅冷却二氧化铀燃料裂变产物的释放行为,并将实验结果与相似条件下的裸辐照样品进行了对照。研究发现,在惰性条件下,有铅液覆盖的样品与裸样的裂变产物释放相似;在氧化环境中,有铅液覆盖的样品可以观察到 ^{140}Ba 的释放行为,以及更多的 ^{133}Xe 释放,并且在氧化条件下有铅液覆盖的样品显著降低了 ^{137}Cs、^{103}Ru 和 ^{131}I 的释放。

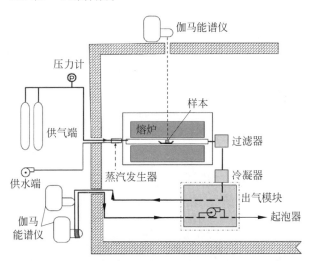

图 4.4.2　GBI7 实验装置(Bell et al.,2020)

(请扫 II 页二维码看彩图)

综上,关于液态金属冷却反应堆的裂变气体释放行为研究大多分析的是裂变气体从燃料包壳破口释放以后与冷却剂之间的相互作用,以及对相邻燃料棒的作用造成的流动换热与失效传播等效应。目前,液态金属冷却反应堆中裂变气体释放研究相对滞后,存在着许多的不足之处,而且以钠冷快堆为对象的实验研究比较普遍,以铅冷快堆为对象的实验研究相对较少。液态金属本身不透明,无法对裂变气体释放现象进行直接观测,燃料元件处在高温工作环境也给实验模拟带来了一定的困难。此外,由于快堆本身的特殊性和保密性,裂变气体的相关运行监测数据较难获取,导致缺乏足够的数据对实验进行验证。

4.4.2　气体裂变产物池洗过程

在液态金属冷却反应堆严重事故中,燃料棒失效可能导致固体裂变产物被气相夹带,随后释放到冷却剂池中。在这个复杂的事故情形中,充满放射性气溶胶的气泡开始不断上升,穿过冷却剂池,最终到达覆盖气体区域,这一动态过程伴随着多种复杂的热工水力学现象。在布朗扩散、重力、惯性、热泳、电泳等因素的影响下,气溶胶颗粒在气泡内不断迁移和扩散,或移动到气泡表面被池捕获,或随着气泡上升到池表面而逃逸到覆盖气体区域(Jiang et al.,2024)。在这一过程中,放射性裂变产物的迁移行为已经成为全球研究人员关注的焦点。

一直以来,世界各国的研究人员致力于对严重事故情景下反应堆安全壳池内放射性裂变产物气溶胶的洗涤过程进行综合分析研究,其中包括评估熔融金属池洗中放射性核素的迁移行为,制定分析池洗过程的模型,并进行相关的实验验证。相关研究表明,水堆池洗过程与液态金属堆池洗过程存在明显差异,后者的综合理论模型的发展滞后于前者。尽管存在这种差异,放射性气溶胶在水池和液态金属池中的池洗过程仍存在共同的潜在机制,水堆池洗可以为液态金属冷却反应堆池洗的相应过程提供有价值的借鉴(Jiang et al.,2024)。这里对裂变产物气溶胶金属池洗过程的研究进行概述,主要关注的方面包括池洗模型和实验研究(Jiang et al.,2024)。

从 20 世纪 70 年代开始,国际上针对水堆池洗实验进行了大量的研究,包括但不限于 Lace-Espana 实验、ACE(异常条件和事件)实验(McCormack et al.,1989)、EPRI(电力研究所)实验(Lee et al.,2021)、GE(通用电气公司)实验(Hakii et al.,1990)、JAERI(日本原子力研究开发机构)实验(Świderska-Kowalczyk et al.,1995)、UKAEA(英国原子能管理局)实验(Hankins and Holtzclaw,1982)、POSEIDON 实验(Dehbi et al.,2001; Uchida et al.,2016)等。这些实验不仅研究了池洗过程中放射性裂变产物气

溶胶的去除机理,还探讨了各种因素对气溶胶去除效率的影响,初步验证了相应的水洗模型。在这些研究的基础上,各国学者进行了更深入的研究和调查,揭示了气溶胶大小、气溶胶浓度、混合气体中水蒸气的比例、气泡大小、浸入深度、喷嘴尺寸、可溶性气溶胶吸湿性等参数对气溶胶池洗效率的影响(Jiang et al.,2024)。

相比于水堆池洗实验,液态金属冷却反应堆池洗实验的研究开展得更早。早在 20 世纪中期,国际原子能机构就启动了一系列实验,研究和分析熔融钠环境中裂变产物的释放和迁移特性。Hart 和 Nelson(1962)就高温条件下钠对^{137}Cs、^{89}Sr 和^{131}I 等裂变产物释放与滞留行为进行了实验测量,分析了覆盖气体中的裂变产物活度。Begley(1962)通过碘泡实验研究了钠池对混合气泡中碘元素的吸收过程,实验模拟了从燃料棒中向燃料上方的覆盖气体释放含有碘、氙和氪等挥发性同位素的惰性气泡的过程,并计算了钠-碘表面反应速率。Kunkel 等(1964)进行了堆内和堆外实验来评估裂变产物在钠中的保留程度;堆内实验钠池的工作温度为 533 K,而堆外实验钠池的工作温度为 900～1033 K(Elliott and Kunkel,1964)。Kunkel(1966)系统地整理和分析了这些早期实验研究,最终对裂变产物在钠中的滞留进行了全面的研究综述。这些开创性的实验研究为理论分析提供了充足的数据支持,极大地推动了池洗理论的发展。随着理论模型的不断发展和出现,迫切需要有针对性的实验来验证其合理性。

1. 碘泡实验

碘泡实验由 Begley 于 1962 年设计并完成,主要模拟在典型的燃料棒中,从燃料上方的气体空间释放含有碘、氙和氪等挥发性同位素的惰性气泡的过程。主要研究钠池温度、钠池中气泡上升距离以及气泡中惰性稀释气体的含量对钠池吸收碘的效率的影响。研究者在钠池中不同深度的位置布置了许多小的气囊,通过刺穿这些气囊来模拟气泡的释放。从气囊释放的气体向上穿过钠池,进入钠池上方的覆盖气体区域。通过活性炭过滤器后,使用中子活化技术测量碘含量。实验中获得的碘蒸气的释放分数可以近似地表示为分布系数。

实验结果表明,在平衡条件下,惰性气体的存在不会影响碘和钠蒸气的混合,气囊的压力对分布系数没有显著影响。但气囊浸没深度越深,获得的碘蒸气分布系数越低。同时,在初始实验中,Begley 没有讨论钠池温度的影响,因为高温实验中存在氧气,导致实验结果不准确。Begley 的碘泡实验是一个开创性的研究实验。虽然当时实验条件和理论基础的局限性使其无法对钠池中氙碘混合气泡的迁移过程进行全面分析,但该研究给后续研究工作提供了极大的参考价值。

2. 氙-碘混合气泡向钠池的碘传质实验

1996 年，Miyahara 等(1996)以及 Miyahara 和 Sagawa(1996)为了研究氙碘混合气泡在钠池中的上升行为，通过实验分析，探索了气泡碘浓度、钠池温度和初始气泡体积等因素对钠池吸收碘的质量的影响，并推导出描述碘的传质速率、去污因子和其他实验条件的函数关系。图 4.4.3 为实验装置示意图，主要由实验容器、钠罐、供氙系统、保护气体取样系统等组成。实验仅限于碘浓度较高、气泡尺寸较小、钠温度较低的区域。与碘泡实验类似，该实验中的气泡发生装置由一个含有氙-碘混合气体的石英玻璃球及其破裂装置组成。但不同的是，该实验的气泡发生装置均安装在容器底部，通过改变钠池的深度来改变混合气泡的浸没深度和上升距离。在钠池中设置的垂直传感器可用于确定气泡上升的速度。钠池表面的气体通过倒置漏斗装置收集，随后通过采样系统输送到真空容器。沉淀在过滤器、内漏斗表面、连接管和真空容器上的物质溶解在蒸馏水中。用电感耦合等离子体质谱计测定溶液中碘的含量。

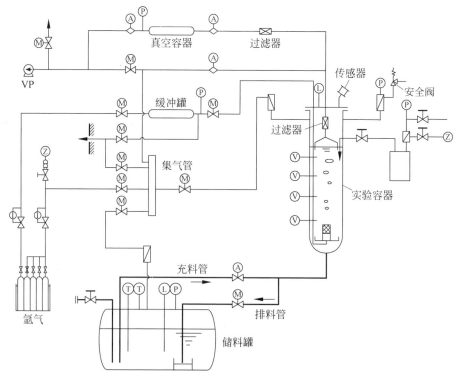

图 4.4.3　碘从氙-碘混合气泡传质实验装置(Miyahara et al.，1996)

通过对实验结果的分析发现,除气泡产生的初始阶段外,钠池中气泡的上升过程与时间呈线性关系。而且,气泡体积越大,上升速度越快,这表明气泡最终以终端速度到达钠池表面。由于初始气泡在上升过程中可能破裂并形成更小的气泡,实验测量的终端速度小于计算的终端速度。从混合气泡转移到钠池的碘的质量随着时间的推移而增加,并且高度依赖于初始碘浓度,然而初始气泡体积和钠池温度的变化对碘传质的影响不大。在气泡产生的初始阶段,去污系数呈快速上升趋势,在随后的气泡上升区,去污系数上升缓慢。

3. SRT 池洗模型的初步验证实验

Becker 和 Anderson(2021)通过水堆池洗实验研究,分析了多组气泡大小、气溶胶密度、池深和气溶胶浓度对去污因子的影响,并将实验数据与简化放射性核素传输(simplify radionuclide transport,SRT)程序中的理论模型进行验证,证明了 SRT 池洗代码的合理性。

为了进一步验证模型,基于该水堆池洗实验,Becker(2022)以及 Becker 和 Anderson(2023)使用图 4.4.4 所示的实验装置,在钠环境下再次进行实验分析,讨论了气溶胶大小、气泡大小、池温、池深度、溶胶密度和气溶胶浓度对池洗效率的影响。实验结果表明,增加气泡尺寸会减小所有颗粒尺寸气溶胶的洗涤效率,钠池温度对总洗涤量几乎没有影响,但钠池深度的增加会使气泡在池内的滞留时间变长从而提高洗涤效率。该钠池实验也证明了利用 SRT 池洗代码可以很好地计算气泡内气溶胶颗粒的洗涤效率。

此外,研究发现,气溶胶密度的增加会大大增加相对较大尺寸气溶胶的洗涤,但对较小颗粒尺寸的影响可以忽略不计;气溶胶浓度的变化对洗涤效率的影响可以忽略不计。与 SRT 池洗模型计算结果相比,实验结果符合预测的总体趋势,但是计算结果更保守,实验去污因子值几乎是计算去污因子值的四倍,这在很大程度上是由模型的简化引起的。而且研究发现在非均匀气泡流动状态下洗涤效率要比在单个气泡情况下高得多,这进一步扩大了模型与实验结果之间的差距。但钠池实验也证明了 SRT 池洗代码可以很好地计算气泡内气溶胶颗粒的洗涤效率,同时不同参数对池洗效率的影响也得到了更深入的研究分析。

综上所述,上述实验为液态金属冷却反应堆中放射性裂变产物池洗过程提供了有价值的实验数据,碘泡实验和碘传质实验均研究了熔融钠池对放射性碘吸收效率的敏感性,而 SRT 实验验证了简化放射性核素传输程序中耦合模型的合理性。这些实验结果为模型的建立提供了数据支持,并为模型的验证提供了现实依据。表 4.4.1 总结了上述液态金属冷却反应堆池洗实验的研究参数和实验结果。

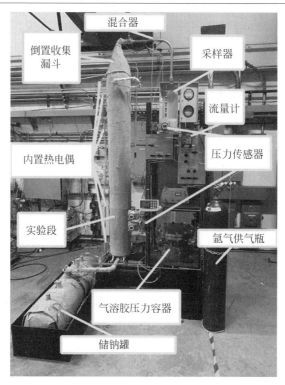

图 4.4.4　钠环境中气溶胶池洗行为实验装置(Becker and Anderson,2023)

(请扫 Ⅱ 页二维码看彩图)

表 4.4.1　液态金属冷却反应堆池洗实验研究参数小结

参　　数	碘泡实验	碘传质实验	SRT 验证实验(钠)
池温	由于高温实验误差较大,未讨论池温的影响	在低温区域对碘的吸收效率影响不大	由于池温的变化引起气泡体积的变化,两者相互抵消导致去污因子值变化不大
气泡上升高度/淹没深度	淹没深度越大,对碘的吸收效率越大	淹没深度越大,对碘的吸收效率越大	淹没深度越大,去污因子值越大
惰性稀释气体的含量	无明显影响	—	—
气泡体积	—	无明显影响	气泡体积越大,去污因子值越小
碘/气溶胶浓度	—	高度依赖于碘浓度	可以忽略不计
气溶胶密度	—	—	对大颗粒气溶胶密度的增加会提高洗涤效率,对小颗粒气溶胶无明显影响

　　在这些实验中得出的结论是,浸泡深度越大,碘/气溶胶去除效率越高,这与水堆池洗实验的结论一致。碘传质实验和 SRT 验证实验在关于初始气泡体积和碘/气溶胶浓度方面得到的结论有差异,可能是由于碘传质实验是在碘浓度较高、气泡尺寸较小的区域完成的,因此气泡体积的变化对碘吸收效率的影响并不明显,反而是对碘浓度有高度依赖性。气泡体积的增加会减少气泡在池中逗留的时间,导致气溶胶去除效率下降。然而,由于整体气溶胶浓度较低,浓度变化对气溶胶去除效率的影响不明显。值得注意的是,由于实验技术和经济成本等因素,目前国际上还没有使用铅铋合金进行气溶胶池洗效率的实验研究。这一研究领域亟待进一步探索和补充。

参 考 文 献

蔡庆航,陈荣华,肖鑫坤,等,2023.铅基反应堆严重事故下燃料迁徙行为机理实验研究[J].核动力工程,44(3):90-95.

ABE Y,MATSUO E,ARAI T,et al.,2006. Fragmentation behavior during molten material and coolant interactions[J]. Nuclear Engineering and Design,236(14-16):1668-1681.

ABRAMOV A,KOVALEV E,KOLESNIKOV P,et al.,2016. Investigation of processes in lead coolant with loss-of-integrity of a heat-exchange tube in a BREST-OD-300 steam generator[J]. Atomic Energy,119(3):200-206.

ALVAREZ D,AMBLARD M,1982. Fuel leveling[C]. Karlsruhe:Proceedings of the 5th Information Exchange Meeing on Post Accident Debris Cooling.

AOTO K,DUFOUR P,HONGYI Y,et al.,2014. A summary of sodium-cooled fast reactor development[J]. Progress in Nuclear Energy,77:247-265.

BANG K,HYOUNG T,TAN V D,2018. Experiment and modeling of jet breakup in fuel-coolant interactions[J]. Annals of Nuclear Energy,118:336-344.

BASSO S,KONOVALENKO A,YAKUSH S E,et al.,2016. The effect of self-leveling on debris bed coolability under severe accident conditions[J]. Nuclear Engineering and Design,305:246-259.

BECK S D,1960. The diffusion of radioactive fission products from porous fuel elements[R]. Battelle Memorial Institute,BMI-1433.

BECKER K F,ANDERSON M H,2021. Experimental study of SRT scrubbing model in water coolant pool[J]. Nuclear Engineering and Design,377:111130.

BECKER K F,2022. Experimental measurements of fission product retention via bubble transport in a sodium coolant pool[D]. Madison:The University of Wisconsin-Madison.

BECKER K F,ANDERSON M H,2023. Experimental validation of simplified radionuclide transport bubble scrubbing code in sodium coolant pool[J]. Nuclear Engineering and

Design,403: 112137.

BEGLEY R J,1962. Liquid Sodium Absorbs Gaseous Iodine[J]. Nucleonics,20(10): 100.

BELL J S,DICKSON R S,SHEEDY J, et al. , 2020. Fission product release tests with uranium dioxide fuel and lead under conditions related to reactor accidents for lead-cooled reactors[J]. Annals of Nuclear Energy,148: 107683.

BERTHOUD G,2000. Vapor explosions[J]. Annual Review of Fluid Mechanics,32(1): 573-611.

BEZNOSOV A,PINAEV S, DAVYDOV D, et al. , 2005. Experimental studies of the characteristics of contact heat exchange between lead coolant and the working body[J]. Atomic Energy,98(3): 170-176.

BOOTH A H,1957a. A method of calculating fission gas diffusion from UO_2 fuel and its application to the X-2-f loop test[R]. Atomic Energy of Canada Limited,CRDC-721.

BOOTH A H,1957b. A suggested method for calculating the diffusion of radioactive rare gas fission products from UO_2 fuel elements and a discussion of proposed in-reactor experiments that may be used to test its validity[R]. Atomic Energy of Canada Limited, DCl-27.

BÜRGER M,BUCK M,SCHMIDT W, et al. , 2006. Validation and application of the WABE code: investigations of constitutive laws and 2D effects on debris coolability[J]. Nuclear Engineering and Design,236(19-21): 2164-2188.

BÜRGER M,CHO S H,CARACHALIOS C, et al. , 1986. Effect of solid crusts on the hydrodynamic fragmentation of melt drops[C]. London: Proceedings of the International Conference on Science and Technology of Fast Reactor Safety.

CAI Q,ZHU D,CHEN R,et al. ,2020. Three-dimensional numerical study on the effect of sidewall crust thermal resistance on transient MCCI by improved MPS method[J]. Annals of Nuclear Energy,144: 107525.

CHAWLA T C,HOGLUND B M,1971. A study of coolant transients during a rapid fission gas release in a fast reactor subassembly[J]. Nuclear Science and Engineering,44(3): 320-344.

CHAWLA T C,1972. Analysis of inertial contribution of the fluid in a plenum to a rapid coolant-expulsion process in a liquid metal fast breeder reactor single-subassembly accident[J]. Nuclear Science and Engineering,48(4): 397-402.

CHAWLA T C,HAUSER G M,GROLMES M A,et al. ,1975. The recovery of coolant flow following rapid release of fission gas from a postulated multiple pin failure in a liquid-metal fast breeder reactor subassembly[J]. Nuclear Science and Engineering, 58(1): 21-32.

CHEN R,CAI Q,ZHANG P,et al. ,2019. Three-dimensional numerical simulation of the HECLA-4 transient MCCI experiment by improved MPS method [J]. Nuclear Engineering and Design,347: 95-107.

CHEN Y,MA W, 2020. Development and application of a surrogate model for quick estimation of ex-vessel debris bed coolability[J]. Nuclear Engineering and Design, 370: 110898.

CHENG H,CHEN S,HUANG H,et al.,2023. Study on water jet penetration behavior in molten LBE during SGTR accident with simulant experiments[J]. Nuclear Engineering and Design,411: 112413.

CHENG H,CHEN X,YE Y,et al.,2021a. Systematic experimental investigation on the characteristics of molten lead-bismuth eutectic fragmentation in water[J]. Nuclear Engineering and Design,371: 110943.

CHENG H, MAI Z, LI Y, et al., 2022a. Fundamental experiment study on the fragmentation characteristics of molten lead jet direct contact with water[J]. Nuclear Engineering and Design,386: 111560.

CHENG H,TAN S,CHENG S,2022b. Study on the effect of jet cross section shape on molten fuel fragmentation behavior with simulant experiments[J]. Nuclear Engineering and Design,400: 112077.

CHENG S,2011. Experimental studies and empirical model development for self-leveling behavior of debris Bed[D]. Fukuoka: Kyushu University.

CHENG S,CUI J,QIAN Y,et al.,2018a. An experimental investigation on flow-regime characteristics in debris bed formation behavior using gas-injection[J]. Annals of Nuclear Energy,112: 856-868.

CHENG S,GONG P,WANG S,et al.,2018b. Investigation of flow regime in debris bed formation behavior with non-spherical particles[J]. Nuclear Engineering and Technology, 50(1): 43-53.

CHENG S,HE L,WANG J,et al.,2019a. An experimental study on debris bed formation behavior at bottom-heated boiling condition[J]. Annals of Nuclear Energy,124: 150-163.

CHENG S,HE L,ZHU F,et al.,2019b. Experimental study on flow regimes in debris bed formation behavior with mixed-size particles[J]. Annals of Nu clear Energy,133: 283-296.

CHENG S, HIRAHARA D, TANAKA Y, et al., 2011a. Experimental investigation of bubbling in particle beds with high solid holdup[J]. Experimental Thermal and Fluid Science,35(2): 405-415.

CHENG S,JIN W,QIN Y,et al.,2019c. Investigation of flow-regime characteristics in a sloshing pool with mixed-size solid particles[J]. Nuclear Engineering and Technology, 52(5): 925-936.

CHENG S,LI S,LI K,et al.,2018c. A two-dimensional experimental investigation on the sloshing behavior in a water pool[J]. Annals of Nuclear Energy,114: 66-73.

CHENG S,LI S, LI K, et al., 2018d. Prediction of flow regime characteristics in pool sloshing behavior with solid particles[J]. Annals of Nuclear Energy,121: 11-21.

CHENG S,LI S,LI K,et al.,2019d. An experimental study on pool sloshing behavior with solid particles[J]. Nuclear Engineering and Technology,51(1): 73-83.

CHENG S,LI X,LIANG F,et al.,2019e. Study on sloshing motion in a liquid pool with non-spherical particles[J]. Progress in Nuclear Energy,117: 103086.

CHENG S,MATSUBA K,ISOZAKI M,et al.,2015. A numerical study on local fuel-coolant interactions in a simulated molten fuel pool using the SIMMER-Ⅲ code[J]. Annals of Nuclear Energy,85: 740-752.

CHENG S,MATSUBA K,ISOZAKI M,et al.,2014a. An experimental study on local fuel-coolant interactions by delivering water into a simulated molten fuel pool[J]. Nuclear Engineering and Design,275: 133-141.

CHENG S,TAGAMI H,YAMANO H et al.,2014b. An investigation on debris bed self-leveling behavior with non-spherical particles [J]. Journal of Nuclear Science and Technology,51(9): 1096-1106.

CHENG S,TAGAMI H,YAMANO H et al.,2014c. Evaluation of debris bed self-leveling behavior: A simple empirical approach and its validations[J]. Annals of Nuclear Energy, 63:188-198.

CHENG S,TAGAMI H,YAMANO H et al.,2014d. Experimental study and empirical model development for self-leveling behavior of debris bed using gas-injection [J]. Mechanical Engineering Journal,1(4): TEP0022.

CHENG S,TANAKA Y,GONDAI Y,et al.,2011b. Experimental studies and empirical models for the transient self-leveling behavior in debris bed[J]. Journal of Nuclear Science and Technology,48(10): 1327-1336.

CHENG S,WANG S,JIANG G,et al.,2017. Development and analysis of a regime map for predicting debris bed formation behavior[J]. Annals of Nuclear Energy,109: 658-666.

CHENG S,XU R,JIN W,et al.,2020. Experimental study on sloshing characteristics in a pool with stratified liquids[J]. Annals of Nuclear Energy,138: 107184.

CHENG S,YAMANO H,SUZUKI T,et al.,2013c. An experimental investigation on self-leveling behavior of debris beds using gas-injection[J]. Experimental Thermal and Fluid Science,48: 110-121.

CHENG S,YAMANO H,SUZUKI T,et al.,2013a. Characteristics of self-leveling behavior of debris beds in a series of experiments [J]. Nuclear Engineering and Technology,45(3): 323-334.

CHENG S,YAMANO H,SUZUKI T,et al.,2013b. Empirical correlations for predicting the self-leveling behavior of debris bed [J]. Nuclear Science and Techniques, 24(1): 010602.

CHENG S,ZHANG T,CUI J,et al.,2018e. Insight from recent experimental and empirical-model studies on flow-regime characteristics in debris bed formation behavior [J]. Journal of Nuclear Engineering and Radiation Science,4(3): 031003.

CHENG S,ZHANG T,MENG C,et al.,2019f. A comparative study on local fuel-coolant interactions in a liquid pool with different interaction modes[J]. Annals of Nuclear Energy,132: 258-270.

CHENG S,ZOU Y,DONG Y,et al.,2021b. Experimental study on pressurization characteristics of a water droplet entrapped in molten LBE pool[J]. Nuclear Engineering and Design,378(11): 111192.

CHU C C,SIENICKI J J,SPENCER B W,et al.,1995. Ex-vessel melt-coolant interactions in deep water pool: studies and accident management for Swedish BWRs[J]. Nuclear Engineering and Design,155(1-2): 159-213.

CORRADINI M L,KIM B J,OH M D,1988. Vapor explosions in light water reactors: a review of theory and modeling[J]. Progress in Nuclear Energy,22(1): 1-117.

DEHBI A,SUCKOW D,GUENTAY S,2001. Aerosol retention in low-subcooling pools under realistic accident conditions [J]. Nuclear Engineering and Design, 203 (2-3): 229-241.

DONG B,LI L,LI C,et al.,2019. Review on models to evaluate coolant activity under fuel defect condition in PWR[J]. Annals of Nuclear Energy,124: 223-233.

ELLIOTT D M, KUNKEL W P, 1964. Out-of-pile temperature evaluation of fission product retention in sodium (900 K -1400 F)[R]. Atomics International. Division of North American Aviation,Incorporated,Canoga Park,NAA-SR-Memo-9383.

EL-JABY A,LEWIS B J,THOMPSON W T,et al.,2007. A general model for predicting coolant activity behaviour for fuel-failure monitoring analysis[J]. Journal of Nuclear Materials,399(1): 87-100.

EPSTEIN M,LEE S J,PAIK C Y,et al.,2020. Enhancement of convective-diffusion limited vaporization rates of fission products by metal fog formation[J]. Annals of Nuclear Energy,147: 107666.

EPSTEIN M,KARAHAN A,LIAO J,et al.,2023. Models for fuel ejection from a failed annular fuel pin in a lead cooled fast reactor: Fuel/coolant interaction and fission gas/fuel jet impingement heating implications[J]. Annals of Nuclear Energy,181: 109499.

HAGA K Z,YAMAGUCHI K,NAMEKAWA F,1984. Experimental study on the effect of fission product gas release into blockage wake region using a simulated LMFBR fuel subassembly[J]. Nuclear Engineering and Design,82(2-3): 329-340.

HAKII J,KANEKO I,FUKASAWA M,et al.,1990. Experimental study on aerosol removal efficiency for pool scrubbing under high temperature steam atmosphere[C]. San Diego: Proceeding of the 21st DOE/NRC Nuclear Air Cleaning Conference.

HANKINS D,HOLTZCLAW K,1982. Effect of hydrogen control on the risk from severe accidents in the BWR/6 Mark Ⅲ Standard Plant[C]. Albuquerque: Proceedings of the Second International Conference on the Impact of Hydrogen on Water Reactor Safety.

HART R S,NELSON C T,1964. Fission product retention characteristics of sodium at high temperatures [R]. Atomics International. Division of North American Aviation, Incorporated,Canoga Park,NAA-SR-Memo-8712.

HARVEY J, NARAYANAN K S, DAS S K, et al. , 2008. Assessment of debris bed formation characteristics following core melt down scenario with simulant system[C].

Orlando：Proceedings of the 16th International Conference on Nuclear Engineering.

HE L，LIU P，KUANG B，2021. Jet fragmentation characteristics during molten fuel and coolant interactions[J]. Nuclear Science and Engineering，195(4)：367-390.

HE L，LIU P，ZHANG X，et al. ，2020. Experimental study on the effects of boiling during molten jet and coolant interactions[J]. Annals of Nuclear Energy，143：107392.

HOHMANN H，MAGALLON D，SCHINS H，et al. ，1995. FCI experiments in the alumina oxide/water system[J]. Nuclear Engineering and Design，155(1-2)：391-403.

HOSSAIN M K，HIMURO Y，MORITA K，et al. ，2009. Simulation of molten metal penetration and freezing behavior in a seven-pin bundle experiment[J]. Journal of Nuclear Science and Technology，46(8)：799-808.

HU L，GE K，ZHANG Y，et al. ，2019a. Experimental study on fragmentation characteristics of molten aluminum/copper jet penetrating in sodium pool [J]. International Journal of Heat and Mass Transfer，139：492-502.

HU L，GE K，ZHANG Y，et al. ，2019b. Fragmentation characteristics of molten materials jet dropped into liquid sodium pool[J]. Nuclear Engineering and Design，355：110348.

HU L，GE K，ZHANG Y，et al. ，2020. Experimental research on fragmentation characteristics of molten stainless steel discharged into sodium pool and comparison with molten copper[J]. Progress in Nuclear Energy，118：103069.

HUHTINIEMI I，HOHMANN H，MAGALLON D，1997. FCI experiments in the corium/ water system[J]. Nuclear Engineering and Design，177(1-3)：339-349.

IQBAL M J，MIRZA N M，MIRZA S M，2007. Kinetic simulation of fission product activity in primary coolant of typical PWRs under power perturbations[J]. Nuclear Engineering and Design，237(2)：199-205.

IWASAWA Y，ABE Y，2019. Scaling analysis of melt jets and solidification modes[J]. Annals of Nuclear Energy，125：231-241.

IWASAWA Y，SUGIYAMA T，ABE Y，2022. Experiments of melt jet-breakup for agglomerated debris formation using a metallic melt[J]. Nuclear Engineering and Design，386：111575.

IWASAWA Y，SUGIYAMA T，KANEKO A，2023. A simple correlation to estimate agglomerated debris formation based on experiments of melt jet-breakup using a metallic melt[J]. Nuclear Engineering and Design，409：112348.

SUDHA A，MURTH S S，KUMARESAN M，et al. ，2015. Experimental analysis of heaping and self-levelling phenomena in core debris using lead spheres[J]. Experimental Thermal and Fluid Science，68：239-246.

JIANG G，WANG M，WANG K，et al. ，2024. Review of the research on the scrubbing of fission products in liquid metal pool[J]. Nuclear Engineering and Design，421：113075.

JUNG W H，PARK H S，MORIYAMA K，et al. ，2019. Analysis of experimental uncertainties in jet breakup length and jet diameter during molten fuel-coolant interaction [J]. Nuclear Engineering and Design，344：183-194.

KAWATA R,OHARA Y,SHEIKH M,et al.,2017. Numerical simulation of solid-particle sedimentation behavior using a multi-fluid model coupled with DEM [C]. Xi'an: Proceedings of the 17th International Topical Meeting on Nuclear Reactor Thermal Hydraulics.

KIM M,KIM K,2012. Prediction of pellet-to-gap escape and gap-to-coolant release rates of fission products[J]. Annals of Nuclear Energy,49: 57-69.

KIM M,KIM K,2013. Simulation of release rate coefficients of fission products for debris-induced fuel failures[J]. Nuclear Engineering and Design,255: 123-131.

KUNKEL W P,ELLIOTT D M,GIBSON A S,1964. Inpile experiments on retention of fission products in 500 F sodium[R]. Atomics International. Division of North American Aviation,Incorporated,Canoga Park,NAA-SR-9163.

KUNKEL W P,ELLIOTT D M,GIBSON A S,1965. High-temperature experiments on fission-product retention in sodium [R]. Atomics International. Division of North American Aviation,Incorporated,Canoga Park,NAA-SR-9287.

KUNKEL W P,1966. Fission-product retention in sodium: A summary of analytical and experimental studies at atomics international [R]. North American Aviation, Incorporated,Canoga Park,NAA-SR-11766.

LEE C B,KIM D H,JUNG Y H,2001. Fission gas release and swelling model of metallic fast reactor fuel[J]. Journal of Nuclear Materials,288(1): 29-42.

LEE Y,CHO Y J,RYU I,2021. Preliminary analyses on decontamination factors during pool scrubbing with bubble size distributions obtained from EPRI experiments[J]. Nuclear Engineering and Technology,53(2): 509-521.

LEWIS B J,1988. Fundamental aspects of defective nuclear fuel behaviour and fission product release[J]. Journal of Nuclear Materials,160(2-3): 201-217.

LEWIS B J,1990. A generalized model for fission-product transport in the fuel-to-sheath gap of defective fuel elements[J]. Journal of Nuclear Materials,175(3): 218-226.

LEWIS B J,BONIN H W,1995. Transport of volatile fission products in the fuel-to-sheath gap of defective fuel elements during normal and reactor accident conditions[J]. Journal of Nuclear Materials,218(1): 42-56.

LEWIS B J,CHAN P K,EL-JABY A,et al.,2017. Fission product release modelling for application of fuel-failure monitoring and detection-An overview[J]. Journal of Nuclear Materials,489: 64-83.

LEWIS B J,HUSAIN A,2003. Modelling the activity of ^{129}I in the primary coolant of a CANDU reactor[J]. Journal of Nuclear Materials,312(1): 81-96.

LEWIS B J,PHILLIPS C R,NORLEY M J F,1986. A model for the release of radioactive krypton,xenon,and iodine from defective UO_2 fuel elements[J]. Nuclear Technology, 73(1): 72-83.

LI C Y,WANG K,PELLEGRINI M,et al.,2022. Numerical simulation and validation of debris bed self-leveling behavior with mixed-density particles using CFD-DEM coupling algorithm[J]. Nuclear Technology,208(5): 843-859.

LIN S,CHENG S,JIANG G,et al.,2017. A two-dimensional experimental investigation on debris bed formation behavior[J]. Progress in Nuclear Energy,96: 118-132.

LIU P,YASUNAKA S,MATSUMOTO T,et al., 2006. Simulation of the dynamic behavior of the solid particle bed in a liquid pool: Sensitivity of the particle jamming and particle viscosity models [J]. Journal of Nuclear Science and Technology,43 (2): 140-149.

LIU P,YASUNAKA S,MATSUMOTO T,et al.,2007. Dynamic behavior of a solid particle bed in a liquid pool: SIMMER-Ⅲ code verification[J]. Nuclear Engineering and Design,237(5): 524-535.

MASCHEK W,MUNZ C D,MEYER L,1992a. Investigations of sloshing fluid motions inpools related to recriticalities in liquid-metal fast breeder reactor core meltdown accidents[J]. Nuclear Technology,98(1): 27-43.

MASCHEK W,ROTH A,KIRSTAHLER M,et al.,1992b. Simulation experiments for centralized liquid sloshing motions [R]. Kernforschungszentrum Karlsruhe GmbH, Karlsruhe,KFK-5090.

MATHAI A M,SHARMA A K,ANANDAN J,et al.,2015. Investigation of fragmentation phenomena and debris bed formation during core meltdown accident in SFR using simulated experiments[J]. Nuclear Engineering and Design,292: 87-97.

MCCORMACK D J,DICKINSON D R,ALLEMANN R T,1989. Experimental results of ACE vent filtration,pool scrubber tests AA1-AA4 and DOP1-DOP5[R]. ACE-TR-A1.

MIYAHARA S,SAGAWA N,SHIMOYAMA K,1996. Iodine mass transfer from xenon-iodine mixed gas bubble to liquid sodium pool,(Ⅰ) Experiment[J]. Journal of Nuclear Science and Technology,33(2): 128-133.

MIYAHARA S,SAGAWA N,1996. Iodine mass transfer from xenon-iodine mixed gas bubble to liquid sodium pool,(Ⅱ) Development of analytical model[J]. Journal of Nuclear Science and Technology,33(3): 220-228.

MORITA K,MATSUMOTO T,EMURA Y,et al., 2014. Investigation on sloshing response of liquid in a 2D pool against hydraulic disturbance[C]. Buyeo: Proceedings of the 9th Korea-Japan Symposium on Nuclear Thermal Hydraulics and Safety (NTHAS-9).

MORITA K,MATSUMOTO T,NISHI S,et al.,2016. A new empirical model for self-leveling behavior of cylindrical particle beds [J]. Journal of Nuclear Science and Technology,53(5): 713-725.

NISHIMURA S,SUGIYAMA K,KINOSHITA I,et al.,2010. Fragmentation mechanisms of a single molten copper jet penetrating a sodium pool—Transition from thermal to hydrodynamic fragmentation in instantaneous contact interface temperatures below its freezing point[J]. Journal of Nuclear Science and Technology,47(3): 219-228.

PHAN L,NGO P,MATSUOKA F,et al.,2018. Experimental study on self-leveling

behavior of binary-mixed particles in cylindrical bed using gas-injection method[C].
Qingdao: Proceedings of 12th International Topical Meeting on Reactor Thermal-
Hydraulics,Operation,and Safety(NUTHOS-12).

PHAN L,NGO P,MIURA R,et al. ,2019. Self-leveling behavior of mixed solid particles in
cylindrical bed using gas-injection method [J]. Journal of Nuclear Science and
Technology,56(1): 111-122.

PILLAI D S,VIGNESH R,JASMIN SUDHA A,et al. ,2016. Experimental simulation of
fragmentation and stratification of core debris on the core catcher of a fast breeder reactor
[J]. Nuclear Engineering and Design,301: 39-48.

RAHMAN M M,EGE Y,MORITA K,et al. ,2008. Simulation of molten metal freezing
behavior on to a structure[J]. Nuclear Engineering and Design,238(10): 2706-2717.

RAHMAN M M,HINO T, MORITA K, et al. , 2005. Experimental study on freezing
behavior of molten metal on structure[J]. Memoirs of the Faculty of Engineering,
Kyushu University,65(2): 85-102.

RAHMAN M M,HINO T,MORITA K,et al. ,2007. Experimental investigation of molten
metal freezing on to a structure[J]. Experimental Thermal and Fluid Science,32(1):
198-213.

RAJ B,CHELLAPANDI P, VASUDEVA RAO P R, 2015. Sodium Fast Reactors with
Closed Fuel Cycle[M]. USA: CRC press.

REST J,COPPER M W D,SPINO J,et al. ,2019. Fission gas release from UO_2 nuclear
fuel: A review[J]. Journal of Nuclear Materials,513: 310-345.

SA R,TAKAHASHI M,MORIYAMA K,2011. Study on fragmentation behavior of liquid
lead alloy droplet in water[J]. Progress in Nuclear Energy,53(7): 895-901.

SHAMOUN B I,CORRADINI M L,1996. Analytical study of subcritical vapor explosions
using thermal detonation wave theory[J]. Nuclear Technology,115(1): 35-45.

SHAMSUZZAMAN M, HORIE T, FUKE F, et al. , 2013. Experimental evaluation of
debris bed characteristics in particulate debris sedimentation behavior[C]. Chengdu:
Proceedings of the 21st International Conference on Nuclear Engineering.

SHAMSUZZAMAN M,HORIE T, FUKE F, et al. ,2012. Experimental investigation of
debris sedimentation behavior on bed formation characteristics[C]. Beppu: Proceedings
of the 8th Japan-Korea Symposium on Nuclear Thermal Hydraulics and Safety
(NTHAS8).

SHAMSUZZAMAN M,HORIE T,FUKE F,et al. ,2018. Experimental study on debris
bed characteristics for the sedimentation behavior of solid particles used as simulant
debris[J]. Annals of Nuclear Energy,111: 474-486.

SHAMSUZZAMAN M,MATSUMOTO T,KAMIYAMA M,et al. ,2014a. Experimental
study on sedimentation behavior of core debris[C]. Buyeo: Proceedings of the 9th Korea-
Japan Symposium on Nuclear Thermal Hydraulics and Safety (NTHAS9).

SHAMSUZZAMAN M, ZHANG B, HORIE T, et al. , 2014b. Numerical study on sedimentation behavior of solid particles used as simulant fuel debris[J]. Journal of Nuclear Science and Technology,51(5): 681-699.

SHEIKH M A R,LIU X,MATSUMOTO T,et al.,2020. Numerical simulation of the solid particle sedimentation and bed formation behaviors using a hybrid method[J]. Energies,13(19): 5018.

SHEIKH M A R,SON E,KAMIYAMA M,et al.,2016. Experimental investigation on characteristics of mixed particle debris in sedimentation and bed formation behavior[C]. Gyeongju: Proceedings of the 11th International Topical Meeting on Nuclear Reactor Thermal Hydraulics,Operation and Safety (NUTHOS-11).

SHEIKH M A R,SON E,KAMIYAMA M,et al.,2018. Sedimentation behavior of mixed solid particles[J]. Journal of Nuclear Science and Technology,55(6): 623-633.

SPENCER B W, GABOR J D, CASSULO J C, 1986. Effect of boiling regime on melt stream breakup in water[C]. Miami Beach: Proceedings of the 4th Miami International Symposium on Multi-phase Transport Particulate Phenomena.

SUN R,WU L,DING W,et al.,2022. From melt jet break-up to debris bed formation: a review of melt evolution model during fuel-coolant interaction[J]. Annals of Nuclear Energy,165: 108642.

SUZUKI T,TOBITA Y,KONDO S,et al.,2003. Analysis of gas-liquid metal two-phase flows using a reactor safety analysis code SIMMER-Ⅲ [J]. Nuclear Engineering and Design,220 (3): 207-223.

ŚWIDERSKA-KOWALCZYK M, ESCUDERO-BERZAL M, MARCOS-CRESPO M., et al.,1995. State-of-the-art review on fission product aerosol pool scrubbing under severe accident conditions[R]. The Institute of Nuclear Chemistry and Technology,INIS-PL-0001.

TAKASUO E,2016. An experimental study of the coolability of debris beds with geometry variations[J]. Annals of Nuclear Energy,92: 251-261.

TAN S,ZHONG Y, CHENG H, et al., 2022. Experimental investigation on the characteristics of molten lead-bismuth non-eutectic alloy fragmentation in water[J]. Nuclear Science and Techniques,33(9): 115.

TENG C,ZHANG B, SHAN J, 2021. Study on relocation behavior of debris bed by improved bottom gas-injection experimental method [J]. Nuclear Engineering and Technology,53(1): 111-120.

TENTNER A,PARMA E,WEI T,et al.,2010. Severe accident approach—final report. Evaluation of design measures for severe accident prevention and consequence mitigation [R]. Argonne National Laboratory,ANL-GENIV-128.

THEOFANOUS T G,LIU C,ADDITON S,et al.,1997. In-vessel coolability and retention of a core melt[J]. Nuclear Engineering and Design,169(1-3): 1-48.

THEOFANOUS T G,SAITO M,1981. An assessment of class-9 (core-melt) accidents for PWR dry-containment systems[J]. Nuclear Engineering and Design,66 (3): 301-332.

TONKS M，ANDERSSON D，DEVANATHAN R，et al.，2018. Unit mechanisms of fission gas release：Current understanding and future needs[J]. Journal of Nuclear Materials，504：300-317.

UCHIDA S，ITOH A，NAITOH M，et al.，2016. Temperature dependent fission product removal efficiency due to pool scrubbing[J]. Nuclear Engineering and Design，298：201-207.

URŠIČ M，LESKOVAR M，BÜRGER M，et al.，2014. Hydrodynamic fine fragmentation of partly solidified melt droplets during a vapour explosion[J]. International Journal of Heat and Mass Transfer，76：90-98.

VAN ERP J B，CHAWLA T C，WILSON R E，1972. Potential fuel failure propagation due to fission-gas release in LMFBR subassemblies[R]. Argonne National Laboratory，CONF-721112-6.

VAN ERP J B，CHAWLA T C，FAUSKE H K，1974. An evaluation of pin-to-pin failure propagation due to fission gas release in fuel subassemblies of liquid-metal-cooled fast breeder reactors[J]. Nuclear Engineering and Design，31(1)：128-149.

WANG G，2017. A review of research progress in heat exchanger tube rupture accident of heavy liquid metal cooled reactors[J]. Annals of Nuclear Energy，109：1-8.

WANG J，LI M，CHEN B，et al.，2020. Experimental study of the molten tin column impacting on the cooling water pool[J]. Annals of Nuclear Energy，143：107464.

WANG M，JIANG G，CHENG S，et al.，2024. Review of fission gas release in liquid metal reactor fuel cladding failure accident[J]. Nuclear Engineering and Design，419：112981.

WANG S，FLAD M，MASCHEK W，et al.，2008. Evaluation of a steam generator tube rupture accident in an accelerator driven system with lead cooling[J]. Progress in Nuclear Energy，50(2-6)：363-369.

WILSON R E，VAN ERP J B，CHAWLA T C，et al.，1973. Experimental evaluation of fission-gas release in LMFBR subassemblies using an electrically heated test section with sodium as coolant[R]. Argonne National Laboratory，ANL-8036.

XU R，CHENG S，2022b. Experimental and numerical investigations into molten-pool sloshing motion for severe accident analysis of sodium-cooled fast reactors：A review[J]. Frontiers in Energy Research，10：893048.

XU R，CHENG S，2024. From debris bed formation to self-leveling behaviors in core disruptive accident of sodium-cooled fast reactor[J]. Nuclear Engineering and Design，418：112930.

XU R，CHENG S，LI S，et al.，2022a. Knowledge from recent investigations on sloshing motion in a liquid pool with solid particles for severe accident analyses of sodium-cooled fast reactor[J]. Nuclear Engineering and Technology，54(2)：589-600.

XU R，CHENG S，XU Y，et al.，2023. Effect of coolant boiling induced by accumulated debris on flow-regime characteristics of debris bed formation behavior for sodium-cooled fast reactor：Experimental and modeling study with gas injection[J]. Progress in Nuclear

Energy,166: 104963.

YAMANO H,FUJITA S,TOBITA Y,et al.,2003. SIMMER-Ⅳ: a three-dimensional computer program for LMFR core disruptive accident analysis. Version 2. A model summary and program description[R]. Japan Nuclear Cycle Development Institute,JNC-TN-9400-2003-070.

YAMANO H,ONODA Y,TOBITA Y,et al.,2009. Transient heat transfer characteristics between molten fuel and steel with steel boiling in the CABRI-TPA2 test[J]. Nuclear Technology,165(2): 145-165.

YANG Z,ZHANG Z,AHMED R,et al.,2020. Experimental research on the fragmentation of continuous molten 316SS droplets penetrating into sodium pool[J]. Annals of Nuclear Energy,140: 107095.

ZAGORUL'KO Y I,ZHMURIN V G,VOLOV A N,et al.,2008. Experimental investigations of thermal interaction between corium and coolants [J]. Thermal Engineering,55: 235-244.

ZHANG B,HARADA T,HIRAHARA D,et al.,2010. Self-leveling onset criteria in debris beds[J]. Journal of Nuclear Science and Technology,47(4): 384-395.

ZHANG B,HARADA T,HIRAHARA D,et al.,2011. Experimental investigation on self-leveling behavior in debris beds[J]. Nuclear Engineering and Design,241(1): 366-377.

ZHANG T,CHENG S,ZHU T,et al.,2018. A new experimental investigation on local fuel-coolant interaction in a molten pool[J]. Annals of Nuclear Energy,120: 593-603.

第 5 章　液态金属冷却反应堆严重事故数值模拟

液态金属冷却反应堆(以钠冷快堆为例)发生严重事故时,熔融燃料从堆芯释放并迁移,与液态金属冷却剂相互作用,经历碎化、凝固、沉降等过程,并且其高温和不断释放的衰变热可能导致液态金属冷却剂沸腾,最终在反应堆容器底部堆积形成碎片床,因此液态金属冷却反应堆严重事故分析涉及多组分、多相流动和传热等问题。一直以来,数值模拟在反应堆的开发设计、运行和安全分析等方面起着重要的作用。借助计算机技术和数值方法,目前世界上已经开发了多种数值计算工具,并成功地应用于核能领域。在这些数值模拟方法中,计算流体力学广泛应用于核反应堆热工水力和流动传热等计算中。然而,对于严重事故中复杂的气-液-固多相流动和传热现象,传统的计算流体力学方法在模拟能力、模拟精度以及计算资源成本等方面都存在着不同程度的局限。因此,需要对这些不同的数值方法进行探索、开发和改进,以使其适用于快堆严重事故领域的应用和分析。

本章将首先介绍应用于液态金属冷却反应堆严重事故分析的数值方法,包括传统的欧拉多相流方法、移动粒子半隐式方法、光滑粒子流体动力学方法、有限体积粒子方法、格子玻尔兹曼方法和多相耦合方法。然后,介绍国内外已经开发并应用于液态金属冷却反应堆严重事故模拟分析的程序,其中包括 SIMMER 系列程序、SAS4A 程序等。最后,将以液态金属冷却反应堆严重事故中的一些具体关键现象为案例,展示这些数值模拟方法和工具的模拟分析能力。

5.1　严重事故数值模拟方法

在计算流体力学(computatational fluid dynamics,CFD)中,欧拉法和拉格朗日法是两种重要的描述流体运动的方法。欧拉法将流体域划分为众多小单元(即网格),计算和观察每个单元内物理量的变化,在实际的数值计算中依赖于对流体域网格的划分。拉格朗日法着眼于研究各个流体质点的运动,描述的是流体质点自始至终的运动过程以及它们的物理量随时间的变化规律。当前大多数的主流商用 CFD 软件都基于欧拉法,需首先对计算域进行合适的网格划分,然后采用雷诺-平均纳维-斯托克斯(Reynolds-averaged Navier-Stokes,RANS)方法或大涡模拟(large eddy simulation,LES)方法对流体介质进行计算。欧拉法的计算精度和计算成本随着网格划分数量的增大而增大。然而,在多相计算问题中,受网格尺寸的限制,各相界面之间发生的精细行为难以被准确捕捉。另外,高质量网格构建和求解数值发散等问题是 CFD 工程师经常要面对的挑战。为此,一部分研究者将目光转向基于纯拉格朗日法的粒子法。粒子法通过跟踪大量运动的离散粒子来描述流体的行为,计算各个粒子的速度与压力,从而获得流体全场的信息。相较于欧拉法,纯拉格朗日的粒子法规避了网格划分和数值求解发散等问题,并且能通过粒子更加清晰且恰当地表现相与相之间的界面。

目前,广泛应用于工程领域的粒子法包括光滑粒子流体动力学(smoothed particle hydrodynamics,SPH)方法、移动粒子半隐式(moving particle semi-implicit,MPS)方法和有限体积粒子(finite volume particle,FVP)方法。SPH 方法是最早的无网格粒子法,最初是为解决非轴对称的天体物理学问题而提出的一种基于积分插值的粒子法(Lucy,1977;Gingold and Monaghan,1977)。该方法利用一个被称作"光滑函数"的核函数对计算域中的粒子进行积分插值累加,将流体的控制方程转化为数值的 SPH 方程进行模拟。在此之后,SPH 方法在流体力学领域也得到了拓展(Monaghan, 1994,1997;Morris et al.,1997)。MPS 方法最开始被用于解决不可压缩流动问题,是一种基于泰勒展开对算子离散的半隐式算法(Koshizuka and Oka, 1996)。FVP 方法是基于可压缩流动的数值流动函数开发的一种方法(Hietel et al.,2000;Ismagilov,2006),通过引入粒子表面和体积的概念来处理自由表面流动。以上各种粒子方法虽然侧重点不一样,但随着粒子法的不断发展,不同方法之间也不断进行着相互借鉴和改进。

5.1.1　基于网格的多相流模型

守恒方程组首先基于预先划分的计算域网格进行离散,然后求解得到速度场、压力场等信息,这是欧拉方法的基本特征,也是与拉格朗日的粒子法的基本区别。当前,主流的多相流 CFD 欧拉方法主要有欧拉-欧拉方法和欧拉-拉格朗日方法。

1. 欧拉-欧拉方法

在欧拉-欧拉方法中,不同的相在数学上被处理成可相互穿透的连续介质。由于同一个体积无法同时被两个不同的相介质所占据,因而引入相体积分数这一概念。不同相的体积分数是空间和时间的连续函数,其和等于1。守恒方程根据不同的相分离为守恒方程组,各个相的守恒方程具有相似的结构。此外,守恒方程组需借助经验公式和本构关系满足方程组的封闭关系。欧拉-欧拉方法中最常见的三种模型为 VOF(volume of fluid)模型、混合(mixture)模型和欧拉(Eulerian)模型。

1) VOF 模型

VOF 模型是一种应用于固定欧拉网格的界面跟踪技术,一般是针对两种或两种以上的不相溶流体介质界面位置的描述。在 VOF 模型中,所有流体的运动行为遵循同一组动量方程,计算域每个单元网格中每种流体的体积分数都会求解得出。VOF 模型的应用包括分层流动、自由表面流动、振荡、液体中气泡的运动、溃坝后液体的运动、射流破碎的预测以及各种气液界面的稳态或瞬态跟踪。

在不相溶流体体系中,i 相流体的体积分数 α_i 取值范围为0~1,0 对应于该网格单元内无 i 相流体,1 对应于该网格单元全是 i 相流体,介于0~1的值则对应于相间界面。任意时刻任一网格内的所有流体体积分数之和必为1,并且任一 i 相流体的体积分数 α_i 满足守恒关系:

$$\sum_i \alpha_i = 1 \tag{5.1.1}$$

$$\frac{\partial(\alpha_i \rho_i)}{\partial t} + \nabla \cdot (\alpha_i \rho_i \boldsymbol{u}_i) = S_i + \sum_j (\dot{m}_{ji} - \dot{m}_{ij}) \tag{5.1.2}$$

其中,下标 i 和 j 分别表示为 i 相、j 相流体;ρ_i 为密度;$\boldsymbol{u}_i$ 为速度;S_i 为源项;$\dot{m}_{ji}$ 为 j 相往 i 相的传质;$\dot{m}_{ij}$ 为 i 相往 j 相的传质。体系中基于体积分数的平均密度 ρ 表达式为

$$\rho = \sum_i \alpha_i \rho_i \tag{5.1.3}$$

体系的动量方程通过基于体积分数的平均密度 ρ 和平均黏度 μ 来表达:

$$\frac{\partial(\rho \boldsymbol{u})}{\partial t} + \rho(\boldsymbol{u} \cdot \nabla)\boldsymbol{u} = -\nabla p + \nabla \cdot [\mu(\nabla \boldsymbol{u} + \nabla \boldsymbol{u}^{\mathrm{T}})] + \rho \boldsymbol{g} + \boldsymbol{F}_s \tag{5.1.4}$$

其中,$\boldsymbol{u}$ 为体系的速度矢量;$\rho \boldsymbol{g}$ 为体积力;p 表示体系的流体压力;$\boldsymbol{F}_s$ 为表面张力,一般采用连续表面力(continuum surface force,CSF)模型计算(Brackbill et al.,1992)。以 i 和 j 两相体系为例,$\boldsymbol{F}_s$ 的表达式为

$$\boldsymbol{F}_s = \sigma \frac{2\rho\kappa\nabla\alpha_i}{\rho_i + \rho_j} \tag{5.1.5}$$

其中,σ 为表面张力系数;κ 为界面曲率。

VOF 模型的限制在于,当两种流体密度差较大时,相界面的计算精度会失真,计算收敛不佳,对于这种情况需要借助其他的手段(如可压缩界面捕捉格式)进行优化。

2) 混合模型

混合模型是一种应用广泛的简化的欧拉多相流模型。为模拟相以不同速度运动的多相流,假设在较短的空间尺度上是局部平衡的。该模型还可用于具有很强耦合作用和相运动速度相同的均匀多相流模型,并可用于计算非牛顿流体黏度。混合模型可以通过求解混合物的动量、连续性和能量方程、体积分数方程以及相对速度的代数表达式,实现多相流的模拟。

当体系内颗粒相分布较广,或相间作用规律未知时,完整的欧拉多相流模型存在局限性。使用混合模型可以类似于完整的多相流模型求解,而求解的变量比完整的多相流模型更少。此外,混合模型允许选择颗粒相及其所有属性,因此也适用于液固流动问题的模拟。相比 VOF 模型,混合模型可以计算相间互相渗透的体系,允许相以不同的速度移动,并引入了滑移速度这一概念。

混合模型中,混合物的密度 ρ_m 由各相的体积分数 α_i 加权平均,速度 $\boldsymbol{u}_m$ 则基于质量平均且满足连续性方程:

$$\frac{\partial}{\partial t}(\rho_m) + \nabla \cdot (\rho_m \boldsymbol{u}_m) = 0 \tag{5.1.6}$$

$$\boldsymbol{u}_m = \frac{\sum_i \alpha_i \rho_i \boldsymbol{u}_i}{\rho_m} \tag{5.1.7}$$

$$\rho_m = \sum_i \alpha_i \rho_i \tag{5.1.8}$$

混合物的动量方程由所有相的动量方程求和得到:

$$\frac{\partial(\rho_m \boldsymbol{u}_m)}{\partial t} + \rho_m (\boldsymbol{u}_m \cdot \nabla)\boldsymbol{u}_m = -\nabla p + \nabla \cdot [\mu_m(\nabla\boldsymbol{u}_m + \nabla\boldsymbol{u}_m^T)] + \rho_m \boldsymbol{g} +$$
$$\boldsymbol{F} + \nabla \cdot \left(\sum_i \alpha_i \rho_i \boldsymbol{u}_{\mathrm{dr},i}^2\right) \tag{5.1.9}$$

$$\mu_m = \sum_i \alpha_i \mu_i \tag{5.1.10}$$

$$\boldsymbol{u}_{\mathrm{dr},i} = \boldsymbol{u}_i - \boldsymbol{u}_m \tag{5.1.11}$$

其中，μ_{m} 为混合物的黏度；$\boldsymbol{u}_{\mathrm{dr},i}$ 为 i 相的漂移速度；$\boldsymbol{F}$ 为体积力。

3）欧拉模型

欧拉模型基于体系各相可以互相渗透的假设，允许对多个独立但相互作用的相进行建模，因此该模型可以描述复杂的由气、液、固相组成的混合体系。每个相都会采用欧拉方法独立处理，具有各自的连续性方程和动量方程，并通过压力和相间模型耦合各相。

在一些大型商用 CFD 软件中，欧拉模型中 i 相的连续性方程由式（5.1.2）表示，动量方程则如下表示：

$$\frac{\partial(\alpha_i\rho_i\boldsymbol{u}_i)}{\partial t}+\nabla\cdot(\alpha_i\rho_i\boldsymbol{u}_i\boldsymbol{u}_i)=-\alpha_i\nabla p+\nabla\cdot\overline{\overline{\boldsymbol{\tau}_i}}+\alpha_i\rho_i\boldsymbol{g}$$

$$\sum_i(\boldsymbol{R}_{ji}+\dot{m}_{ji}\boldsymbol{u}_{ji}-\dot{m}_{ij}\boldsymbol{u}_{ij})+\boldsymbol{F}_i+\boldsymbol{F}_{\mathrm{lift},i}+\boldsymbol{F}_{\mathrm{vm},i} \qquad (5.1.12)$$

其中，p 为所有相的共同压力；$\overline{\overline{\boldsymbol{\tau}_i}}$ 为应力应变张量；$\boldsymbol{F}_i$ 为外部体积力；$\boldsymbol{F}_{\mathrm{lift},i}$ 为升力；$\boldsymbol{F}_{\mathrm{vm},i}$ 为虚拟质量力；$\boldsymbol{R}_{ji}$ 为相间相互作用力；$\boldsymbol{u}_{ij}$ 和 $\boldsymbol{u}_{ji}$ 为相间速度，定义如下：

$$\boldsymbol{u}_{ij}=\begin{cases}\boldsymbol{u}_i & (\dot{m}_{ij}>0)\\ \boldsymbol{u}_j & (\dot{m}_{ij}<0)\end{cases} \qquad (5.1.13)$$

$$\boldsymbol{u}_{ji}=\begin{cases}\boldsymbol{u}_j & (\dot{m}_{ji}>0)\\ \boldsymbol{u}_i & (\dot{m}_{ji}<0)\end{cases} \qquad (5.1.14)$$

相间相互作用力 $\boldsymbol{R}_{ji}$ 取决于摩擦、压力等效应，其表达式需满足动量方程组封闭的条件，一般通过引入相间动量交换系数 K_{ji} 而采用如下的形式：

$$\sum_j\boldsymbol{R}_{ji}=\sum_j K_{ji}(\boldsymbol{u}_j-\boldsymbol{u}_i) \qquad (5.1.15)$$

由主相 i 作用于次级相 j 的升力 $\boldsymbol{F}_{\mathrm{lift}}$ 表达式采用如下的计算形式：

$$\boldsymbol{F}_{\mathrm{lift}}=-0.5\rho_i\alpha_j(\boldsymbol{u}_i-\boldsymbol{u}_j)\times(\nabla\times\boldsymbol{u}_i) \qquad (5.1.16)$$

当次级相 j 相对于主相 i 加速时，正在加速的颗粒（或液滴、气泡）周围的主相的质量惯性会施加一个虚拟质量力 $\boldsymbol{F}_{\mathrm{vm}}$，表达式如下：

$$\boldsymbol{F}_{\mathrm{vm}}=0.5\alpha_j\rho_i\left[\left(\frac{\partial\boldsymbol{u}_i}{\partial t}+(\boldsymbol{u}_i\cdot\nabla)\boldsymbol{u}_i\right)-\left(\frac{\partial\boldsymbol{u}_j}{\partial t}+(\boldsymbol{u}_j\cdot\nabla)\boldsymbol{u}_j\right)\right] \qquad (5.1.17)$$

2. 欧拉-拉格朗日方法

在欧拉-拉格朗日方法中，连续相通过欧拉方法求解动量方程获得速度场、压力场等信息。根据这些信息，通过跟踪颗粒、气泡、液滴等对离散相的行为进行求解。离散相可与连续相之间发生质量、动量和能量的交换。目前,常用的欧拉-拉格朗日方法有离散相模型(discrete phase model,DPM)、稠密离散相模型(dense discrete phase model,DDPM)、种群平衡模型(population balance modeling,PBM)等。

1) DPM

DPM 假设颗粒间相互作用以及颗粒体积分数对连续相的影响可以忽略,只存在颗粒与连续相的相互作用,这一假设需要满足离散相在计算区域内的体积分数足够小(不超过 10%)的前提条件。DPM 中,离散相粒子在流场中的受力遵循牛顿第二定律,其运动轨迹通过由拉格朗日坐标系描述的力平衡关系而得出:

$$\frac{\mathrm{d}\boldsymbol{u}_{\mathrm{p}}}{\mathrm{d}t} = \frac{\boldsymbol{u} - \boldsymbol{u}_{\mathrm{p}}}{\tau} + \frac{g(\rho_{\mathrm{p}} - \rho)}{\rho_{\mathrm{p}}} + \boldsymbol{f} \tag{5.1.18}$$

其中,$\boldsymbol{u}$ 为连续相的速度;$\boldsymbol{u}_{\mathrm{p}}$ 为颗粒速度;ρ 为连续相的密度;ρ_{p} 为颗粒的密度;$\boldsymbol{f}$ 为单位质量的附加力,包括了粒子旋转的力、虚拟质量力、热泳力、布朗力、Saffman 升力、马格努斯力;$\dfrac{\boldsymbol{u} - \boldsymbol{u}_{\mathrm{p}}}{\tau}$ 表示颗粒阻力(曳力),其中 τ 为颗粒的弛豫时间:

$$\tau = \frac{\rho_{\mathrm{p}} d_{\mathrm{p}}^2}{18\mu} \frac{24}{C_{\mathrm{d}} Re} \tag{5.1.19}$$

式中,μ 为连续相的分子黏度;d_{p} 为颗粒直径;Re 为相对雷诺数,其定义为

$$Re = \frac{\rho d_{\mathrm{p}} |\boldsymbol{u} - \boldsymbol{u}_{\mathrm{p}}|}{\mu} \tag{5.1.20}$$

2) DDPM

当离散相在体系中所占比例较大,离散相颗粒之间的相互作用明显且不能被忽略时,宜采用 DDPM 进行计算。DDPM 跟踪的是具有相同属性的粒子团,而不是单个粒子。模型首先从拉格朗日方法描述的粒子运动方程计算粒子团的性质,然后插值返回欧拉网格,得到每个网格单元的平均固体速度和体积分数。

DDPM 中,连续相 i 的动量方程如下所示:

$$\frac{\partial(\alpha_i \rho_i \boldsymbol{u}_i)}{\partial t} + \nabla \cdot (\alpha_i \rho_i \boldsymbol{u}_i \boldsymbol{u}_i) = -\alpha_i \nabla p + \overline{\overline{\boldsymbol{\tau}}}_i + \alpha_i \rho_i \boldsymbol{g} + K_{\mathrm{DPM}}(\boldsymbol{u}_{\mathrm{p}} - \boldsymbol{u}_i) + S_{\mathrm{DPM}}$$

$$\tag{5.1.21}$$

其中,$\boldsymbol{u}_{\mathrm{p}}$ 为离散相颗粒的速度;K_{DPM} 为相间动量交换系数;S_{DPM} 为颗粒运动方程中的相关源项。动量方程封闭需要相间动量交换系数的本构关系(如一些常用的均匀曳力模型)。

3）PBM

在一些多相流动中,颗粒(或气泡、液滴)的尺寸分布会随着多相系统中的输运和化学反应而变化,而且变化过程可以是如成核、弥散、溶解、聚集和断裂等现象及相应的现象组合。因此,在涉及尺寸分布的多相流中,除了动量、质量和能量方程,还需要一个种群平衡方程来描述粒子数量的变化。为此,PBM 引入了数量密度函数这一概念,借助颗粒特性区分种群中的不同颗粒,描述粒子群的行为。种群平衡可以应用于结晶、气相或液相的沉淀、气泡柱、气体喷射、喷雾、流化床聚合以及气溶胶流动等情形。

PBM 中,数量密度函数 n 满足种群平衡方程:

$$\frac{\partial n}{\partial t} + \nabla \cdot (n\boldsymbol{u}) + \nabla \cdot (G_v n) = B_C - D_C + B_B - D_B + S \qquad (5.1.22)$$

其中,$\nabla \cdot (G_v n)$ 为数量密度函数的增长项;G_v 为粒子的体积增长率;等号右边 B_C、D_C 和 B_B、D_B 分别代表由聚并导致的产生项、消失项和由破裂导致的产生项、消失项;S 表示由成核、凝结等现象导致的净源项。由聚并、破裂导致的产生项、消失项与颗粒(气体、液体、固体)的碰撞频率和破裂频率相关,并且需要借助各种经验模型。

一些大型商用 CFD 软件(如 ANSYS FLUENT)提供了不同的种群平衡方程求解方法,包括离散化种群平衡、标准矩量法和二次矩量法。

5.1.2　MPS 方法

MPS 方法是由日本东京大学的 Koshizuka 和 Oka(1996)提出并应用于解决不可压缩流动问题的一种纯拉格朗日粒子数值模拟方法。MPS 方法主要是通过保持流场中粒子数密度的恒定来反映流体的不可压缩性,通过引入核函数后考虑相邻粒子间的相互作用,对微分算子进行离散来计算每个粒子的运动。MPS 方法的计算过程主要分为两步:先显式计算黏滞力项和外力项,通过这两项的作用得到全域粒子的预估位置和预估速度;随后求解流体不可压缩条件下的泊松方程得到全域粒子的压力场,再利用压力场对粒子的位置场和速度场进行修正,从而满足不可压缩条件。

MPS 方法自被提出至今的二十多年来,已广泛应用于核工程和其他多个工程领域。近年来,MPS 方法在核反应堆严重事故分析领域的研发和应用也受到了研究者们的广泛关注。例如,在研究反应堆严重事故中熔融堆芯物质射流与冷却剂之间相互作用所导致的射流破碎、蒸汽爆炸和碎片床形成等涉及的剧烈传热传质、界面水力不稳定性等复杂问题时,与传统的网格法相比,MPS 方法不受网格失真的影响,能更加合理精确地对相关特殊现象进行计算和再现。除了多相流的流动传热问题,MPS 方法还被运用在材料相关行为的分析研究中,如严重事故下堆芯物质材料之间可能发生的共晶反应与材料迁移现象(Mustari and Oka,2014;Zhu et al.,2021)。

这里主要介绍传统 MPS 方法的理论基础与计算方法。首先介绍 MPS 方法在求解流体流动问题时需要进行离散的流体控制方程;然后对 MPS 方法中用于表现粒子间相互作用的基础数学模型进行描述,并对自由表面粒子的判别方法以及固体壁面边界条件的设置方法进行介绍和说明;最后展示 MPS 方法求解相关流体力学问题的计算流程。

1. 控制方程和粒子相互作用模型

MPS 方法中,描述不可压缩流体行为的控制方程分别由连续性方程和动量方程表示:

$$\frac{\mathrm{d}\rho}{\mathrm{d}t} = -\rho(\nabla \cdot \boldsymbol{u}) = 0 \tag{5.1.23}$$

$$\frac{\mathrm{d}\boldsymbol{u}}{\mathrm{d}t} = -\frac{1}{\rho}\nabla p + \frac{\mu}{\rho}\nabla^2\boldsymbol{u} + \boldsymbol{g} \tag{5.1.24}$$

其中,t 是时间;$\boldsymbol{g}$ 代表重力加速度;p、ρ、μ 和 $\boldsymbol{u}$ 分别表示流体的压力、密度、动力黏度和速度。通过数值离散式(5.1.24)并联立式(5.1.23),结合计算时间步长 Δt,可推导出压力泊松方程(pressure Poisson equation,PPE)如下:

$$\nabla^2 p = \frac{\rho \nabla \cdot \boldsymbol{u}}{\Delta t} \tag{5.1.25}$$

MPS 方法通过对压力泊松方程求解以得到流体的压力场,而微分方程中的微分算子(梯度、散度和拉普拉斯算子),需要通过粒子间相互作用模型对它们进行离散,以求解得到流体的速度场、位置场和压力场。MPS 方法中主要使用的粒子间相互作用模型包含:核函数(kernel function)、粒子数密度模型(particle number density model)、梯度模型(gradient model)、散度模型(divergence model)、拉普拉斯模型(Laplacian model)和表面张力模型(surface tension model)等。

1)核函数

MPS 方法中,近似求解粒子 i 的物理量 φ_i 可借助狄拉克 δ 函数:

$$\varphi_i = \varphi(x_i) = \int \varphi \delta \mathrm{d}V \tag{5.1.26}$$

当粒子 i 在坐标 x_i 以外的任何坐标时,狄拉克 δ 函数的值为 0,且狄拉克 δ 函数在全域的积分值为 1。MPS 方法使用一个被称为“核函数”的函数 w 来近似替代狄拉克 δ 函数:

$$\varphi_i \approx \langle \varphi_i \rangle_h \equiv \frac{\int \varphi w \, dV}{\int w \, dV} \approx \langle \varphi_i \rangle_d \equiv \frac{\sum\limits_{j \neq i} \varphi_j w_{ij} V_j}{\sum\limits_{j \neq i} w_{ij} V_j} \qquad (5.1.27)$$

其中，$\langle \varphi_i \rangle_h$ 表示对 φ_i 的积分近似；$\langle \varphi_i \rangle_d$ 表示对 φ_i 的离散近似；w_{ij} 是利用粒子 i 与粒子 j 的信息进行计算的核函数的值；V_j 代表粒子 j 的影响区域。

　　作为 MPS 方法中最基本的数学模型，核函数主要用来表征各粒子间的相互作用强度，用于限定每个粒子与周围粒子相互作用和相互影响的区域。基于核函数，各个微分算子的计算可以离散转化为粒子影响区域内各粒子之间的相互作用关系。在 MPS 方法中，核函数存在多种可选择的数学形式（Duan et al.，2018），其中最常用的是 Koshizuka 和 Oka（1996）提出的核函数形式：

$$w(r_{ij}) = \begin{cases} \dfrac{r_e}{r_{ij}} - 1 & (0 < r_{ij} < r_e) \\ 0 & (r_e \leqslant r_{ij}) \end{cases} \qquad (5.1.28)$$

$$r_{ij} = | \, \boldsymbol{r}_i - \boldsymbol{r}_j \, | \qquad (5.1.29)$$

其中，r_{ij} 表示两个粒子间的距离；$\boldsymbol{r}_i$ 和 $\boldsymbol{r}_j$ 分别代表粒子 i 和粒子 j 的位置；r_e 是截断半径（cut-off radius），表征粒子对周围粒子最大的有效影响半径，定义粒子的影响区域（图 5.1.1）。截断半径的选取会因不同的微分算子而有所差异。由式（5.1.28）可以知道，MPS 模拟中的粒子在其影响区域外核函数的值为 0，因此其只与其影响区域内的粒子相互作用；而当两个粒子无限接近时，核函数的值趋向于无限大，核函数的这一特性可以有效规避模拟过程中可能出现的粒子聚集现象，从而增强数值模拟的稳定性。

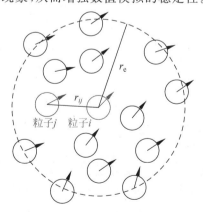

图 5.1.1　粒子间相互作用范围

（请扫 Ⅱ 页二维码看彩图）

2）粒子数密度模型

作为 MPS 方法中一个特有的参量，粒子数密度表征流场内某个粒子物质的密度特征以及粒子分布的稀疏程度（朱跃，2018）。对于粒子 i，其粒子数密度 n_i 的定义如下：

$$n_i = \sum_{j \neq i} w(|\boldsymbol{r}_i - \boldsymbol{r}_j|) = \sum_{j \neq i} w_{ij} \tag{5.1.30}$$

在不可压缩流动问题中，移动粒子的体积是固定且均一的，各粒子的粒子数密度都相等且保持不变，可用常量 n_0 表示。在此基础上，定义粒子 i 的单位体积的粒子数密度 N_i：

$$N_i = \frac{n_0}{\int w \, \mathrm{d}V} \tag{5.1.31}$$

设流体粒子的质量为 m，可得到粒子数密度 N_i 与流体密度 ρ_i 之间的正比关系：

$$\rho_i = m N_i = \frac{m n_0}{\int w \, \mathrm{d}V} \tag{5.1.32}$$

3）梯度模型

在求解动量方程时，需要对梯度算子进行离散以求解压力的梯度。对于粒子 i 的某个物理标量 φ_i，可利用其影响区域内的任意一个临近粒子 j 的物理标量 φ_j 进行泰勒展开：

$$\varphi_j = \varphi_i + (\boldsymbol{r}_j - \boldsymbol{r}_i) \cdot \nabla \varphi_i + o(|\boldsymbol{r}_j - \boldsymbol{r}_i|^2) \tag{5.1.33}$$

进而得到物理标量 φ_j 的梯度表达式：

$$\nabla \varphi_i = \frac{d}{n_0} \frac{\varphi_j - \varphi_i}{|\boldsymbol{r}_j - \boldsymbol{r}_i|} \frac{\boldsymbol{r}_j - \boldsymbol{r}_i}{|\boldsymbol{r}_j - \boldsymbol{r}_i|} \tag{5.1.34}$$

其中，d 表示空间维数。基于式（5.1.34），考虑粒子 i 影响区域内每个粒子对它的作用，可以利用核函数表示各粒子对粒子 i 的作用效果权重，从而得到 MPS 方法的梯度模型：

$$\langle \nabla \varphi_i \rangle_d = \frac{d}{n_0} \sum_{j \neq i} \frac{\varphi_j - \varphi_i}{|\boldsymbol{r}_j - \boldsymbol{r}_i|} \frac{\boldsymbol{r}_j - \boldsymbol{r}_i}{|\boldsymbol{r}_j - \boldsymbol{r}_i|} w_{ij} \tag{5.1.35}$$

其中，$\dfrac{\varphi_j - \varphi_i}{|\boldsymbol{r}_j - \boldsymbol{r}_i|} \dfrac{\boldsymbol{r}_j - \boldsymbol{r}_i}{|\boldsymbol{r}_j - \boldsymbol{r}_i|}$ 表示粒子 i 与粒子 j 的梯度矢量（图 5.1.2）。运用梯度模型，可使粒子能够保持一定的分布均匀性，防止模拟过程中可能出现的粒子聚集现象。

特别地，如果计算时流体粒子 i 处于其影响区域的中心，则能得到如下

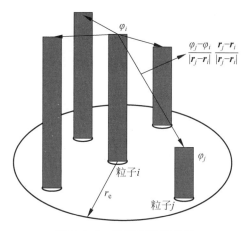

图 5.1.2　梯度模型示意图

近似：

$$\sum_{j \neq i} \frac{\boldsymbol{r}_j - \boldsymbol{r}_i}{|\boldsymbol{r}_j - \boldsymbol{r}_i|\,|\boldsymbol{r}_j - \boldsymbol{r}_i|} w_{ij} \approx 0 \qquad (5.1.36)$$

基于上式，可将式(5.1.35)等号右边项中的 φ_i 替换为任意常数 φ_i'，进而得到

$$\langle \nabla \varphi_i \rangle_d = \frac{d}{n_0} \sum_{j \neq i} \frac{\varphi_j - \varphi_i'}{|\boldsymbol{r}_j - \boldsymbol{r}_i|} \frac{\boldsymbol{r}_j - \boldsymbol{r}_i}{|\boldsymbol{r}_j - \boldsymbol{r}_i|} w_{ij} \qquad (5.1.37)$$

一般情况下，φ_i' 取粒子 i 影响区域内 φ 的最小值。上述替换方法可规避模拟过程中出现粒子聚集现象，一定程度上提升计算的数值稳定性。

4）散度模型

MPS 方法求解压力泊松方程时，需要对散度算子进行离散以求解速度的散度。类似于梯度模型，对于粒子 i 的某个矢量 $\boldsymbol{\varphi}_i$，散度模型可以表示为

$$\langle \nabla \cdot \boldsymbol{\varphi}_i \rangle_d = \frac{d}{n_0} \sum_{j \neq i} \frac{\boldsymbol{\varphi}_j - \boldsymbol{\varphi}_i}{|\boldsymbol{r}_j - \boldsymbol{r}_i|} \frac{\boldsymbol{r}_j - \boldsymbol{r}_i}{|\boldsymbol{r}_j - \boldsymbol{r}_i|} w_{ij} \qquad (5.1.38)$$

5）拉普拉斯模型

在 MPS 方法中，需要通过离散压力的拉普拉斯算子，以对流体的压力场进行求解。MPS 方法中拉普拉斯模型的建立是源于对空间扩散问题的统计分析。现在考虑一非定常点源扩散的问题：

$$\begin{cases} \dfrac{\mathrm{d}\varphi(\boldsymbol{r}, t)}{\mathrm{d}t} = \nu \nabla^2 \varphi(\boldsymbol{r}, t) \\ \varphi(\boldsymbol{r}, t \to 0) = \delta(0) \end{cases} \qquad (5.1.39)$$

其中，ν 为扩散系数，该问题的解析解为

$$\varphi(\boldsymbol{r},t)=\left(\frac{1}{\sqrt{4\pi\nu t}}\right)^{d}\exp\left(-\frac{\mid\boldsymbol{r}\mid^{2}}{4\nu t}\right) \tag{5.1.40}$$

基于上式的解析解,可以知道扩散问题中物理量 φ 的分布满足高斯函数的分布规律,该物理量的分布方差 σ^2 为

$$\sigma^{2}(\boldsymbol{r},t)=\frac{\int\varphi(r)\mid r\mid^{2}\mathrm{d}V}{\int\varphi(r)\mathrm{d}V}=2d\nu t \tag{5.1.41}$$

在一个时间步长 Δt 内,可通过邻近粒子的迁徙量来对所关注粒子的物理量进行计算。图 5.1.3 展示了物理量的迁徙过程。由于不可压缩流体内部各粒子的粒子数密度都相等且保持不变,粒子 i 传输到其影响区域内任意粒子 j 的物理量 φ 的迁徙量 $\Delta\varphi_{i\rightarrow j}$ 表示为

$$\Delta\varphi_{i\rightarrow j}=\frac{2d\nu\Delta t}{n_0\lambda}\varphi_i w_{ij} \tag{5.1.42}$$

其中,λ 是一个为了弥补扩散方程的解析结果与数值结果间产生的误差而引入的参数,其计算公式如下:

$$\lambda=\frac{\int r^{2}w(r)\mathrm{d}V}{\int w(r)\mathrm{d}V}\approx\frac{\sum\limits_{j\neq i}\mid\boldsymbol{r}_{j}-\boldsymbol{r}_{i}\mid^{2}w_{ij}}{\sum\limits_{j\neq i}w_{ij}} \tag{5.1.43}$$

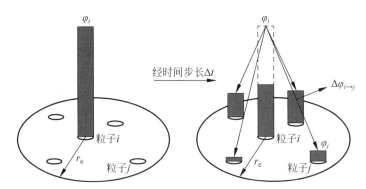

图 5.1.3　拉普拉斯模型推导中涉及的物理量的迁徙过程

同理,物理量 φ 从粒子 j 转移到粒子 i 的迁徙量为

$$\Delta\varphi_{j\rightarrow i}=\frac{2d\nu\Delta t}{n_0\lambda}\varphi_j w_{ij} \tag{5.1.44}$$

假定扩散过程为线性的(即 ν 为常数),由式(5.1.42)和式(5.1.44)可以得到粒子 i 的物理量 φ 在 Δt 内的变化量为

$$\Delta \varphi_i = \sum_{j \neq i} (\Delta \varphi_{j \to i} - \Delta \varphi_{i \to j}) = \frac{2d\nu \Delta t}{n_0 \lambda} \sum_{j \neq i} (\varphi_j - \varphi_i) w_{ij} \quad (5.1.45)$$

将式(5.1.39)和式(5.1.45)联立后得到拉普拉斯模型如下:

$$\langle \nabla^2 \varphi_i \rangle_d = \frac{2d}{n_0 \lambda} \sum_{j \neq i} (\varphi_j - \varphi_i) w_{ij} \quad (5.1.46)$$

由于 MPS 方法中的拉普拉斯模型是从守恒的扩散方程推导而来,因此满足守恒性质。

6) 表面张力模型

在无网格方法中,有多种处理表面张力的模型,如基于连续表面力(continuum surface force,CSF)方法开发的表面张力模型(Brackbill et al.,1992;Zhang,2010;Duan et al.,2015;Moghimi and Quinlan,2019),表面张力 $\boldsymbol{f}_s$ 由以下表达式计算:

$$\boldsymbol{f}_s = \sigma \cdot \kappa \cdot \nabla C \quad (5.1.47)$$

其中,σ 为表面张力系数;κ 为界面曲率;C 为色函数(color function)。在两相界面处,表面张力系数可取两相的表面张力系数加权平均值。当粒子 i 在指定的相内时,色函数 C 的值为 1,否则为 0。界面曲率可通过界面单位法向量 $\boldsymbol{n}$ 计算得到:

$$\kappa = -\nabla \cdot \boldsymbol{n} \quad (5.1.48)$$

MPS 方法也可以使用一种有效且易于应用、基于表面自由能的表面张力模型(勾文进,2019)。粒子 i 与粒子 j 间的势能 $E(r_{ij})$ 在该模型中表示为

$$E(r_{ij}) = E(|\boldsymbol{r}_i - \boldsymbol{r}_j|) = Ce(r_{ij}) \quad (5.1.49)$$

其中,C 为定值参数,函数 e 的表达式为

$$e(r_{ij}) = \begin{cases} \dfrac{1}{3} \left(r_{ij} - \dfrac{3}{2}\Delta l + \dfrac{1}{2} r_e \right) (r_{ij} - r_e)^2 & (0 < r_{ij} < r_e) \\ 0 & (r_{ij} \geqslant r_e) \end{cases}$$

$$(5.1.50)$$

式中,Δl 是初始粒子间距,通常取为粒子半径的 $\sqrt{\pi}$ 倍。

表面张力系数 σ 由表面自由能 P 和表面面积 S 定义,S 通常取 $(\Delta l)^2$:

$$\sigma = \frac{\delta P}{\delta S} \quad (5.1.51)$$

考虑表面不重合的两个区域 A 和 B,将这两部分区域中粒子分开所需的能量为

$$P = \frac{1}{2} \sum_{i \in A, j \in B} Ce(|r_j - r_i|) = \frac{1}{2} \sum_{i \in A, j \in B} Ce(r_{ij}) \quad (5.1.52)$$

联立式(5.1.51)和式(5.1.52),得到参数 C 的表达式为

$$C = \frac{2\sigma_s(\Delta l)^2}{\displaystyle\sum_{i \in A, j \in B} e(r_{ij})} \tag{5.1.53}$$

另外,粒子 i 与粒子 j 的相互作用力 $\boldsymbol{f}_{ij}$ 为

$$\boldsymbol{f}_{ij} = -\frac{1}{\rho(\Delta l)^3} \frac{\partial E(r_{ij})}{\partial r_{ij}}(\boldsymbol{r}_j - \boldsymbol{r}_i) \tag{5.1.54}$$

可以得到作用于粒子 i 的表面张力 $\boldsymbol{f}_i$ 为

$$\boldsymbol{f}_i = \sum_{j \neq i} \boldsymbol{f}_{ij} \tag{5.1.55}$$

此外,为了增强模拟中的数值稳定性,可以采用如下平滑算法修正表面张力的计算:

$$\boldsymbol{f}_i^{\text{smooth}} = \boldsymbol{f}_i + C_{\text{smooth}} \frac{d}{n_0} \sum_{j \neq i} \frac{\boldsymbol{f}_j - \boldsymbol{f}_i}{|\boldsymbol{r}_j - \boldsymbol{r}_i|} \frac{\boldsymbol{r}_j - \boldsymbol{r}_i}{|\boldsymbol{r}_j - \boldsymbol{r}_i|} w_{ij}(\boldsymbol{r}_j - \boldsymbol{r}_i) \tag{5.1.56}$$

其中,C_{smooth} 为平滑调整参数,一般取值为 1.0;$\boldsymbol{f}_i^{\text{smooth}}$ 为平滑调整后粒子 i 所受的表面张力。上述表面张力模型计算量小,且相邻粒子的位置可在粒子间相互作用力的作用下趋向对称分布,从而提高 MPS 方法计算的稳定性。

2. 截断半径选取

MPS 方法的主要思想是利用上文介绍的多种粒子间相互作用模型对流体的控制方程进行离散求解,各个模型的计算中均用到了核函数。根据核函数的定义可知,粒子影响区域的大小将对核函数的值有显著影响,进而影响各个微分算子模型计算的精度和稳定性。而粒子影响区域的大小取决于截断半径,一般较大的截断半径可以保证更高的数值稳定性,而较小的截断半径则能增大数值模拟的精度。Koshizuka 和 Oka(1996)通过实验与数值模拟研究,得到了适合不同模型的截断半径取值。表 5.1.1 总结了各种粒子间相互作用模型的截断半径取值。

表 5.1.1　各种粒子间相互作用模型的截断半径取值

粒子间相互作用模型	截断半径取值
粒子数密度模型	$2.1\Delta l$
梯度模型	$2.1\Delta l$
散度模型	$2.1\Delta l$
拉普拉斯模型	$4.1\Delta l$
表面张力模型	$3.1\Delta l$

3. 边界条件设置

自由表面边界条件和固体壁面边界条件是 MPS 方法求解中常见的两类边界条件。

对于自由表面而言,自由表面粒子影响区域内的粒子比流体内部粒子影响区域内的少(图 5.1.4),从而导致自由表面粒子的粒子数密度小于 n_0。由于 MPS 方法中计算的流体是不可压缩流体,从而计算过程中自由表面粒子的压力经过修正后会出现严重的错误(朱跃,2018)。实际上,因为流体的自由表面与空气直接接触,所以自由表面粒子的压力应为大气压力(或环境气体压力)。一般而言,大气压力相对于流体内部压力是十分小的,因此在计算过程中添加自由表面粒子的判别后,可令判别后得到的自由表面粒子压力为 0,并作为狄利克雷边界条件引入压力泊松方程的求解中。MPS 方法利用自由表面粒子数密度偏小的这一特点,判定粒子 i 的粒子数密度满足下式时为自由表面粒子:

$$\frac{n_i^*}{n_0} < \beta \tag{5.1.57}$$

其中,n_i^* 是显式修正后粒子 i 的粒子数密度;对于参数 β,Koshizuka 和 Oka 指出,需在 $0.8 \sim 0.99$ 取值才可满足数值稳定性,一般取 0.97。

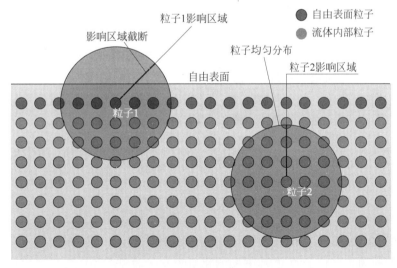

图 5.1.4 自由表面粒子的识别

(请扫 II 页二维码看彩图)

对于固体壁面边界条件,MPS 方法一般是通过设置无速度的固体壁面粒子来实现。当流体粒子靠近固体壁面边界时,流体粒子将被固体壁面粒子反弹。图 5.1.5 展示了固体壁面边界条件的示意图,模拟中一般需要设置四层粒子(两层固体壁面粒子和两层虚拟粒子)来实现固体壁面边界条件。这是因为如果只设置一层固体壁面颗粒作为固体边界条件,那么靠近固体壁面处的流体粒子的影响区域将被固体壁面截断,从而导致其计算的粒子数密度减小而被程序误判为自由表面粒子,靠近固体壁面的流体粒子的压力将被设置为零,进而导致整个压力场的计算失效。因此,需要在靠近流体的区域设置两层固体壁面粒子参与到压力泊松方程的求解中,从而在保证计算精确性的同时解决上述问题。并且,基于这两层固体壁面粒子的作用机理,在计算过程中它们的物理参数需与流体粒子保持一致。同时,为了保持无滑移边界条件,这两层固体壁面颗粒的速度需要被固定为零。除此之外,为了区分自由表面粒子与固体壁面粒子,需要在固体壁面的外部设置两层虚拟粒子。这两层虚拟粒子不参与压力泊松方程的计算,并且压力与速度均为零。

图 5.1.5　固体壁面边界条件示意图

（请扫Ⅱ页二维码看彩图）

4. 计算流程

图 5.1.6 展示了传统 MPS 方法的计算流程。在进行计算前,需要根据所研究的问题布置粒子的位置,并初始化每个粒子的速度和压力。对于粒子 i,在经过 Δt 的时间步长后,需运用微分算子模型对控制方程中的算子进行离散,显式计算动量方程中除了压力项之外的各项(即扩散项、体积力 $\boldsymbol{g}$ 和外力项 $\boldsymbol{f}$),计算得到粒子速度的预估值 $\boldsymbol{u}_i^*$,从而可以对下一时刻的粒子预估位置

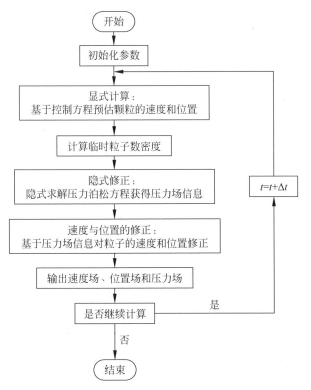

图 5.1.6　MPS 方法的计算流程

r_i^* 进行计算：

$$\boldsymbol{u}_i^* = \boldsymbol{u}_i^n + \Delta t \cdot \left(\frac{\mu}{\rho} \nabla^2 \boldsymbol{u}_i^n + \boldsymbol{g} + \boldsymbol{f}^n \right) \tag{5.1.58}$$

$$\boldsymbol{r}_i^* = \boldsymbol{r}_i^n + \Delta t \cdot \boldsymbol{u}_i^* \tag{5.1.59}$$

其中，$\boldsymbol{r}_i^n$ 表示 t^n 时刻粒子 i 所处位置的坐标。随后，对粒子数密度进行计算，如果粒子的粒子数密度不恒为 n_0，则需修正粒子数密度。根据粒子的预估速度 $\boldsymbol{u}_i^*$，求解压力泊松方程：

$$\nabla^2 p^{n+1} = \frac{\rho \nabla \cdot \boldsymbol{u}_i^*}{\Delta t} \tag{5.1.60}$$

压力泊松方程可使用不完全楚列斯基分解预条件共轭梯度法（incomplete Cholesky factorization preconditioned conjugate gradient，ICCG）隐式求解（Azij and Jennings，1984），得到各个粒子的压力值。对于粒子 i，式（5.1.25）左边项的压力拉普拉斯项由式（5.1.46）进行离散，右边项的速度散度项则根据式（5.1.35）进行离散，即将式（5.1.25）的左边项离散为

$$\langle \nabla^2 p_i^{n+1} \rangle_d = \frac{2d}{n_0 \lambda} \sum_{j \neq i} (p_j^{n+1} - p_i^{n+1}) w_{ij} \quad (5.1.61)$$

式(5.1.25)的右边项则离散为

$$\frac{\rho \langle \nabla \cdot \boldsymbol{u}_i^* \rangle_d}{\Delta t} = \frac{\rho d}{n_0 \Delta t} \sum_{j \neq i} \frac{\boldsymbol{u}_j^* - \boldsymbol{u}_i^*}{|\boldsymbol{r}_j^* - \boldsymbol{r}_i^*|} \frac{\boldsymbol{r}_j^* - \boldsymbol{r}_i^*}{|\boldsymbol{r}_j^* - \boldsymbol{r}_i^*|} w_{ij} \quad (5.1.62)$$

再将式(5.1.61)和式(5.1.62)代入式(5.1.25),得到

$$\frac{2}{\lambda} \sum_{j \neq i} (p_j^{n+1} - p_i^{n+1}) w_{ij} = \frac{\rho}{\Delta t} \sum_{j \neq i} \frac{\boldsymbol{u}_j^* - \boldsymbol{u}_i^*}{|\boldsymbol{r}_j^* - \boldsymbol{r}_i^*|} \frac{\boldsymbol{r}_j^* - \boldsymbol{r}_i^*}{|\boldsymbol{r}_j^* - \boldsymbol{r}_i^*|} w_{ij}$$

$$(5.1.63)$$

最后,通过离散压力梯度,修正 $\boldsymbol{u}_i^*$ 并计算下一时刻的粒子速度 $\boldsymbol{u}_i^{n+1}$ (式(5.1.64));再修正粒子的位置,计算得到下一时刻的位置 $\boldsymbol{r}_i^{n+1}$ (式(5.1.65))。

$$\boldsymbol{u}_i^{n+1} = \boldsymbol{u}_i^* - \frac{\Delta t}{\rho} \nabla p^{n+1} \quad (5.1.64)$$

$$\boldsymbol{r}_i^{n+1} = \boldsymbol{r}_i^* + \Delta t \cdot \boldsymbol{u}_i^{n+1} \quad (5.1.65)$$

总体概括,上述过程展示的是 MPS 方法中显式计算和隐式修正两个步骤。首先,显式求解流体动量方程,计算出粒子在下一时刻的预估位置和速度;其次对压力泊松方程隐式计算,获得流体压力场的信息,再基于压力场对速度场和位置场进行修正。

5.1.3 SPH 方法

SPH 方法最初是由 Lucy(1977)、Gingold 和 Monaghan(1977)分别提出的粒子法,其核心在于对各个粒子的物理量进行局部积分和插值计算。这里介绍的 SPH 方法理论基础与计算方法包括核函数近似、微分算子近似和控制方程离散、自由表面粒子的判别方法、固体壁面边界条件的设置方法、多相处理,以及应用 SPH 方法求解相关流体力学问题的计算流程等。

1. 光滑核函数近似

SPH 方法首先将函数 f 表示为积分形式:

$$f(\boldsymbol{r}) = \int_{\Omega} f(\boldsymbol{r}') \delta(\boldsymbol{r} - \boldsymbol{r}') d\boldsymbol{r}' \quad (5.1.66)$$

其中,$\boldsymbol{r}$ 为体积 Ω 内的坐标;δ 为狄拉克 δ 函数。引入一个核函数 $W(\boldsymbol{r} - \boldsymbol{r}', h)$ 近似替代狄拉克 δ 函数,核函数 W 的定义依赖于光滑长度 h,h 决定单个粒子对其周围粒子的影响范围。核函数 W 需满足以下性质(Fraga Filho, 2019):

非负性，$W(\boldsymbol{r}-\boldsymbol{r}',h)\geqslant 0$；

对称性，$W(\boldsymbol{r}-\boldsymbol{r}',h)=W(\boldsymbol{r}'-\boldsymbol{r},h)$；

归一性，$\displaystyle\int_{\Omega}W(\boldsymbol{r}-\boldsymbol{r}',h)\mathrm{d}\boldsymbol{r}'=1$；

衰减性，核函数值随着粒子间距的增加而单调递减，即 $\dfrac{\partial W}{\partial r}<0$；

紧致性，对于 $|\boldsymbol{r}-\boldsymbol{r}'|>kh$，$W(\boldsymbol{r}-\boldsymbol{r}',h)=0$，这里 k 为比例因子；

光滑性，光滑核函数应充分光滑；

当粒子间距足够小时趋于狄拉克 δ 函数，$\lim\limits_{h\to 0}W(\boldsymbol{r}-\boldsymbol{r}',h)=\delta(\boldsymbol{r}-\boldsymbol{r}')$。

核函数及其导数的光滑性影响着计算的稳定性，而光滑长度 h 的大小则影响着计算效率。常用的光滑核函数有高斯型函数、立方样条函数、五次样条函数和 Welland 函数等（Liu and Liu，2010；Dehnen and Aly，2012；Fraga Filho，2019），各具有不同的特点。以高斯型函数为例，其表达式如下：

$$W(\boldsymbol{r}_i-\boldsymbol{r}_j,h)=\begin{cases}\dfrac{1}{(\sqrt{\pi}h)^d}\exp(-R^2),&0\leqslant R\leqslant 3\\0,&3<R\end{cases}\qquad(5.1.67)$$

$$R=\frac{|\boldsymbol{r}_i-\boldsymbol{r}_j|}{h}\qquad(5.1.68)$$

其中，d 为空间维数；R 为粒子 i 和粒子 j 的相对距离。

将函数 f 的积分形式离散，得到函数 f 在粒子 i 位置 $\boldsymbol{r}_i$ 的表达式：

$$f_i=f(\boldsymbol{r}_i)=\sum_j f_j W(\boldsymbol{r}_i-\boldsymbol{r}_j,h)V_j=\sum_j f_j W_{ij}V_j=\sum_j f_j W_{ij}\frac{m_j}{\rho_j}$$
$$(5.1.69)$$

其中，下标 j 代表粒子 i 邻近的粒子 j；f_j 为 f 在粒子 j 的函数值；V_j、m_j 和 ρ_j 分别为粒子 j 的体积、质量和密度。粒子 i 对邻近粒子的影响作用如图 5.1.7 所示。

2. 微分算子近似和控制方程离散

结合核函数和积分形式，可同样对散度、梯度以及拉普拉斯算子进行近似。对于矢量函数 $\boldsymbol{f}$ 而言，其散度的积分形式可表示为

$$\nabla\cdot\boldsymbol{f}(\boldsymbol{r})=\int_{\Omega}[\nabla\cdot\boldsymbol{f}(\boldsymbol{r}')]W(\boldsymbol{r}-\boldsymbol{r}',h)\mathrm{d}\boldsymbol{r}'\qquad(5.1.70)$$

基于散度算子的性质，有如下等式：

$$(\nabla\cdot\boldsymbol{f})W=\nabla\cdot(\boldsymbol{f}W)-\boldsymbol{f}\cdot\nabla W\qquad(5.1.71)$$

因此，式(5.1.70)变为

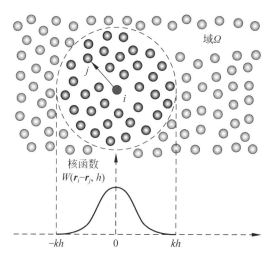

图 5.1.7　粒子系统和核函数作用示意图

（请扫Ⅱ页二维码看彩图）

$$\nabla \cdot f(r) = \int_{\Omega} \nabla \cdot \left[f(r')W(r-r',h) \right] dr' - \int_{\Omega} f(r') \cdot \nabla W(r-r',h) dr'$$

$$(5.1.72)$$

由散度定理，式(5.1.70)变为

$$\nabla \cdot f(r) = \int_{S} f(r')W(r-r',h)n \, dS - \int_{\Omega} f(r') \cdot \nabla W(r-r',h) dr'$$

$$(5.1.73)$$

其中，S 为体积 Ω 的边界；n 为边界法向量。由于核函数的紧致性，式(5.1.73)中沿边界 S 的积分项等于 0，得到

$$\nabla \cdot f(r) = -\int_{\Omega} f(r') \cdot \nabla W(r-r',h) dr' \qquad (5.1.74)$$

以及基于粒子 i 的离散形式：

$$\nabla \cdot f_i = -\sum_j \frac{m_j}{\rho_j} f_j \cdot \nabla W_{ij} \qquad (5.1.75)$$

再联立数学等式关系：

$$\nabla \cdot f = \frac{1}{\rho} \left[\nabla \cdot (\rho f) - f \cdot \nabla \rho \right] \qquad (5.1.76)$$

最终得到散度的近似形式：

$$\nabla \cdot f_i = \sum_j \frac{m_j}{\rho_i} (f_j - f_i) \cdot \nabla W_{ij} \qquad (5.1.77)$$

通过类似的方式,标量函数 f 的梯度可表示为

$$\nabla f_i = \sum_j \frac{m_j}{\rho_i}(f_j - f_i)\ \nabla W_{ij} \tag{5.1.78}$$

另外,由于粒子之间的相互作用是对称的,需要考虑一种对称的近似形式,使得一对粒子之间的作用力具有相同的数量级。根据以下数学关系:

$$\nabla\left(\frac{f}{\rho}\right) = \frac{\nabla f}{\rho} + \frac{f}{\rho^2}\ \nabla\rho \tag{5.1.79}$$

$$\nabla\left(\frac{f}{\rho}\right)_i = -\sum_j m_j \frac{f_j}{\rho_j^2}\ \nabla W_{ij} \tag{5.1.80}$$

$$\left(\frac{f}{\rho^2}\ \nabla\rho\right)_i = -\sum_j m_j \frac{f_i}{\rho_i^2}\ \nabla W_{ij} \tag{5.1.81}$$

整合得到满足对称相互作用条件的散度和梯度的近似形式:

$$\nabla \cdot \boldsymbol{f}_i = -\rho_i \sum_j m_j\left(\frac{\boldsymbol{f}_j}{\rho_j^2} + \frac{\boldsymbol{f}_i}{\rho_i^2}\right) \cdot \nabla W_{ij} \tag{5.1.82}$$

$$\nabla f_i = -\rho_i \sum_j m_j\left(\frac{f_j}{\rho_j^2} + \frac{f_i}{\rho_i^2}\right) \nabla W_{ij} \tag{5.1.83}$$

拉普拉斯算子的近似形式如下:

$$\nabla^2 f_i = \sum_j \frac{2m_j}{\rho_j}(f_i - f_j) \frac{(\boldsymbol{r}_i - \boldsymbol{r}_j) \cdot \nabla W_{ij}}{|\boldsymbol{r}_i - \boldsymbol{r}_j|^2} \tag{5.1.84}$$

将式(5.1.69)中的 f 替换为 ρ,可得

$$\rho_i = \sum_j m_j W_{ij} \tag{5.1.85}$$

则连续性方程的离散形式可表示为

$$\frac{\mathrm{d}\rho_i}{\mathrm{d}t} = \rho_i \sum_j \frac{m_j}{\rho_j}(\boldsymbol{u}_j - \boldsymbol{u}_i) \cdot \nabla W_{ij} \tag{5.1.86}$$

类似的方式,可对动量方程中的压力梯度项进行离散:

$$-\frac{1}{\rho_i}\ \nabla p_i = -\sum_j m_j\left(\frac{p_j}{\rho_j^2} + \frac{p_i}{\rho_i^2}\right) \nabla W_{ij} \tag{5.1.87}$$

得到动量方程离散形式:

$$\frac{\mathrm{d}\boldsymbol{u}_i}{\mathrm{d}t} = -\sum_j m_j\left(\frac{p_j}{\rho_j^2} + \frac{p_i}{\rho_i^2}\right) \nabla W_{ij} + \boldsymbol{V}_i + \boldsymbol{F}_i \tag{5.1.88}$$

其中,$\boldsymbol{V}_i$ 表示黏性项;$\boldsymbol{F}_i$ 表示外力项(包括重力、表面张力)。对于黏性项,相关研究指出(Monaghan,2005),二阶导数项的近似离散可能存在问题,不仅会违背动量守恒定理,而且因对粒子的无序度较为敏感而可能产生数值不稳定

性。对此,研究者提出了人工黏度模型(Monaghan,1989)和 Morris 模型(Morris et al.,1997),以及两者的合并模型(Monaghan,2005)。

人工黏度模型中的黏性项表达形式如下:

$$\boldsymbol{V}_i = \sum_j \frac{4 m_j \mu_j (\boldsymbol{r}_i - \boldsymbol{r}_j) \cdot \nabla_i W_{ij}}{(\rho_i + \rho_j)(\mid \boldsymbol{r}_i - \boldsymbol{r}_j \mid^2 + 0.01 h^2)} (\boldsymbol{u}_i - \boldsymbol{u}_j) \quad (5.1.89)$$

其中,μ_j 表示动力黏度。

Morris 模型给出的黏性项表达式如下:

$$\boldsymbol{V}_i = \sum_j \frac{m_j (\mu_i + \mu_j)}{\rho_i \rho_j \mid \boldsymbol{r}_i - \boldsymbol{r}_j \mid} \frac{\partial W_{ij}}{\partial r_i} (\boldsymbol{u}_i - \boldsymbol{u}_j) \quad (5.1.90)$$

SPH 方法对粒子的压力处理较为特殊,将不可压缩流体处理为弱可压缩流体,通过粒子密度的变化来反映压力的变化。Monaghan 引入了人工压缩率,构造了描述粒子压力与密度关系的状态方程(Monaghan,1994):

$$p = \frac{c_0^2 \rho_0}{\gamma} \left[\left(\frac{\rho}{\rho_0} \right)^\gamma - 1 \right] \quad (5.1.91)$$

其中,常数 γ 取决于流体;ρ_0 为参照密度;c_0 为人工声速,人工声速直接影响流体的压缩性,一般而言其取值要大于 10 倍的最大流动速度,以保证流体的密度变化不超过 1%。

对能量方程采用相同的离散方法,可到如下形式的粒子 i 的导热方程(Monaghan,2005):

$$\frac{\mathrm{d} H_i}{\mathrm{d} t} = \sum_j \frac{4 m_j (\boldsymbol{r}_i - \boldsymbol{r}_j) \cdot \nabla W_{ij}}{\rho_i \rho_j \mid \boldsymbol{r}_i - \boldsymbol{r}_j \mid} \left(\frac{k_i k_j}{k_i + k_j} \right) (T_i - T_j) \quad (5.1.92)$$

其中,k 表示粒子的导热系数;T 为粒子的温度;H 为粒子的焓。

SPH 方法通过求解压力泊松方程获得不可压缩流体的压力信息,将不可压缩流体速度散度为零的条件与动量方程相结合可以得到压力泊松方程。求解过程分为预测和校正两个步骤:首先忽略动量方程中压力项的贡献,仅考虑黏性应力和体积力作用,得到粒子的预估速度 $\boldsymbol{u}_i^*$ 和预估位置 $\boldsymbol{r}_i^*$;随后结合压力项,修正预估速度,得到下一时间步长的粒子修正速度和修正位置。这两个步骤与 5.1.2 节 4. 中 MPS 方法的步骤完全一致。

对压力泊松方程进行离散,得到如下形式的 SPH 压力泊松方程形式:

$$\nabla \cdot \left(\frac{1}{\rho_i} \nabla p_i \right) = \sum_j \frac{8 m_j}{(\rho_i + \rho_j)^2} \frac{(p_i - p_j)(\boldsymbol{r}_i - \boldsymbol{r}_j) \cdot \nabla_i W_{ij}}{(\mid \boldsymbol{r}_i - \boldsymbol{r}_j \mid^2 + 0.01 h^2)}$$

$$(5.1.93)$$

$$- \nabla \cdot \boldsymbol{u}_i^* = \sum_j \frac{m_j}{\rho_j} (\boldsymbol{u}_i^* - \boldsymbol{u}_j^*) \cdot \nabla_i W_{ij} \quad (5.1.94)$$

3. 边界处理

SPH 方法中,在边界附近粒子的支持域会被边界截断,出现相邻粒子缺失问题。其光滑核函数积分积分区间被截断,难以满足紧致性条件而导致求解结果不合理,从而影响数值模拟的精度与稳定性,因此有必要对边界进行一些特殊处理。SPH 方法中重要的边界主要有固体壁面边界和自由表面。

1) 固体壁面边界

对于固体非滑移壁面,研究者提出了多种边界处理方案,其中包括边界斥力模型、镜像粒子法、固定边界虚拟粒子法(Wang et al.,2016)。

Monaghan(1994)首先提出边界斥力模型,如图 5.1.8 所示,通过引入固定于壁面上的粒子,对流体粒子施加排斥力,避免流体粒子穿透壁面的非物理行为。Monaghan(1994)描述排斥力大小的方法与计算分子相互作用力的 Lennard-Jones 方程相类似,一些研究者随后也对排斥力的计算方法进行了不断地改进和优化。

在镜像粒子法(Bierbrauer et al.,2009)中,每经过一时间步长的计算,以固体边界为镜面,以靠近边界的实粒子为原型,对称生成虚拟粒子,如图 5.1.9 所示。所生成的虚拟粒子与对应的实粒子的密度、压力等均相同,只是在镜面垂直方向上的速度不同,其大小相等、方向相反。该方法计算精度高,但每步计算都需要生成镜像虚粒子。此外,当存在形状变化剧烈的边界时,镜像粒子合适的布置位置也难以确定。

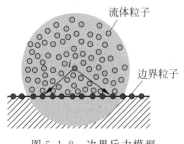

图 5.1.8　边界斥力模型
(请扫 II 页二维码看彩图)

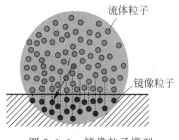

图 5.1.9　镜像粒子模型
(请扫 II 页二维码看彩图)

固定边界虚拟粒子法(Liu and Liu,2003)也被称为耦合壁面法,该方法在壁面之外设置虚拟粒子,虚拟粒子的设置厚度或数量取决于光滑核函数的支持域半径,这些虚粒子在计算过程中位置固定不动。虚拟粒子的物理量通过控制方程获得,进而补偿流体粒子由边界缺陷产生的计算精度问题。然而,当壁面几何形状较为复杂时,布置虚拟粒子这一步骤会变得烦琐和耗时。

滑移壁面边界条件可借助镜像虚拟粒子实现,设置的镜像虚拟粒子和其原型粒子的切向速度相同,但法向速度为零。

2)自由表面

在拉格朗日方法中,液体自由表面是根据粒子自身在特定时刻的空间位置来确定。自由表面上作用在粒子上的力是不平衡的。通常,这些力无法由纳维-斯托克斯方程处理而被视为边界条件,因此需要对这些力额外考虑物理属性模型。研究者提供了多种表面张力计算方法,包括表面张力模型、粒子密度判定法和位置散度追踪法(Fraga Filho,2019)。

在表面张力模型中,连续表面力模型较为常用。该模型由 Brackbill 等(1992)提出,自由界面被处理为一个厚度有限的相间过渡区,作用于粒子 i 的表面张力 $\boldsymbol{f}_{s,i}$ 表达式如下:

$$\boldsymbol{f}_{s,i} = \sigma\kappa\boldsymbol{n}_i + \nabla_s\sigma \tag{5.1.95}$$

其中,σ 为表面张力系数,单位 N/m;κ 为表面曲率,单位 m^{-1};$\boldsymbol{n}_i$ 为粒子 i 位置处的表面法向量;$\nabla_s\sigma$ 为表面张力梯度。等号右边第一项是由局部界面弯曲产生的力,与曲率成正相关;第二项界面张力梯度平行于界面,粒子团在这项作用下从界面低张力区流动至高张力区。若表面张力给定且固定,则该梯度项为零。

Morris(2000)通过引入色函数描述界面处的不同相,用于计算界面法向量。对于界面附近的粒子 i,其色函数 $C_{s,i}$ 根据粒子所属的相而取不同的值,一般为 0、1、2 等整数。粒子 i 处的表面法向量等于色函数的梯度,界面曲率则通过表面单位法向量的散度计算:

$$\boldsymbol{n}_i = \nabla C_{s,i} \tag{5.1.96}$$

$$\kappa = -\nabla \cdot \left(\frac{\boldsymbol{n}_i}{|\boldsymbol{n}_i|}\right) = -\frac{\nabla^2 C_{s,i}}{|\boldsymbol{n}_i|} \tag{5.1.97}$$

进而得到表面张力 $\boldsymbol{f}_{s,i}$ 的计算表达式:

$$\boldsymbol{f}_{s,i} = -\sigma\nabla^2 C_{s,i}\frac{\boldsymbol{n}_i}{|\boldsymbol{n}_i|} \tag{5.1.98}$$

在 CSF 模型之外,粒子密度判定法采用比较界面附近粒子密度的方法,通过设定阈值来确定界面,与 MPS 方法中的自由表面判别方法基本相同。另外,研究者也提出了位置散度追踪法,借助粒子位置的散度大小来判别界面。这些方法的细节可参考文献 Fraga Filho(2019)。

4. 多相处理

在一些多相流问题中,常规 SPH 方法对密度的处理不适用于高密度比的混合流体情形,因而研究者提出用归一化密度 ρ/ρ_0,即密度与参考密度之比,代替原先连续性方程中的密度(Jo et al.,2019):

$$\frac{\rho}{\rho_0}\frac{\mathrm{d}\rho_0}{\mathrm{d}t}+\rho_0\frac{\mathrm{d}}{\mathrm{d}t}\left(\frac{\rho}{\rho_0}\right)=-\rho\nabla\cdot\boldsymbol{u} \tag{5.1.99}$$

$$\frac{\mathrm{d}}{\mathrm{d}t}\left(\frac{\rho}{\rho_0}\right)=-\left(\frac{\rho}{\rho_0}\right)\nabla\cdot\boldsymbol{u}-\frac{\rho}{\rho_0^2}\frac{\mathrm{d}\rho_0}{\mathrm{d}t} \tag{5.1.100}$$

当两种可互溶流体混合时,参考密度 ρ_0 可由下式定义:

$$\rho_0=\rho_A f+\rho_B(1-f) \tag{5.1.101}$$

其中,ρ_A 和 ρ_B 分别表示流体 A 和 B 的密度;f 为流体 A 在混合体系中的质量分数。上式对时间求导,得

$$\frac{\mathrm{d}\rho_0}{\mathrm{d}t}=(\rho_A-\rho_B)\frac{\mathrm{d}f}{\mathrm{d}t} \tag{5.1.102}$$

其中,$\dfrac{\mathrm{d}f}{\mathrm{d}t}$ 这一项可通过传质方程和扩散系数 D 表示:

$$\frac{\mathrm{d}f}{\mathrm{d}t}=-\nabla\cdot(D\nabla f) \tag{5.1.103}$$

代入式(5.1.100)后整理得到:

$$\frac{\mathrm{d}}{\mathrm{d}t}\left(\frac{\rho}{\rho_0}\right)=-\left(\frac{\rho}{\rho_0}\right)\nabla\cdot\boldsymbol{u}+\frac{\rho}{\rho_0^2}(\rho_A-\rho_B)\nabla\cdot(D\nabla f) \tag{5.1.104}$$

进而得到 SPH 离散形式:

$$\frac{\mathrm{d}}{\mathrm{d}t}\left(\frac{\rho}{\rho_0}\right)_i=-\left(\frac{\rho_i}{\rho_{0,i}}\right)\sum_j\frac{m_j}{\rho_j}(\boldsymbol{u}_i-\boldsymbol{u}_j)\cdot\nabla W_{ij}+$$

$$\frac{\rho_i}{\rho_{0,i}^2}(\rho_A-\rho_B)\sum_j\frac{m_j}{\rho_j}\left(\frac{4D_iD_j}{D_i+D_j}\right)(f_i-f_j)\frac{(\boldsymbol{r}_i-\boldsymbol{r}_j)\cdot\nabla W_{ij}}{|\boldsymbol{r}_i-\boldsymbol{r}_j|^2+0.01h^2} \tag{5.1.105}$$

对于不互溶流体,传质扩散系数 D 为零,上式等号右边第二项可消去。

此外,归一化密度方法也可以采用更简单的方式,将归一化密度直接表示为质量求和形式:

$$\left(\frac{\rho}{\rho_0}\right)_i=\sum_j\frac{m_j}{\rho_{0,j}}W_{ij} \tag{5.1.106}$$

5. 求解流程

一个典型的 SPH 方法求解流程可分为四步:模型设置与条件初始化、相邻粒子搜索、求解控制方程、时间积分。

1）模型设置与条件初始化

根据研究模型中的物理问题,布置粒子,选择合适的粒子间距、核函数类型,确定粒子总数。选择合适的固壁边界条件,对边界虚拟粒子进行初始化。按照求解要求,设置粒子初始的密度、压力、速度、温度等,确定时间积分的步长。

2）相邻粒子搜索

在计算开始前,每一个粒子的状态都需要初始化,包括位置、属性和初始条件。在计算过程中,每一时间步结束后都要对全部粒子的相邻粒子进行配对搜索。粒子搜索方法的效率很大程度影响着计算效率。最直接的全配对相邻粒子搜索法是对整个计算域中的所有粒子进行邻近粒子匹配,通过距离判断邻近粒子是否在某一粒子的核函数支持域内。这种搜索方法容易实现,但是缺点在于其非常大的计算量,计算 N 个粒子需要进行 N^2 数量级的配对操作次数。相比之下,基于网格的链表搜索法则显著提升了搜索效率。链表搜索法用一个临时网格覆盖整个计算域。对于二维问题,背景网格采用正方形布置,网格大小与支持域半径相同,所有粒子分布于网格中。以网格中的最大粒子序号为链头,将网格内的粒子序号降序排列搜索网格内的所有粒子而生成链条,链头和链条组成链表,与粒子相关联。如图 5.1.10 所示,对于二维问题,该方法只需对相邻 9 个网格内的粒子进行搜索,因而大大减少了搜索时间。

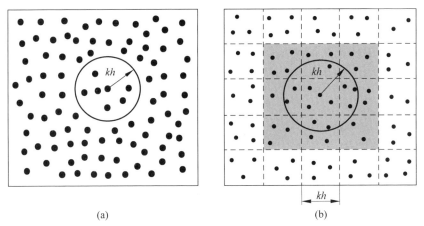

(a)　　　　　　　　　　　　　(b)

图 5.1.10　全配对搜索法(a)和链表搜索法(b)示意图

(请扫 Ⅱ 页二维码看彩图)

3）求解控制方程

通过求解控制方程,获得流体密度、速度和能量的分布和变化量,求解过程综合固体壁面排斥力、表面张力、凝固相变等复杂模型。在这一步中,通过压力泊松方程的计算获取粒子压力场的分布和变化是求解的关键。

求解过程中,时间步长 Δt 的选取需要同时权衡模拟过程的稳定性和计算效率。时间步长主要由 CFL(Courant-Friedrichs-Lewy)标准和其他稳定性标准共同决定(Morris et al.,1997)。由于 SPH 方法会将流体处理为弱可压缩流体,常规 CFL 标准中的速度变为声速 c:

$$\Delta t \leqslant 0.25 \min_i \left(\frac{h}{c}\right)_i \tag{5.1.107}$$

考虑动量方程中黏性项的影响,有

$$\Delta t \leqslant 0.125 \min_i \left(\rho \frac{h^2}{\mu}\right)_i \tag{5.1.108}$$

另外,粒子也受力的作用,即加速度 a 的影响,因此有

$$\Delta t \leqslant 0.25 \min_i \left(\sqrt{\frac{h}{a}}\right)_i \tag{5.1.109}$$

最终选取的时间步长需同时满足以上的稳定性标准。

4)时间积分

每个时间步的计算结束后,需要进行时间积分和更新粒子信息,更新完所有粒子信息后即完成一个循环,再次回到第二步相邻粒子搜索,继续求解,直至最后一个时间步长计算结束。常采用的积分方法有 leap-frog 算法、Runge-Kutta 法、预估校正法等。

5.1.4　LBM

格子玻尔兹曼方法(lattice Boltzmann method,LBM)是一种介于微观分子动力学和宏观纳维-斯托克方程之间的流体力学方法。以流体的分子运动论描述为基础,LBM 根据微观运动过程的某些基本特征建立简化的时间和空间完全离散的动力学格子模型。在格子之间的流体粒子,其质量大于分子量级,同时又小于有限体积法中的控制体积质量。根据一定的法则沿格线迁移,并在格点上发生碰撞,其运动过程遵循力学定律,且服从统计定律。流体的宏观运动变量则通过计算流场中大量粒子的统计平均得到。与传统的求解流体动量方程算法相比,LBM 有以下优点:从建模思想的角度看,以微观粒子为对象进行模拟,可以方便地处理不同组分、不同流体界面间复杂的相互作用,而不需要借助经验和半经验公式,因此在处理多相流方面具有先天优势,不需要对相界面进行追踪;从计算角度看,LBM 相空间对流过程是线性的,因此求解更容易、演化过程更清晰,而且压力可用状态方程表示而无需与速度迭代求解,算法比较简单,可借助并行计算方法提高计算效率。

1. 基本方程和模型

LBM 基于分子动力学理论,通过玻尔兹曼方程描述分布函数的演化规律:

$$f_i(\boldsymbol{x}+\boldsymbol{c}_i\Delta t,t+\Delta t)=f_i(\boldsymbol{x},t)+\Omega_i(\boldsymbol{x},t) \qquad (5.1.110)$$

其中,f 为分布函数;$\boldsymbol{x}$ 为位移;t 为时间;$\boldsymbol{c}$ 为格子速度,即格子尺寸 Δx 与时间步长 Δt 的比值;Ω 为碰撞算子;下标 i 为格子速度方向的编号。在流体计算中,f 为流体粒子的密度分布函数。最初的玻尔兹曼方程中的碰撞算子是复杂的非线性双重积分形式,对于玻尔兹曼方程的求解而言非常困难,因此 LBM 采用 BGK(Bhatnagar-Gross-Krook)碰撞算子(Bhatnagar et al.,1954):

$$\Omega_i(f)=-\frac{f_i-f_i^{\mathrm{e}}}{\tau} \qquad (5.1.111)$$

BGK 碰撞算子表征的是粒子群从分布函数 f 向平衡态分布函数 f^{e} 的演化,演化时间由松弛时间 τ 决定。使用 BGK 碰撞算子的玻尔兹曼方程被称为 LBGK(lattice BGK)方程或 LBGK 模型。平衡态分布函数的形式如下:

$$f_i^{\mathrm{e}}(\boldsymbol{x},t)=w_i\rho\Big(1+\frac{\boldsymbol{u}\cdot\boldsymbol{c}_i}{c_{\mathrm{s}}^2}+\frac{(\boldsymbol{u}\cdot\boldsymbol{c}_i)^2}{2c_{\mathrm{s}}^4}-\frac{\boldsymbol{u}^2}{2c_{\mathrm{s}}^2}\Big) \qquad (5.1.112)$$

其中,权重系数 w_i 取决于所选取的离散速度集;$\boldsymbol{u}$ 为流体速度。常数 c_{s} 和格子速度 $\boldsymbol{c}$ 满足以下关系:

$$3c_{\mathrm{s}}^2=\boldsymbol{c}^2 \qquad (5.1.113)$$

LBGK 模型中,离散速度集常采用 $DnQb$ 系列模型(Qian et al.,1992)(n 代表空间维数,b 代表离散速度数目):D1Q3、D2Q9、D3Q15、D3Q19 和 D3Q27,如图 5.1.11 和图 5.1.12 所示(Krüger et al.,2017)。

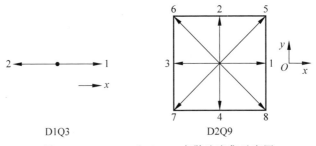

图 5.1.11　D1Q3 和 D2Q9 离散速度集示意图

$DnQb$ 系列模型中常用离散速度集的性质见表 5.1.2(Krüger et al.,2017)。

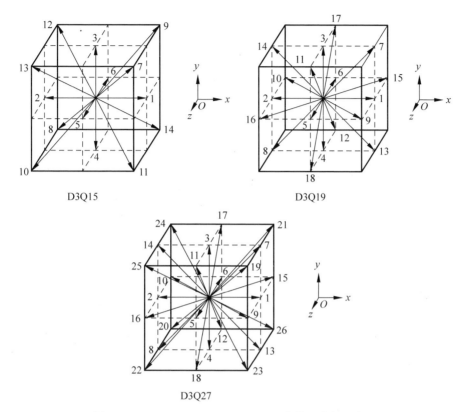

图 5.1.12　D3Q15、D3Q19 和 D3Q27 离散速度集示意图

表 5.1.2　$\mathbf{D}n\mathbf{Q}b$ 系列模型中常用离散速度集

速度集	速度 c_i	数量	c_i 模长	权重 w_i
D1Q3	(0)	1	0	2/3
	(± 1)	2	1	1/6
D2Q9	(0,0)	1	0	4/9
	(± 1,0),(0,± 1)	4	1	1/9
	(± 1,± 1)	4	$\sqrt{2}$	1/36
D3Q15	(0,0,0)	1	0	2/9
	(± 1,0,0),(0,± 1,0),(0,0,± 1)	6	1	1/9
	(± 1,± 1,± 1)	8	$\sqrt{3}$	1/72
D3Q19	(0,0,0)	1	0	1/3
	(± 1,0,0),(0,± 1,0),(0,0,± 1)	6	1	1/18
	(± 1,± 1,0),(± 1,0,± 1),(0,± 1,± 1)	12	$\sqrt{2}$	1/36

续表

速度集	速度 c_i	数量	c_i 模长	权重 w_i
D3Q27	$(0,0,0)$	1	0	8/27
	$(\pm 1,0,0),(0,\pm 1,0),(0,0,\pm 1)$	6	1	2/27
	$(\pm 1,\pm 1,0),(\pm 1,0,\pm 1),(0,\pm 1,\pm 1)$	12	$\sqrt{2}$	1/54
	$(\pm 1,\pm 1,\pm 1)$	8	$\sqrt{3}$	1/216

2. 求解

一个典型的 LBM 求解算法流程如图 5.1.13 所示。

在第一步初始化中,对于稳态求解,可选择设置种群平衡态作为起始状态,即

$$f_i(t=0)=f_i^{\mathrm{e}}(\rho(t=0),\boldsymbol{u}(t=0)) \tag{5.1.114}$$

其中,一般选择初始密度为单位 1,初始速度为零。对于非均匀初始条件的瞬态求解,分布函数 f_i 的初始化则需要结合平衡态函数和非平衡态函数。

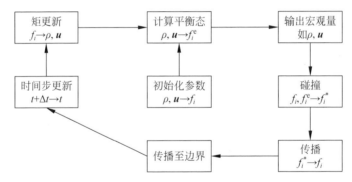

图 5.1.13　LBM 算法的循环概览(Krüger et al.,2017)

求解算法主体流程主要有 7 步。

(1) 通过分布函数 f_i 计算宏观矩(宏观量)如密度和速度:

$$\rho=\sum f_i \tag{5.1.115}$$

$$\rho\boldsymbol{u}=\sum f_i\boldsymbol{c}_i \tag{5.1.116}$$

(2) 根据所选离散速度集模型计算 f_i^{e}。

(3) 按需求输出宏观量如密度和速度。

(4) 计算碰撞后的分布函数 f_i^{*}:

$$f_i^{*}=f_i-\frac{\Delta t}{\tau}(f_i-f_i^{\mathrm{e}}) \tag{5.1.117}$$

（5）种群传播，f_i^* 沿 c_i 方向传播至相邻格子：

$$f_i(\boldsymbol{x} + \boldsymbol{c}_i \Delta t, t + \Delta t) = f_i^*(\boldsymbol{x}, t) \tag{5.1.118}$$

（6）种群传播至边界，边界计算。

（7）时间步长递增，进入新循环。

3. 多相流模型

目前，已经提出了多种 LBM 多相流模型，并应用于多相流问题的模拟（张建民和何小泷，2017；Huang et al.，2015）。可以将大部分模型分为四大类：颜色模型（color-gradient model）、伪势模型（pseudopotential model）、自由能模型（free-energy model）和相场模型（mean-field model）。此外，提出的模型还有熵格子玻尔兹曼模型（Mazloomi et al.，2015）和离散格子玻尔兹曼模型（Gan et al.，2015）等。

1）颜色模型

颜色模型在模拟多相/多组分流动时具有许多优点，包括每种流体的严格质量守恒以及界面张力调整的灵活性。颜色模型由 Gunstensen 等（1991）基于 RK 模型（Rothman and Keller，1988）提出，通过引入红色和蓝色粒子分布方程来表示两种不同流体。Grunau 等（1993）通过修改分布函数的形式引入了密度和黏度比。Latva-Kokk 和 Rothman（2005）引入重新着色过程来产生表面张力，分离两相流体并重新形成界面。Reis 和 Phillips（2007）建立了不相溶流体的 D2Q9 模型，通过构造两相碰撞算子在宏观动量方程中产生合适的表面张力项，模型在宏观极限下可覆盖两相流纳维-斯托克斯方程。随后，多弛豫时间（multiple relaxation time，MRT）碰撞算子也被用在多相流模拟中增强数值稳定性。

以三维 LBM 颜色模型为例，不相溶两相流体的分布函数可分为两部分，并遵循格子玻尔兹曼方程：

$$f_i^k(\boldsymbol{x} + \boldsymbol{c}_i \Delta t, t + \Delta t) = f_i^k(\boldsymbol{x}, t) + \Omega_i^k(\boldsymbol{x}, t) \tag{5.1.119}$$

其中，上标 k 代表流体 k，k 为 r、b 时分别代表红色流体和蓝色流体，两相的总分布函数可表示为两种流体的分布函数之和：

$$f_i = f_i^r + f_i^b \tag{5.1.120}$$

碰撞算子 Ω_i^k 由三个算子组成（Tölke et al.，2002）：

$$\Omega_i^k = (\Omega_i^k)^{(3)}[(\Omega_i^k)^{(1)} + (\Omega_i^k)^{(2)}] \tag{5.1.121}$$

其中，$(\Omega_i^k)^{(1)}$、$(\Omega_i^k)^{(2)}$、$(\Omega_i^k)^{(3)}$ 分别表示单相碰撞算子、扰动算子和重新着色算子。为提高数值稳定性和减少计算量，由 de Rosis（2017）提出的非正交中心矩（nonorthogonal central moments）可用于单相碰撞算子计算。此外，单相碰撞算子中的平衡态分布函数可采用由 Leclaire 等(2013)提出的增强型分布函数形式。在颜色模型中，两相界面的张力通过扰动算子进行建模。Liu 等(2012)基于 Reis 和 Phillips(2007)以及 Brackbill 等(1992)关于连续面力的观点，提出了一个通用的扰动算子形式：

$$(\Omega_i)^{(2)} = A \mid \nabla\phi \mid \left[w_i \frac{(\boldsymbol{c}_i \cdot \nabla\phi)^2}{\mid \nabla\phi \mid^2} - B_i \right] \qquad (5.1.122)$$

其中，ϕ 为用于区分流体成分的序参数，其定义为

$$\phi = \frac{\rho_r - \rho_b}{\rho_r + \rho_b} \qquad (5.1.123)$$

ϕ 的值为 1、-1、0 时，分别对应红色流体、蓝色流体和界面。B_i 是依赖于格子特征的参数，以 D3Q27 离散速度集模型为例，B_i 的形式为

$$B_i = \begin{cases} -(10/27)c^2, & \mid c_i \mid^2 = 0 \\ +(2/27)c^2, & \mid c_i \mid^2 = 1 \\ +(1/54)c^2, & \mid c_i \mid^2 = 2 \\ +(1/216)c^2, & \mid c_i \mid^2 = 3 \end{cases} \qquad (5.1.124)$$

在这个模型中，界面张力 σ 由下式计算：

$$\sigma = \frac{4}{9} A\tau c^4 \Delta t \qquad (5.1.125)$$

其中，τ 为松弛时间；A 是用于调整界面张力强度的参数，且对于红色流体和蓝色流体，A 的值相同。

借助扰动算子可生成界面张力，但是无法保证两种流体的不相溶性。为此，需引入重新着色算子来维持两相界面(Latva-Kokk and Rothman,2005；Halliday et al.,2007；Leclaire et al.,2012)：

$$(\Omega_i^r)^{(3)} = \frac{\rho_r}{\rho} f_i + \beta \frac{\rho_r \rho_b}{\rho} \cos(\theta_i) f_i^e(\rho, \boldsymbol{u} = \boldsymbol{0}) \qquad (5.1.126)$$

$$(\Omega_i^b)^{(3)} = \frac{\rho_b}{\rho} f_i - \beta \frac{\rho_r \rho_b}{\rho} \cos(\theta_i) f_i^e(\rho, \boldsymbol{u} = \boldsymbol{0}) \qquad (5.1.127)$$

其中，β 是用于控制界面宽度的参数，一般取值为 0.7(Halliday et al.,2007；Liu et al.,2012)；θ_i 是 $\nabla\phi$ 和 $\boldsymbol{c}_i$ 之间的角度：

$$\cos\theta_i = \frac{\boldsymbol{c}_i \cdot \nabla\phi}{\mid \boldsymbol{c}_i \mid \mid \nabla\phi \mid} \qquad (5.1.128)$$

2) 伪势模型

对于存在气-液相变的多相流模拟，伪势模型是被广泛使用的 LBM 模型

之一(Chen et al.,2014),该方法最显著的特点是通过粒子间的势实现相的分离。在有温度变化的情形中,气-液相变由状态方程驱动。因此,不需要在温度方程中加入人为的相变项。伪势模型最初由 Shan 和 Chen(1993,1994)提出,伪势被引入用于模拟粒子之间的相互作用,反映出界面两侧所受平均分子作用力之差。随后,研究者对 Shan-Chen 伪势模型进行了调整和完善。Zhang 和 Kwok(2004)、Yuan 和 Schaefer(2006)将不同状态方程代入原始的伪势模型中,获得大密度比伪势模型。Sbragaglia 等(2006)和 Falcucci 等(2010)通过改进伪势实现了对表面张力和密度比的单独调节。Falcucci 和 Ubertini(2013)、Sukop 和 Or(2005)、Shan 等(2016)通过伪势模型模拟了空化气泡(cavitation bubble)的生成现象。Yu 和 Fan(2010)引入了 MRT 碰撞算子来获得多松弛因子的伪势模型,从而增强数值模拟的稳定性。

Shan-Chen 伪势模型中,外力项 $\boldsymbol{F}$ 由粒子间相互作用力、附着力和体积力构成,粒子间相互作用力 $\boldsymbol{F}_{\mathrm{m}}$ 的定义如下:

$$\boldsymbol{F}_{\mathrm{m}} = -G\psi(\boldsymbol{x}) \sum w_i \psi(\boldsymbol{x} + \boldsymbol{c}_i \Delta t, t) \boldsymbol{c}_i \tag{5.1.129}$$

其中,G 为控制相互作用力的常数;ψ 为伪势场函数;权重 w_i 取决于所选的 DnQb 速度集模型。除了式(5.1.129),一些研究者还提出了不同形式的粒子间相互作用力模型,其中包括但不限于 Yuan 和 Schaefer(2006)、Gong 和 Cheng(2012)提出的模型。

Shan-Chen 模型通过局部密度 ρ 和任意常数 ψ_0、ρ_0 对伪势 ψ 进行定义:

$$\psi(\rho) = \psi_0 \left[1 - \exp\left(-\frac{\rho_0}{\rho}\right) \right] \tag{5.1.130}$$

压力与伪势的关系如下:

$$p = c_{\mathrm{s}}^2 \rho + \frac{G}{2} c_{\mathrm{s}}^2 \psi^2 \tag{5.1.131}$$

为了结合不同的真实状态方程(equation of state,EOS),伪势 ψ 的表达式转变为

$$\psi = \sqrt{\frac{2(p - \rho c_{\mathrm{s}}^2)}{G c_{\mathrm{s}}^2}} \tag{5.1.132}$$

压力 p 可通过选取不同的真实状态方程进行计算,包括范德瓦耳斯状态方程、Redlich-Kwong 状态方程、Carnahan-Starling 状态方程(Carnahan and Starling,1969)、Peng-Robinson 状态方程(Gong and Cheng,2013)等。伪势模型中存在不同的外力格式对总力项进行计算,其中,常用的有 Shan-Chen 格式(Shan and Chen,1993,1994)、EDM(exact difference method)格式

(Kupershtokh et al.，2009)，此外文献记录的还有 Guo 外力格式（Guo et al.，2002）、显式微分方法（method of explicit derivative，MED）格式（He et al.，1998）、Li 外力格式（Li et al.，2012）等。Shan-Chen 格式通过变换平衡态分布函数中的速度，将外力项包含在分布函数计算过程中。平衡态速度 $\boldsymbol{u}^e$ 的表达式如下：

$$\boldsymbol{u}^e = \boldsymbol{u} + \frac{\tau}{\rho}\boldsymbol{F}\Delta t \tag{5.1.133}$$

$$\boldsymbol{u} = \frac{1}{\rho}\sum \boldsymbol{c}_i f_i \tag{5.1.134}$$

其中，τ 为松弛系数，真实的物理速度 $\boldsymbol{U}$ 通过速度 $\boldsymbol{u}$ 和 $\boldsymbol{F}$ 表示：

$$\boldsymbol{U} = \boldsymbol{u} + \frac{\boldsymbol{F}\Delta t}{2\rho} \tag{5.1.135}$$

3）自由能模型

自由能模型最初由 Swift 等（1995，1996）基于热力学基础提出。对于单组分流体系统，Swift 等（1995）采用范德瓦耳斯状态方程描述非理想流体系统内相的分离。系统的自由能函数 Ψ 定义为

$$\Psi = \int \left[\psi(T,\rho) + \frac{\kappa}{2}(\nabla\rho)^2 \right] \mathrm{d}\boldsymbol{r} \tag{5.1.136}$$

其中，ρ 为密度；κ 为常数；ψ 为体积自由能密度。范德瓦耳斯系统下体积自由能密度的表达式为

$$\psi(T,\rho) = \rho T \ln\left(\frac{\rho}{1-\rho b} \right) - a\rho^2 \tag{5.1.137}$$

其中，a 和 b 为范德瓦耳斯状态方程中的系数；T 为温度。模型通过下列关系建立压力张量 $P_{\alpha\beta}$ 与自由能的关系：

$$P_{\alpha\beta} = \left(p_0 - \kappa\rho\nabla^2\rho - \frac{\kappa}{2}|\nabla\rho|^2 \right)\delta_{\alpha\beta} + \kappa\frac{\partial\rho}{\partial x_\alpha}\frac{\partial\rho}{\partial x_\beta} \tag{5.1.138}$$

$$p_0 = \rho\frac{\partial\psi(\rho)}{\partial\rho} - \psi(\rho) \tag{5.1.139}$$

其中，$\delta_{\alpha\beta}$ 为单位张量；下标 α 和 β 为笛卡儿坐标编号；p_0 为范德瓦耳斯流体状态方程的压力。

对于双组分流体系统而言（Swift et al.，1996），系统的自由能函数 Ψ 定义变为

$$\Psi = \int \left[\psi(T,\rho,\Delta\rho) + \frac{\kappa}{2}(\nabla\rho)^2 + \frac{\kappa}{2}(\nabla\Delta\rho)^2 \right] \mathrm{d}\boldsymbol{r} \tag{5.1.140}$$

其中，$\Delta\rho$ 为两种流体的密度差。体积自由能密度 ψ 的表达式为

$$\psi(T,\rho,\Delta\rho) = \frac{\eta}{4}\rho\left(1 - \frac{\Delta\rho^2}{\rho^2}\right) - T\rho + \frac{T}{2}(\rho + \Delta\rho)T\ln\left(\frac{\rho + \Delta\rho}{2}\right) +$$

$$\frac{T}{2}(\rho - \Delta\rho)T\ln\left(\frac{\rho - \Delta\rho}{2}\right) \tag{5.1.141}$$

其中,系数 η 描述相互作用的强度。压力张量 $P_{\alpha\beta}$ 的表达式如下:

$$P_{\alpha\beta} = p\delta_{\alpha\beta} + \kappa\left(\frac{\partial\rho}{\partial x_\alpha}\frac{\partial\rho}{\partial x_\beta} + \frac{\partial\Delta\rho}{\partial x_\alpha}\frac{\partial\Delta\rho}{\partial x_\beta}\right) \tag{5.1.142}$$

$$p = \rho T - \kappa(\rho\nabla^2\rho + \Delta\rho\nabla^2\Delta\rho) - \frac{\kappa}{2}(|\nabla\rho|^2 + |\nabla\Delta\rho|^2) \tag{5.1.143}$$

为了结合热力学作用,Swift 等(1996)在三角格子模型下提出了两种流体的平衡态分布函数形式:

$$f_i^e = \begin{cases} A + Bu_\alpha c_{i\alpha} + Cu^2 + Du_\alpha u_\beta c_{i\alpha}c_{i\beta} + G_{\alpha\beta}c_{i\alpha}c_{i\beta} & (i \neq 0) \\ A_0 + C_0 u^2 & (i = 0) \end{cases}$$

$$\tag{5.1.144}$$

$$g_i^e = \begin{cases} H + Ku_\alpha c_{i\alpha} + Ju^2 + Qu_\alpha u_\beta c_{i\alpha}c_{i\beta} & (i \neq 0) \\ H_0 + J_0 u^2 & (i = 0) \end{cases} \tag{5.1.145}$$

其中,系数 A、A_0、B、C、C_0、D、G、H、H_0、J、J_0、K、Q 与密度和状态方程相关。

双组分自由能模型采用的连续性方程和动量方程分别如式(5.1.146)和式(5.1.147)表示(Swift et al.,1996),流体密度差的对流扩散方程如式(5.1.148)所示:

$$\frac{\partial\rho}{\partial t} + \frac{\partial}{\partial x_\alpha}(\rho u_\alpha) = 0 \tag{5.1.146}$$

$$\frac{\partial}{\partial t}(\rho u_\beta) + \frac{\partial}{\partial x_\alpha}(\rho u_\alpha u_\beta) = -\frac{\partial p_0}{\partial x_\beta} + \nu\nabla^2(\rho u_\beta) + \frac{\partial}{\partial x_\beta}\left[\lambda(\rho)\frac{\partial}{\partial x_\alpha}(\rho u_\alpha)\right]$$

$$\tag{5.1.147}$$

$$\frac{\partial}{\partial t}(\Delta\rho) + \frac{\partial}{\partial x_\alpha}(\Delta\rho u_\alpha) = \Gamma\theta\nabla^2\Delta\mu - \theta\frac{\partial}{\partial x_\alpha}\left(\frac{\Delta\rho}{\rho}\frac{\partial}{\partial x_\beta}P_{\alpha\beta}\right) \tag{5.1.148}$$

其中,$\Delta\mu$ 为两种流体的化学势差;Γ 为迁移率;θ 为时间参数;ν 为剪切黏度;λ 为体积黏度。

Swift 等(1995,1996)提出的自由能模型具有局限性,动量方程中的黏滞项不满足伽利略不变性。为此,一些研究者提出了一些修正项,从而满足伽利略不变性。Holdych 等(1998)通过加入密度梯度相关项修正该模型的伽利略不变性。Inamuro 等(2000)通过液滴在剪切流中变形和破裂的案例证明,他们基于 Swift 自由能模型提出的新模型满足伽利略不变性。Zheng 等 (2006)提出了在限定密度比条件下满足伽利略不变性的自由能模型。目前为止，国际上一些相关文献记录了使用自由能模型模拟多相流现象，例如单个气泡的上升过程(Takada et al.，2000，2001；Frank et al.，2005)、液滴的变形 (Hao and Cheng，2009；van der Graaf et al.，2006；van der Sman and van der Graaf，2008；Zhang，2011)、气泡迁移(Holdych et al.，2001)、相分离(Suppa et al.，2002；Xu et al.，2004)、多孔介质气液流动(Hao and Cheng，2010)等。

4) 相场模型

相场模型，又称 He-Chen-Zhang(HCZ)模型，是由 He 等(1999)提出的一种单组分多相流 LBM 模型。该模型使用压力分布函数 g_i 和关于指数函数 (index function)ϕ 的分布函数 f_i，分别涵盖了纳维-斯托克斯方程和用于追踪界面的 Cahn-Hilliard(CH)方程。这两个分布函数均遵循格子玻耳兹曼方程：

$$g_i(\boldsymbol{x}+\boldsymbol{c}_i\Delta t,t+\Delta t)=g_i(\boldsymbol{x},t)-\frac{1}{\tau_1}\left[g_i(\boldsymbol{x},t)-g_i^{\mathrm{e}}(\boldsymbol{x},t)\right]+S_i(\boldsymbol{x},t)\Delta t$$

$$(5.1.149)$$

$$f_i(\boldsymbol{x}+\boldsymbol{c}_i\Delta t,t+\Delta t)=f_i(\boldsymbol{x},t)-\frac{1}{\tau_2}\left[f_i(\boldsymbol{x},t)-f_i^{\mathrm{e}}(\boldsymbol{x},t)\right]+S_i'(\boldsymbol{x},t)\Delta t$$

$$(5.1.150)$$

其中，τ_1 是与动力黏度相关的松弛时间；τ_2 则是与 CH 方程中的迁移率相关的松弛时间，计算中一般采用 $\tau_1=\tau_2$ 的关系；式中出现的外力项 S_i 和 S_i' 定义如下：

$$S_i=\left(1-\frac{1}{2\tau_1}\right)(\boldsymbol{c}_i-\boldsymbol{u})\left[(F_{\mathrm{s}}+G)\Gamma_i(\boldsymbol{u})-\nabla\psi(\rho)[\Gamma_i(\boldsymbol{u})-\Gamma_i(\boldsymbol{0})]\right]$$

$$(5.1.151)$$

$$S_i'=-\left(1-\frac{1}{2\tau_2}\right)\frac{(\boldsymbol{c}_i-\boldsymbol{u})\,\nabla\psi(\phi)}{RT}\Gamma_i(\boldsymbol{u})$$

$$(5.1.152)$$

其中，F_{s} 为表面张力项；G 为重力项；ψ 是关于密度 ρ 或指数函数 ϕ 的函数；R 为摩尔气体常数；T 为热力学温度；Γ_i 是关于宏观速度的函数。

目前，相场模型已成功应用于液滴摊溅(Frank and Perré，2012)、三维液滴振荡(Premnath and Abraham，2007)、Rayleigh-Taylor 混合现象(Clark，2003)等的模拟计算。

5.1.5　FVP 方法

本章介绍的有限体积粒子法英文名称为 finite volume particle(FVP)

method,需要注意的是,该方法的名称容易与另外一种英文名称为 finite-volume particle method(FVPM)的方法混淆。后一种 FVPM 方法是由 Hietel 等(2000)针对 SPH 方法求解可压缩流问题中出现的不连续性问题而提出,通过结合有限体积法的思想,将控制方程转为离散粒子有限体积内的积分形式,而粒子间的相互作用则是由一个通量进行定义,其权重取决于与核函数支持域交叠的范围(Nestor et al.,2009)。

　　FVP 方法是由 Yabushita 和 Hibi(2005)提出,用于求解带自由液面的不可压缩流问题。基于粒子占据有限体积这一假设,FVP 方法采用有限体积法的方式将控制方程离散,梯度项和拉普拉斯项在粒子的表面作近似,且与邻近粒子产生相互作用。相比 MPS 方法,FVP 方法能以更佳的数值稳定性来更合理地预测粒子压力信息,处理自由界面粒子的方法也更简单。此外,FVP 方法与 MPS 方法同样可以结合其他模型(如离散单元法、PMS 模型)而实现气液、气固等多相问题的求解,如溃坝现象、液体中的气泡浮升过程、熔融金属在水中的碎化现象等。

1. 控制方程离散

　　与有限体积法的基本思想相同,FVP 方法首先假设半径为 R 的球形粒子占据一个有限的空间体积 V 和表面积 S,并且由体积 V 定义相邻粒子间的初始距离 Δl:

$$S = 4\pi R^2 \tag{5.1.153}$$

$$V = \frac{4}{3}\pi R^3 = (\Delta l)^3 \tag{5.1.154}$$

根据高斯定理,控制体积内的物理量 ϕ 的梯度项和拉普拉斯项可做如下处理:

$$\nabla \phi = \lim_{R \to 0} \frac{1}{V} \int_V \nabla \phi \, \mathrm{d}V = \lim_{R \to 0} \frac{1}{V} \int_S \phi \boldsymbol{n} \, \mathrm{d}S \tag{5.1.155}$$

$$\nabla^2 \phi = \lim_{R \to 0} \frac{1}{V} \int_V \nabla^2 \phi \, \mathrm{d}V = \lim_{R \to 0} \frac{1}{V} \int_S \nabla \phi \cdot \boldsymbol{n} \, \mathrm{d}S \tag{5.1.156}$$

其中,$\boldsymbol{n}$ 为表面微元 $\mathrm{d}S$ 的单位法向量。在粒子 i 中离散得到如下形式:

$$\langle \nabla \phi \rangle_i = \left\langle \frac{1}{V} \int_S \phi \boldsymbol{n} \, \mathrm{d}S \right\rangle_i = \frac{1}{V} \sum_{j \neq i} \phi_s \boldsymbol{n}_{ij} \Delta S_{ij} \tag{5.1.157}$$

$$\langle \nabla^2 \phi \rangle_i = \left\langle \frac{1}{V} \int_S \nabla \phi \cdot \boldsymbol{n} \, \mathrm{d}S \right\rangle_i = \frac{1}{V} \sum_{j \neq i} \left(\frac{\phi_j - \phi_i}{|\boldsymbol{r}_{ij}|} \frac{\boldsymbol{r}_{ij}}{|\boldsymbol{r}_{ij}|} \right) \cdot \boldsymbol{n}_{ij} \Delta S_{ij}$$

$$\tag{5.1.158}$$

式中，ϕ_s 表示粒子 i 表面物理量 ϕ 的值，可借助线性关系得出；$\boldsymbol{r}_{ij}$ 为粒子 i、j 的距离矢量；$\boldsymbol{n}_{ij}$ 为对应的单位向量：

$$\phi_s = \phi_i + \frac{\phi_j - \phi_i}{|\boldsymbol{r}_{ij}|} R \qquad (5.1.159)$$

$$\boldsymbol{n}_{ij} = \frac{\boldsymbol{r}_{ij}}{|\boldsymbol{r}_{ij}|} \qquad (5.1.160)$$

粒子 i 与粒子 j 发生相互作用的面积 ΔS_{ij} 通过核函数 w_{ij} 和粒子初始数量密度 n^0 计算：

$$\Delta S_{ij} = \frac{w_{ij}}{n^0} S \qquad (5.1.161)$$

$$n^0 = \sum_{j \neq i} w_{ij} \qquad (5.1.162)$$

核函数 w_{ij} 用于描述粒子 i 与其相邻粒子 j 的相互作用，其定义为

$$w_{ij} = \arcsin\left(\frac{R}{|\boldsymbol{r}_{ij}|}\right) - \arcsin\left(\frac{R}{r_e}\right) \qquad (5.1.163)$$

其中，r_e 为截断半径，如图 5.1.14 所示，通常在二维问题中取值为 $4.1\Delta l$，在三维问题中取值为 $2.1\Delta l$。在截断半径以外核函数值变为零，即不存在与粒子 i 的相互作用。将式(5.1.159)～式(5.1.161)代入式(5.1.157)和式(5.1.158)可得

$$\langle \nabla \phi \rangle_i = \frac{S}{Vn^0} \sum_{j \neq i} \left(\phi_i + \frac{\phi_j - \phi_i}{|\boldsymbol{r}_{ij}|} R \right) \frac{\boldsymbol{r}_{ij}}{|\boldsymbol{r}_{ij}|} w_{ij} \qquad (5.1.164)$$

$$\langle \nabla^2 \phi \rangle_i = \frac{S}{Vn^0} \sum_{j \neq i} \frac{\phi_j - \phi_i}{|\boldsymbol{r}_{ij}|} w_{ij} \qquad (5.1.165)$$

考虑粒子 i 周围相邻粒子分布对称这一假设条件以及保证动量守恒条件，梯度离散项可采用如下的形式：

$$\langle \nabla \phi \rangle_i = \frac{S}{Vn^0} \sum_{j \neq i} \frac{\phi_i + \phi_j}{|\boldsymbol{r}_{ij}|} \frac{\boldsymbol{r}_{ij}}{|\boldsymbol{r}_{ij}|} R w_{ij} \qquad (5.1.166)$$

考虑所有粒子组成的系统满足线性动量守恒，发生相互作用的粒子 i 与粒子 j 之间的压力 P_s 相等，且等于两粒子的压力平均值：

$$P_s = P_i + \frac{P_j - P_i}{|\boldsymbol{r}_{ij}|} \frac{|\boldsymbol{r}_{ij}|}{2} = \frac{P_j + P_i}{2} \qquad (5.1.167)$$

2. 边界处理与求解实现

相比于 MPS 方法和 SPH 方法，FVP 方法对常见的固定壁面边界以及自

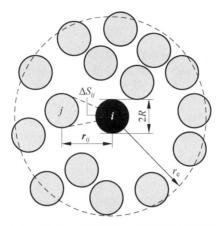

图 5.1.14　粒子 i 截断半径内发生相互作用的粒子

由表面边界的处理方式更简单。FVP 方法中,对于位于自由表面边界的粒子,可对其压力泊松方程施加压力为零的狄利克雷条件和关于速度散度的均匀诺伊曼条件。首先,针对自由表面边界处的粒子 i,定义带方向的自由表面面积 $\boldsymbol{S}$:

$$\boldsymbol{S} = -\sum_{j \neq i} \Delta S_{ij} \cdot \boldsymbol{n}_{ij} \tag{5.1.168}$$

如此,自由表面边界处粒子压力的拉普拉斯项、梯度项以及速度的散度项可如下分别表示:

$$\nabla^2 P_i = \frac{1}{V}\left(\sum_{j \neq i} \frac{P_j - P_i}{|\boldsymbol{r}_{ij}|} \Delta S_{ij} - \frac{P_i}{R} |\boldsymbol{S}|\right) \tag{5.1.169}$$

$$\nabla P_i = \frac{1}{V}\left(\sum_{j \neq i} \frac{P_j + P_i}{2} \boldsymbol{n}_{ij} \Delta S_{ij} + \frac{P_i}{2}\boldsymbol{S}\right) \tag{5.1.170}$$

$$\nabla \boldsymbol{u}_i = \frac{1}{V}\left[\sum_{j \neq i}\left(\boldsymbol{u}_i + \frac{\boldsymbol{u}_j - \boldsymbol{u}_i}{|\boldsymbol{r}_{ij}|}\right) \cdot \boldsymbol{n}_{ij} \Delta S_{ij} + \boldsymbol{u}_i \cdot \boldsymbol{S}\right] \tag{5.1.171}$$

对于壁面边界条件,FVP 方法施加了一个均匀压力的诺伊曼边界条件,通过结合壁面内部的虚拟粒子来计算壁面流体粒子的压力,如图 5.1.15 所示。粒子 j 为与壁面粒子 i 发生时相互作用的第一次壁面内部粒子,粒子 i 与粒子 j 的压力都通过求解压力泊松方程而得到;粒子 j' 为壁面内部第二层或第三层粒子,到壁面的垂直距离为 Δl。根据均匀压力诺伊曼边界条件,粒子 j 和粒子 j' 之间的压力关系满足静压力条件。

FVP 方法在求解控制方程之前,需要对粒子进行初始化,然后进行相邻粒子搜索,同样可采用 5.1.3 节中提到的链表搜索法。与 MPS 方法、SPH 方

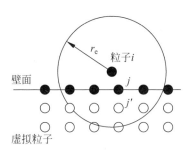

图 5.1.15　FVP 方法壁面粒子处理示意图

法一样,FVP 方法对控制方程的求解分为预估和修正两步,并得到压力泊松方程。对于多相流动问题中流体介质物理属性差异较大的情形,研究者针对压力求解,结合粒子密度提出了在一个时间步长内的迭代形式(Liu et al.,2013,2018):

$$\frac{1}{\rho} \nabla^2 p^{**} = \frac{\nabla \cdot \boldsymbol{u}^*}{\Delta t} + \frac{\nabla \rho \cdot \nabla p^*}{\rho^2} \qquad (5.1.172)$$

其中,p^* 初始值设为 t^n 时刻的压力值 p,经过一次迭代得到的 p^{**} 再次作为 p^* 初始值迭代,直至收敛时所得 p^{**} 值赋为 t^{n+1} 时刻的 p 值。

由于相互作用粒子之间的压力作用相同,可得到如下关系:

$$\frac{\nabla p_{ij}^{**}}{\rho_i} = \frac{\nabla p_{ji}^{**}}{\rho_j} = \frac{p_s^{**} - p_i^{**}}{0.5 \rho_i \mid \boldsymbol{r}_{ij} \mid} = \frac{p_j^{**} - p_s^{**}}{0.5 \rho_j \mid \boldsymbol{r}_{ij} \mid} = \frac{2}{\rho_i + \rho_j} \frac{p_j^{**} - p_i^{**}}{\mid \boldsymbol{r}_{ij} \mid}$$
$$(5.1.173)$$

其中,p_i^{**}、p_j^{**}、p_s^{**} 分别为粒子 i、粒子 j 和粒子对界面处的压力;∇p_{ij}^{**} 为由粒子 j 施加在粒子 i 上的压力效应。应用拉普拉斯算子的离散形式,压力泊松方程可表示为

$$\left\langle \nabla \cdot \left(\frac{1}{\rho} \nabla p^{**} \right) \right\rangle_i = \frac{S}{V n^0} \sum_{j \neq i} \frac{2}{\rho_i + \rho_j} \frac{p_j^{**} - p_i^{**}}{\mid \boldsymbol{r}_{ij} \mid} w_{ij} \qquad (5.1.174)$$

FVP 方法求解设置中,时间步长 Δt 的选择也需要满足 CFL 标准以保证求解稳定性,比如,

$$\max\left(\frac{\mid \boldsymbol{u}_{ij} \mid \Delta t}{\mid \boldsymbol{r}_{ij} \mid} \right) < 0.2 \qquad (5.1.175)$$

5.1.6　多相耦合方法

液态金属冷却反应堆严重事故涉及复杂的气液固多相流和传热现象,用于计算不可压缩流动的 CFD 欧拉方法或粒子方法显然还不足以实现对某些

固体颗粒混合流动现象的模拟,如熔融燃料碎裂凝固形成碎片床的行为。研究者针对固体-固体相互作用以及固体-液体相互作用提出了一些模型,比如离散单元法和 PMS 模型,并且结合粒子方法(如 MPS 方法),对一些流固耦合问题的求解进行了改进和优化。

1. 固体-固体相互作用

对于流固耦合问题,当固体颗粒的密度足够低时,每个颗粒可以认为是在独立的输运状态下,因此可以基于独立跟踪单个固体颗粒的结果来确定总体的状况。但是,对于一个含高密度固体颗粒的研究系统,固体与固体之间的相互作用(如摩擦、碰撞等)将会明显增强,故需要引入一个能够描述固体颗粒间相互作用的模型。离散单元法(discrete element method, DEM)是由 Cundall 和 Strack(1979)提出的一种能精确计算固体颗粒之间相互碰撞和摩擦等行为的方法。DEM 是将两个固体颗粒之间的碰撞效应通过一个弹簧(即弹力)和一个减震器(即阻尼力)来表征,并通过一个滑轨来表征最大静摩擦力。固体间的碰撞力模拟为一个弹力及一个阻尼力的耦合,图 5.1.16 展示了 DEM 模型的示意图。

对于二维固体颗粒间相互作用的问题,DEM 模型除了建立全局坐标(x, y)外,还为固体颗粒 ii 构建了局部坐标(ξ, η)以进行计算。颗粒 jj 对颗粒 ii 的碰撞力 $\boldsymbol{F}_{jj \to ii}$ 可在局部坐标下拆分为法向的接触力 $\boldsymbol{F}_{\xi, jj \to ii}$ 和切向的摩擦力 $\boldsymbol{F}_{\eta, jj \to ii}$。法向分力 $\boldsymbol{F}_{\xi, jj \to ii}$ 需要通过固体颗粒接触的几何形状和颗粒材料的物理性质确定,对于一般的球形固体颗粒,Hertz 弹性接触理论给出如下的表达式(Balevičius et al. , 2008):

$$\boldsymbol{F}_{\xi, jj \to ii} = \frac{4}{3} \cdot \frac{E_{ii} E_{jj}}{E_{ii}(1 - \nu_{jj}^2) + E_{jj}(1 - \nu_{ii}^2)} R_{ii,jj} h_{ii,jj} \boldsymbol{n}_{ii,jj} - \gamma_\xi m_{ii,jj} \boldsymbol{u}_{\xi, ii, jj}$$

$$(5.1.176)$$

$$m_{ii,jj} = \frac{m_{ii} m_{jj}}{m_{ii} + m_{jj}} \tag{5.1.177}$$

$$R_{ii,jj} = \frac{R_{ii} R_{jj}}{R_{ii} + R_{jj}} \tag{5.1.178}$$

$$h_{ii,jj} = R_{ii} + R_{jj} - x_{ii,jj} \tag{5.1.179}$$

$$\boldsymbol{u}_{\xi, ii, jj} = (\boldsymbol{u}_{ii,jj} \cdot \boldsymbol{n}_{ii,jj}) \cdot \boldsymbol{n}_{ii,jj} \tag{5.1.180}$$

$$\boldsymbol{u}_{ii,jj} = \boldsymbol{u}_{ii} + \boldsymbol{\omega}_{ii} \times \boldsymbol{d}_{ii,jj} - \boldsymbol{u}_{jj} - \boldsymbol{\omega}_{jj} \times \boldsymbol{d}_{jj,ii} \tag{5.1.181}$$

其中,$m_{ii,jj}$ 和 $R_{ii,jj}$ 分别为两颗粒的约化质量和约化半径;E_{ii} 和 E_{jj} 是颗粒 ii 与颗粒 jj 的弹性模量,ν_{ii} 和 ν_{jj} 分别对应其泊松比;$h_{ii,jj}$ 为两颗粒间

的重叠部分，$x_{ii,jj}$ 为颗粒中心之间的距离；$u_{ii,jj}$ 为两颗粒接触时的相对速度，$u_{\xi,ii,jj}$ 为法向相对速度，$u_{ii,jj}$ 表达式中 u_{ii} 和 ω_{ii} 分别为粒子 ii 的平动速度和转动速度，$d_{ii,jj} = -d_{jj,ii}$ 是颗粒接触点相对于颗粒中心位置的向量；γ_{ξ} 为法向黏滞阻尼系数。

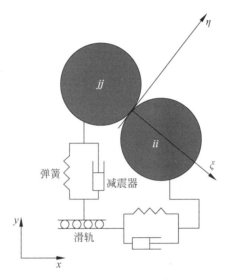

图 5.1.16　DEM 模型示意图

切向分力 $F_{\eta,jj\to ii}$ 分为静摩擦力 F_{η}^{s} 和动摩擦力 F_{η}^{d} 两部分，结合切向单位向量 $t_{ii,jj}$，有如下关系：

$$F_{\eta,jj\to ii} = \min(|F_{\eta}^{s}|, |F_{\eta}^{d}|)t_{ii,jj} \tag{5.1.182}$$

动摩擦力的计算需结合动摩擦系数 μ，计算公式如下：

$$F_{\eta}^{d} = -\mu |F_{\xi,jj\to ii}| t_{ii,jj} \tag{5.1.183}$$

静摩擦力的大小则一般是根据基于弹性和黏性阻尼分量之和的假设而提出的简化表达式进行计算，表达式如下：

$$F_{\eta}^{s} = -\frac{16}{3}G_{ii}G_{jj}\sqrt{\frac{R_{ii,jj}h_{ii,jj}}{G_{ii}(2-\nu_{jj})+G_{jj}(2-\nu_{ii})}}U_{\eta,ii,jj} - \gamma_{\eta}m_{ii,jj}u_{\eta,ii,jj} \tag{5.1.184}$$

$$u_{\eta,ii,jj} = u_{ii,jj} - u_{\xi,ii,jj} \tag{5.1.185}$$

$$U_{\eta,ii,jj} = \int u_{\eta,ii,jj}(t)\mathrm{d}t \tag{5.1.186}$$

其中，G_{ii} 和 G_{jj} 分别表示固体颗粒 ii 与固体颗粒 jj 的切向模量；γ_{η} 为切向黏滞阻尼系数；$u_{\eta,ii,jj}$ 为两个颗粒切向的相对速度；$U_{\eta,ii,jj}$ 是颗粒 ii 与颗

粒 jj 的积分切向位移矢量。为了满足数值稳定性,DEM 计算的时间步长 Δt_{DEM} 需满足下述条件:

$$\Delta t_{\mathrm{DEM}} \leqslant 2\sqrt{\frac{m_{ii,jj}}{k_{\xi}}} \qquad (5.1.187)$$

其中,k_{ξ} 为法向硬度系数。一般而言,在结合 MPS 模型计算时,MPS 方法计算的时间步长需要为 DEM 时间步长的整数倍以保证数值稳定性。

2. 流固耦合

Koshizuka 等(1998)结合流固耦合问题,在 MPS 方法基础上提出了求解固液间相互作用的 PMS(passively moving solid)模型。PMS 模型的主要思想是将固体假设为刚体,将所计算的固体颗粒看作是多个移动固体粒子的组合,如图 5.1.17 所示。

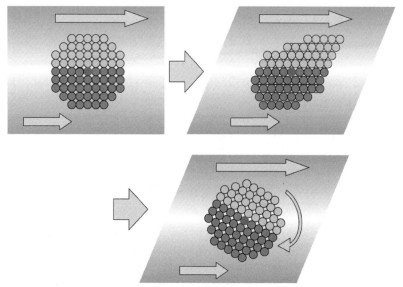

图 5.1.17　PMS 模型示意图

(请扫 Ⅱ 页二维码看彩图)

在 PMS 模型中,首先需要将构成固体粒子的所有粒子当作流体,并与周围的流体粒子一起通过 MPS 方法进行计算。对于单个移动固体粒子,固液间的相互作用力(如黏滞力、压强力等)在 MPS 方法求解过程中先被计算,因此在 PMS 模型中该移动固体粒子将与多个其他移动固体粒子一起被整合为一个固体颗粒,通过计算获得其总速度。随后,可得到质量为 m_i 的粒子 i 在 t^{n+1} 时刻的受力 $\boldsymbol{F}_i^{n+1}$ 为

$$F_i^{n+1} = m_i \frac{\mathrm{d}u_i^{n+1}}{\mathrm{d}t} \tag{5.1.188}$$

设固体颗粒 ii 由 N 个固体粒子组成,则其受力 F_{ii}^{n+1} 可进一步表示为

$$F_{ii}^{n+1} = \sum_{i=1}^{N} F_i^{n+1} = \sum_{i=1}^{N} m_i \frac{\mathrm{d}u_i^{n+1}}{\mathrm{d}t} \approx \sum_{i=1}^{N} m_i \frac{u_i^{n+1} - u_i^n}{\Delta t} \tag{5.1.189}$$

由于在 MPS 方法中构成固体颗粒 ii 的固体粒子的质量均相等,因此有

$$F_{ii}^{n+1} \approx \frac{m_i}{\Delta t} \sum_{i=1}^{N} (u_i^{n+1} - u_i^n) \tag{5.1.190}$$

又由于固体颗粒的质量 m_{ii} 可表示为 N 个固体颗粒质量之和,因此可以得到

$$\frac{N \Delta t F_{ii}^{n+1}}{m_{ii}} = N \Delta t a_{ii}^{n+1} \approx N(u_{ii}^{n+1} - u_{ii}^n) \approx \sum_{i=1}^{N} (u_i^{n+1} - u_i^n) \tag{5.1.191}$$

其中,a_{ii}^{n+1} 和 u_{ii}^{n+1} 分别表示固体颗粒 ii 在 t^{n+1} 时刻的加速度和速度。上式对于任意时刻都适用,因此有如下关系:

$$u_{ii}^{n+1} \approx \frac{1}{N} \sum_{i=1}^{N} u_i^{n+1} \tag{5.1.192}$$

从基于 MPS 方法的流体计算中得到的粒子速度 u_i^{n+1},可以利用式(5.1.192)计算得到固体颗粒 ii 的速度 u_{ii}^{n+1}。

而对于固体颗粒 ii 在 t^{n+1} 时刻的旋转速度 ω_{ii}^{n+1},有

$$I_{ii} \frac{\mathrm{d}\omega_{ii}^{n+1}}{\mathrm{d}t} \approx \sum_{i=1}^{N} (r_i^n - r_{c,ii}^n) \times F_i^{n+1} \tag{5.1.193}$$

其中,I_{ii} 为固体颗粒 ii 的惯性,可由下式计算得到:

$$I_{ii} \approx \sum_{i=1}^{N} m_i | r_i^n - r_{c,ii}^n |^2 \tag{5.1.194}$$

固体颗粒 ii 质心的位置 $r_{c,ii}^n$ 由如下关系计算得到:

$$m_{ii} r_{c,ii}^n = \sum_{i=1}^{N} m_i r_i^n = \frac{m_{ii}}{N} \sum_{i=1}^{N} r_i^n \tag{5.1.195}$$

对式(5.1.193)等号两边进行离散,并且代入式(5.1.194),整理得到 ω_{ii}^{n+1} 与 ω_{ii}^n 的关系:

$$\omega_{ii}^{n+1} \approx \omega_{ii}^n + \frac{\sum_{i=1}^{N} (r_i^n - r_{c,ii}^n) \times (u_i^{n+1} - u_i^n)}{\sum_{i=1}^{N} | r_i^n - r_{c,ii}^n |^2} \tag{5.1.196}$$

综上所述,在利用 MPS 方法求解完压力泊松方程后,获得时间步内计算

所得的每个移动固体颗粒的速度值,然后根据 PMS 模型,可得到所计算固体颗粒的总速度。

5.2　严重事故模拟分析程序

液态金属冷却反应堆严重事故相关的反应堆工况下实验研究通常难以进行,且成本高昂,因此研究人员往往只能进行无放射性危害的小型实验或机理实验,而无法对堆内极端事故的重要现象进行直接实验。为此,相关科研机构开发了多种针对液态金属冷却反应堆的严重事故分析程序,可对严重事故的始发事故、堆芯解体事故初始阶段和后期阶段中分别出现的关键事故现象进行模拟分析。目前,国际上应用于钠冷快堆和铅冷快堆严重事故分析的程序包括但不限于以下程序:SIMMER 系列程序、SAS4A 程序、COMPASS 程序、AZORES 程序,以及国内开发的 COMMEN 程序、NTC 程序和 FASAC 程序。这些程序获得了不同程度的验证和确认,并且程序中的计算模型也随着更多实验数据的不断积累而得以更新改进。

5.2.1　SIMMER 系列程序

SIMMER 系列程序是最初由美国洛斯阿拉莫斯国家实验室针对液态金属冷却反应堆事故安全分析开发的,其后经过日本、法国等科研机构开发迭代的一系列机械论方法程序,按程序版本包括 SIMMER-Ⅱ(Kondo et al.,1985;Bohl and Luck,1990)、SIMMER-Ⅲ(Kondo et al.,2000;Morita et al.,2003)、SIMMER-Ⅳ(Yamano et al.,2008)和 SIMMER-Ⅴ(Kędzierska et al.,2022)等。其中,SIMMER-Ⅲ 和 SIMMER-Ⅳ 程序在液态金属冷却反应堆事故(尤其是钠冷快堆堆芯解体事故)分析中的应用较为广泛,而 SIMMER-Ⅴ 程序由于模型和功能的改进尚未得到足够的验证确认。

SIMMER-Ⅲ 程序是二维、多速度场、多相、多组分、耦合结构模型和中子动力学模型的欧拉流体力学计算程序,其整体计算框架如图 5.2.1 所示。SIMMER-Ⅲ 程序对钠冷快堆内的五种基本材料进行建模:混合氧化铀燃料、不锈钢、钠、中子控制物和裂变气体,这些材料可以以不同的物理状态存在。程序中含有三个速度场,其中两个用于计算液体,一个用于计算蒸汽,以充分模拟流体的相对运动,例如,熔融燃料池中燃料/钢的分离以及燃料向钠的相互渗透。每个可移动的成分,包括液体、固体粒子或蒸汽,被分配到三个速度场中。程序中由燃料棒和组件盒组成的结构部件保持固定不动。

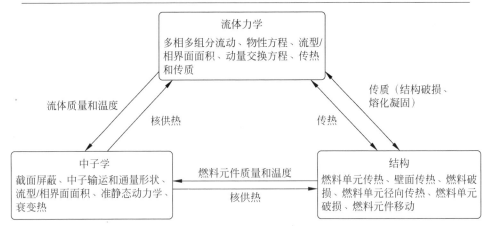

图 5.2.1　SIMMER-Ⅲ程序计算框架

SIMMER-Ⅲ程序的整体流体力学求解算法基于时间分解方法,其中控制体网格内界面的面积源项、动量交换函数和传热传质的计算与网格间的流体对流计算相分离。欧拉交错网格上控制体间的对流采用半隐式方法求解,并采用高阶差分格式通过最小化数值扩散来提高流体界面的分辨率。在流体力学模型中,7 种流体能量组分可以产生 21 种二元接触模式,每种流体组分可以与 3 种结构表面相互作用,因此流体能量组分与结构表面之间一共有 42 个接触界面。本构模型则描述了控制体单元内流体界面处质量、动量和能量的传递。SIMMER-Ⅲ程序还对对流界面区域进行了建模,以更好地考虑高度瞬态的流动。控制体单元内传热传质计算涵盖以下方面:结构形状和结构破裂传热传质、多流型处理和带源项界面、各流型的动量交换函数、控制体单元间的复杂传热。除了本构模型外,SIMMER-Ⅲ程序还引入解析状态方程模型来处理反应堆堆芯基本材料,满足流体力学守恒方程封闭的要求。

SIMMER-Ⅲ程序的主要限制在于仅能实现二维模型的计算,而实际反应堆堆芯内的组件呈三维分布,因此可能导致一些计算结果产生失真,影响一些重要参数(如堆芯反应性)的评估。对此,有关科研机构在 SIMMER-Ⅲ程序的框架基础上开发了 SIMMER-Ⅳ程序,将二维模型拓展为三维模型。SIMMER-Ⅳ程序的模型几何结构划分可基于三维笛卡儿坐标系或柱坐标系,三维计算相比二维计算需要更大的计算资源。

在 SIMMER-Ⅲ和 SIMMER-Ⅳ程序的基础上,日本原子力研究开发机构(JAEA)和法国原子能与替代能源委员会(CEA)计划将已有的 SIMMER 程序拓展为系统程序(如 RELAP5、CATHARE 程序),名为 SIMMER-Ⅴ程序。SIMMER-Ⅴ程序保留了已经得到验证的多组分多相流体力学、结构和中子学模型,添加了管道、换热器、泵等反应堆组件结构,允许对计算域进行更细致灵活的网格划分,并且通过一种名为边界耦合的方法对计算域分解,实现程序并行计算(Kędzierska et al.,2022)。

　　研究者使用 SIMMER 系列程序对钠冷快堆以及铅冷快堆严重事故中的关键现象进行了模拟验证。以德国卡尔斯鲁厄理工学院(KIT)的模拟研究为例,研究者使用 SIMMER-Ⅳ 程序对 MYRRHA 实验次临界装置中的 FASTEF 堆芯进行了燃料组件通道堵塞无保护事故的模拟(Kriventsev et al.,2014)。FASTEF 堆芯内有 72 个燃料组件,总功率为 94 MW。除了燃料组件(FA)外,堆芯还包含一排填充铅铋共晶合金冷却剂的组件和一排反射器组件,6 个用于辐照实验的组件区域和 6 个空通道,堆芯中央为散裂靶。FASTEF 堆芯在 SIMMER-Ⅳ 程序中的三维模型和单元划分如图 5.2.2 所示,每个六边形组件都是由两个具有相同交叉面积的矩形单元来建模。在 SIMMER-Ⅳ 程序中,堆芯入口和出口被定义为压力边界条件,出口压力设定为

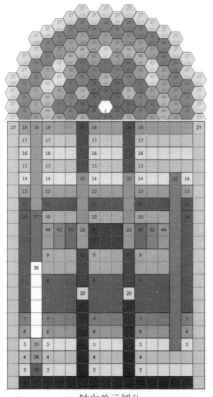

轴向单元划分

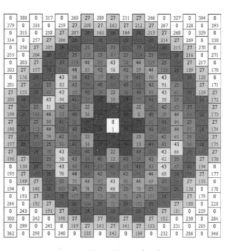

水平截面单元划分

图 5.2.2　FASTEF 堆芯 SIMMER-Ⅳ 程序中三维模型和单元划分

(请扫Ⅱ页二维码看彩图)

2 bar 恒压,而进口压力对应燃料组件中 71.39 kg/s 流量的输入设计值。该研究假设事故是由散裂靶邻近的一个核功率最大的燃料组件通道入口堵塞引起。

　　研究者对 80%、90%、95% 以及 100% 组件通道堵塞分别进行了模拟,在文献中介绍了 95% 和 100% 组件通道堵塞的模拟结果。计算结果显示,在大约 7 s 的瞬态后,包壳因温度达到熔点而失效,使得冷却剂可能和燃料芯块直接接触。此时燃料芯块中心的最高温度约为 2500℃,但燃料表面的温度为 1630℃,低于铅铋共晶合金的沸点(约 1800℃)。因此,根据使用的 SIMMER 模型计算,燃料芯块将破碎成颗粒,冷却剂不发生沸腾。然而,不能完全排除局部发生冷却剂沸腾的可能性,需要更详细的研究。在 95% 堵塞的情况下,在瞬态开始后 17 s,SIMMER 程序预测出堵塞组件与其相邻的组件盒失效,包括三个相邻组件、一个用于辐照实验的组件和散裂靶通道组件,如图 5.2.3 所示。因此,堵塞组件中的流量部分恢复,足以冷却剩余的燃料。相邻燃料组件的流量也在 60% 的初始流量水平之上,使得燃料组件保持在相对安全的状态。在 100% 组件全部堵塞的情况下也观察到类似的行为,而最终的流量重新分布在瞬态 25～30 s 后达到。在这两种堵塞情形下,堵塞燃料组件的破坏效应没有传播,对堆芯的损害仅限于发生堵塞的燃料组件及其相邻组件。

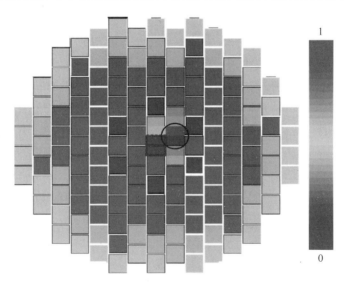

图 5.2.3　95% 组件堵塞,瞬态 19.5 s 时堆芯相对流量分布(圆圈标注的为发生堵塞的组件)
(请扫 Ⅱ 页二维码看彩图)

　　在次临界系统中,散裂靶通道的破坏必然会使次临界反应堆停堆,而在安全分析中,研究者假设散裂靶中子源是独立不受影响的,进行了堆芯功率的后续瞬态计算。如图 5.2.4 所示,瞬态持续并稳定在相对较低的功率水平。

95％组件堵塞瞬态下堵塞组件材料和状态的轴向分布变化如图 5.2.5 所示。燃料棒在瞬态 6.6 s 失效,包壳熔化,燃料芯块解体。当较热冷却剂、液态钢和燃料碎块移动到邻近的辐照实验组件通道时,组件盒壁失效,相邻组件发生质量交换,从辐照实验组件通道流入的较低温冷却剂恢复了堵塞组件中的一部分流量。在瞬态 16.1 s 时观察到低尺度的局部沸腾。随后,相邻燃料组件盒壁面失效,事故进程在 20 s 后趋于稳定。在新的稳定状态下,铅铋的流量足以对故障组件进行冷却。

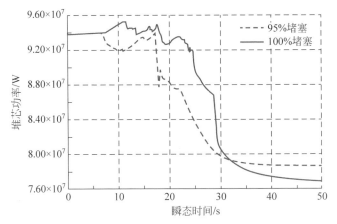

图 5.2.4　堆芯功率瞬态变化

（请扫 II 页二维码看彩图）

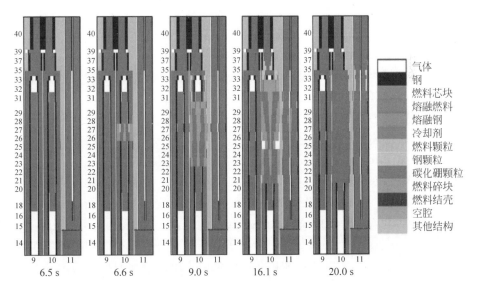

图 5.2.5　95％堵塞事故中堵塞组件的材料和状态分布变化

（请扫 II 页二维码看彩图）

这项 SIMMER-Ⅳ 程序严重事故的模拟结果表明,MYRRHA 次临界装置 FASTEF 堆芯对与组件堵塞相关的严重事故具有显著的容抗能力。当堵塞燃料组件通道的流量大于额定流量的 25% 时,FASTEF 堆芯可以在短期事故中保持大部分组件的完整和正常功能。燃料组件完全堵塞所造成的破坏也仅限于发生堵塞的组件及其相邻组件的范围以内。

5.2.2　AZORES 程序

为了评估和分析典型钠冷快堆由无保护失流始发事件导致的严重事故,日本原子能管理委员会开发了一系列的安全分析程序。其中,以已有的压水堆严重事故分析程序为参考,针对熔融堆芯物质的迁移行为和堆容器的完整性分析而开发了 AZORES 程序(Kawabata et al.,2009,2011;Okawa et al.,2019)。

AZORES 程序主要计算严重事故条件下熔融堆芯物质的行为、热工水力和放射性核素的行为,具体包括如下现象:熔融物质在堆芯的产生和迁移、从冷却剂回路泄漏的钠与混凝土地板相互作用、熔融堆芯物质与混凝土相互作用、氧环境下安全壳内的钠燃烧、安全壳内气溶胶的形成和输运。为满足复杂现象的计算,AZORES 程序采用模块化的结构,每个模块用于模拟堆芯、冷却剂系统、混凝土底板、安全壳等位置的物理现象,共有 14 个计算模块:热工水力学模块、堆芯解体模块、一回路和二回路冷却系统模块、氢燃烧模块、钠燃烧模块、熔融堆芯物质-混凝土相互作用模块、钠-混凝土相互作用模块、气溶胶行为模块、衰变热模块、放射性核素释放模块、换热器模块、屏蔽塞模块、混凝土地板上的钠行为模块、钠化学平衡模块。

钠冷快堆不仅堆芯结构复杂,在严重事故下的物理现象也复杂,包括燃料熔融、冷却剂沸腾、裂变气体释放、熔融堆芯物质迁移和再临界等,因此堆芯解体模块是 AZORES 程序中最关键的计算模块。堆芯解体模块在圆柱坐标系中将堆芯离散(图 5.2.6),并对质量、能量、热源和裂变产物群的控制方程离散求解。此外,该模块通过以下物理模型描述堆芯物质的行为:包壳失效模型、燃料-冷却剂相互作用模型、堆容器失效模型、熔融堆芯物质堆积模型以及再临界模型。在包壳失效模型中,一种是当裂变产物气体释放量随燃料芯块温度的升高而增大时,包壳内外的压差增大,包壳的周向应力随之增大。当应力达到极限值时,燃料包壳将发生破裂。另一种失效模式则是燃料包壳在高温下的熔化。燃料-冷却剂相互作用模型采用经验模型描述熔融堆芯物质在与冷却剂接触时产生的碎化现象,碎化后的熔融物质与冷却剂接触面积增大,传热量增大。容器失效模型提供了两种选择,分别是基于 Larson-Miller 参数和基于熔点的失效模型。在熔融堆芯物质堆积模型中,熔融堆芯物质释放迁移,在重力作用下自然堆积在堆芯捕集器和堆容器底部,并且形成堆积角。熔融堆芯物质的迁移和堆积有可能导致再临界的发生,瞬间释放大量能量而破坏堆容器完整性,造成堆容器的屏蔽失效。再临界模型首先根据熔融物质的质量计算其高度,判断是否达到了再临界的高度。如果达到再临界的标准,则模型根据点堆动力学方程计算出反应性以及释放的能量。

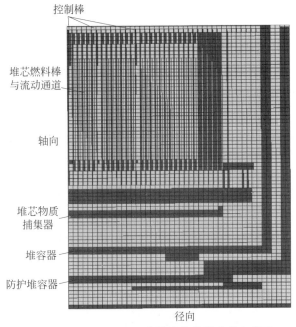

图 5.2.6　AZORES 程序钠冷快堆堆芯节点模型

(请扫 Ⅱ 页二维码看彩图)

　　为了保证计算的高效性和稳定性,程序的计算步骤分为三个阶段:传热阶段、熔融堆芯物质迁移阶段、钠和气体转移阶段。在传热阶段中,堆芯轴向和径向的传热使用隐式方法求解,堆芯材料的温度和熔融堆芯物质的占比则用一般的传热经验公式进行计算。在熔融堆芯物质迁移阶段,模块计算熔融物质的温度、熔化比例和熔融形状。在前两个阶段的计算完成后,程序对冷却剂回路系统中钠和气体的质量和能量进行评估。

　　在初步研究中,AZORES 程序开发者选择了无保护失流事故所引起的钠冷快堆堆芯解体事故的不同阶段来确认 AZORES 分析堆容器内滞留(in-vessel retention,IVR)的能力。被模拟的对象是使用 MOX 混合燃料的 700 MWth

钠冷快堆,主冷却剂系统是由一个反应堆容器、三个冷却剂回路和中间热交换器组成,事故发生时额外的一个辅助冷却回路将启动运行。研究者对不同条件的三种事故情形进行了模拟。

事故一:衰变余热正常排出,堆芯内 10% 熔融物质逸出堆芯,主回路、次级回路和空气冷却回路强制对流运行。事故二:衰变余热正常排出,堆芯内 20% 熔融物质逸出堆芯,主回路、次级回路和空气冷却回路强制对流运行。事故三:衰变余热排出异常,堆芯内 10% 熔融物质逸出,主回路、次级回路和空气冷却回路自然对流运行。AZORES 对这三个案例的计算结果依次如下所述。

事故一:事故发生开始,0.4 s 燃料棒包层发生破裂,24.6 s 燃料开始熔化,熔融物质在堆芯区域积聚。当熔融物质堆积厚度达到 200 mm 时,发生再临界事件,产生的热量导致控制棒组件失效。熔融堆芯物质从控制棒导管中迁移释放,并积聚在堆芯较低的结构上。随后,钠冷却起到有效作用,终止了事故,IVR 得以实现。

事故二:与事故一相比,事故二如预期地发生了比事故一更严重的熔融物质迁移过程。控制棒导管失效后,熔融堆芯物质向下部结构迁移,并在 120 s 后破坏了堆芯下部结构,随后迁移至堆芯捕集器、反应堆容器的下封头和防护容器。最终,熔融堆芯物质堆积在反应堆下腔室,IVR 失效。由于模拟得到的事故进程较快,模拟结果的有效性有待继续确认和深入验证。

事故三:由于自然对流冷却熔融堆芯物质不佳,IVR 失效。积聚的熔融物质导致主回路钠冷却剂在 21.7 h 后开始沸腾。反应堆容器内钠液位逐渐下降至热段的入口水平。主回路循环无法有效建立,相关结构受熔融物质的热传导而被不断加热。最终,IVR 在事故发生大约 90 h 后失效。

由于得到足够的冷却,事故一中熔融堆芯物质的迁移过程在堆芯结构内结束,而事故二与事故三中熔融堆芯物质从堆芯逸出,并造成更大的破坏。值得注意的是,相比事故三,事故二中熔融物质的迁移过程更快,产生熔融物质的体积更多。对此,研究者认为熔融物质的质量对堆芯的解体进程较为敏感。经过事故模拟,AZORES 程序基本可以很好地模拟与 IVR 相关的钠冷快堆堆芯解体过程。

5.2.3　COMPASS 程序

COMPASS (computer code with moving particle semi-implicit for reactor safety analysis)程序是由日本多个科研机构在 2005 年发起的一项五

年研究计划中共同开发的、用于钠冷快堆堆芯解体事故关键现象的安全分析
程序(Morita et al.,2011),可进行模拟分析的严重事故关键现象包括:燃料
棒失效、熔融燃料池沸腾、熔融物质凝固和堵塞、燃料组件盒失效、低能量的
堆芯解体行为、碎片床冷却性能等。

　　COMPASS 程序基于 MPS 方法的统一框架,由流体动力学、热力学和结
构动力学三部分组成,能分析涉及热力-水动力学和结构动力学的多物理场问
题。流体动力学部分涉及多相、多组分流体,以及用于模拟金属燃料反应堆
中金属燃料与钢之间共晶反应的共晶组分。热力学部分基于非平衡/平衡传
热传质模型计算各类相变过程中各组分的熔变化。结构动力学部分基于弹
塑性理论计算结构变形和破坏。COMPASS 程序中堆芯材料的热力学和热
物理性质使用与 SIMMER-Ⅲ 开发的相同模型和物性数据进行计算。
COMPASS 程序中的 MPS 方法原理和具体内容可参考 5.1.2 节。由于 MPS
方法需要大量的计算资源来模拟大尺度现象,COMPASS 程序利用
SIMMER-Ⅲ 程序计算分析严重事故中的堆芯整体行为,为 COMPASS 程序
的局部计算区域提供初始条件和边界条件。

　　程序开发者和相关研究者通过大量的堆内和堆外实验数据对
COMPASS 程序的模拟能力进行了评估,其中,设计的实验包括熔融物质凝
固堵塞现象、低能量的堆芯解体行为、燃料组件盒失效。

　　1) 熔融物质凝固堵塞现象

　　为了理解狭窄流道中熔融物质凝固和堵塞形成的基本现象,研究者开展
了 GEYSER 堆外实验(Berthoud and Duret,1989)。实验中,内径 4 mm、外
径 8 mm 的钢管实验件在 3270 K 下浸入熔融二氧化铀池中。熔融二氧化铀
受压力差作用向上渗透到管中,钢管的初始温度为 293 K。COMPASS 程序
采用三维几何模型对这一过程进行计算。计算中,3270 K 的熔融二氧化铀最
初充满管至距离管入口 0.2 m 的高度,然后被注入温度为 293K 的管内,在熔
体前缘表面和底部之间施加 0.3 MPa 的固定压力差,粒子间的初始距离分别
设为 0.25 mm 和 0.125 mm。进口处新产生的颗粒以压力平衡决定的速度
进入管内。计算中使用的颗粒数在初始状态下约为 10 万个,在 0.3 s 时约为
40 万个,此时管内堵塞形成基本完成。计算结果显示,熔融二氧化铀随时间
变化的渗透长度与实验结果基本一致,而且相比于初始 0.25 mm 的粒子间
距,使用初始 0.125 mm 粒子间距的空间分辨率进行模拟得到的结果略有改
善。图 5.2.7 为二氧化铀在流动渗透方向上的体积分数分布。由于熔融二氧
化铀向管内的热传递,熔体不仅凝固成固体颗粒,而且在管内表面形成固体
外壳。在凝固过程中,二氧化铀在固液点之间处于流变状态。由于管内固体

颗粒形成,熔体流动受阻。同时,由于黏在管道内表面的外壳导热系数相对较低,增加了熔体与管之间的热阻。目前的结果表明,COMPASS 程序可以重现堆芯解体事故中典型的熔融物质凝固行为。

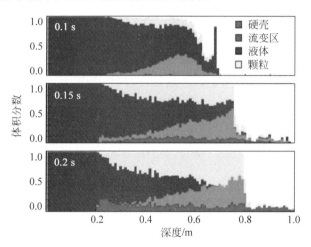

图 5.2.7　GEYSER 实验管道内二氧化铀颗粒、熔体、外壳的体积分数分布模拟结果

(请扫Ⅱ页二维码看彩图)

2) 低能量的堆芯解体行为

为了研究低能量堆芯解体过程中的动力学行为,研究者开展了 THEFIS 实验(Maschek et al.,1990),以研究熔融混合物在较冷流道中的流动和凝固过程。实验将熔融氧化铝以 1 bar 的压差注入内径为 6 mm、外径为 8 mm 的石英管。在管内固体颗粒床的作用下,熔融氧化铝渗透并凝结在管内。COMPASS 程序通过二维几何模型模拟了这一过程。石英管 0.1 m 长度之下是初始温度为 2424 K 的熔体,石英管的初始温度为 300 K,入口处采用恒压边界条件来表示驱动压力。初始颗粒距离为 0.25 mm。颗粒床层中的每个固体颗粒均采用由 32 个运动颗粒表示的、直径为 2 mm 的氧化铝圆柱体进行建模。模拟采用了 DEM 方法和流-固混合流动的耦合算法表示固体颗粒之间的相互作用。

图 5.2.8 和图 5.2.9 分别展示了 COMPASS 程序对 THEFIS 实验中 Run♯6 和 Run♯8 的模拟结果。实验开始前,Run♯6 实验将高度为 80 mm 的可移动颗粒床设置在管道入口处,Run♯8 则将高度为 16 mm 的颗粒床固定在距离入口 31 cm 的水平处。实验观察显示,Run♯6 实验中颗粒床随着熔体和颗粒的混合而上升,并且在 Run♯6 和 Run♯8 实验中,颗粒床内部都形成了由熔体凝固而导致的堵塞。从图 5.2.8 和图 5.2.9 可以看出,

COMPASS 程序成功地模拟了颗粒床中的堵塞段。在模拟得到的 Run♯6 和 Run♯8 熔体渗透长度分别为 0.05 m 和 0.32 m，与实验结果吻合较好，目前的结果证明了 COMPASS 程序对模拟含熔体凝固的熔体-固体混合物流动的有效性。

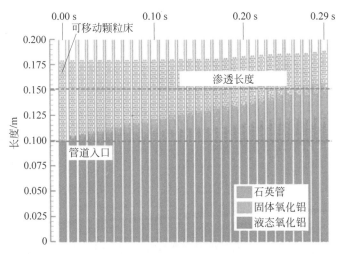

图 5.2.8　THEFIS Run♯6 实验熔体和固体在管内的分布变化

（请扫Ⅱ页二维码看彩图）

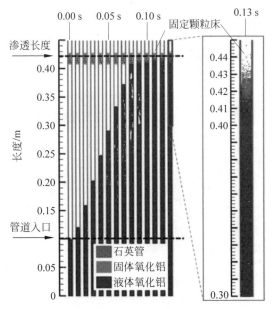

图 5.2.9　THEFIS Run♯8 实验熔体和固体在管内的分布变化

（请扫Ⅱ页二维码看彩图）

3) 燃料组件盒失效

研究者使用 COMPASS 程序模拟了 SCARABEEBE＋3 堆内实验（Kayser and Stansfield,1994）中观察到的六边形组件盒失效行为。实验中，37 根燃料棒束被三层组件盒和冷却通道包围,由里到外依次为:第一层薄壁 TH1、氩气冷却隔离通道、第二层厚壁 TH2、钠冷却通道、第三层厚壁 TH3、保温层和保护管。

实验由瞬时全部堵塞为触发点开始进行,对应的模拟模型采用三维对称结构,模拟轴向长度为 20 cm 的六边形盒壁 TH1 的半边及其周围四层燃料棒束、钠蒸气、氩气间隙和六边形盒壁 TH2。初始颗粒距离为 0.5 mm,计算中使用的粒子数约为 43.5 万个。COMPASS 程序首先使用以 TH1 失效开始时的 SIMMER-Ⅲ 分析计算结果作为初始条件和边界条件,然后结合结构力学进行模拟组件盒壁面的破坏行为。壁面 TH1 变形和破坏行为的计算结果如图 5.2.10 所示。图 5.2.10(a)为从左到右排列的燃料棒、钠蒸气、TH1、氩气间隙和壁面 TH2 五层粒子,图 5.2.10(b)仅为壁面 TH1。从图 5.2.10 可以看出,COMPASS 合理地模拟了六边形盒壁面侧边中点附近的较大变

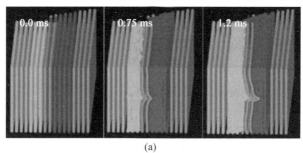

(a)

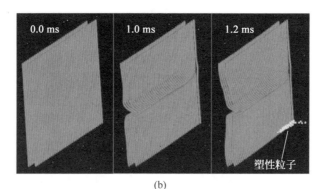

(b)

图 5.2.10　六边形盒壁面 TH1 的失效和变形行为

(a) 五层排列的粒子变化;(b) 壁面 TH1 粒子的分布变化

(请扫Ⅱ页二维码看彩图)

形。计算结果中值得注意的是,壁面 TH1 在六边形角落处发生失效,而该角落处变形不大,温度也相对较低。如图 5.2.10(b)所示,白色粒子处于塑性状态。这种破坏行为可能是由角落区域自由度较小、应力集中较大导致。根据模拟和实验结果推断,使用 COMPASS 程序进行三维模型计算,得到比 SIMMER-Ⅲ 程序二维计算更早发生壁面 TH1 失效的现象是合理的。

5.2.4　SAS4A 程序

SAS4A 程序最初是美国阿贡国家实验室(Argonne National Laboratory, ANL)针对钠冷快堆堆芯解体事故分析而开发的程序,后来经美国阿贡国家实验室、法国原子能源和替代能源委员会、德国卡尔斯鲁厄理工学院和日本原子力研究开发机构的国际协作开发和迭代完善(Tentner et al.,1985,2019; Miles and Hill et al.,1986;Fukano,2015,2019),并且完成了一系列的实验验证项目,其中包括美国 TREAT 堆和法国 CABRI 堆(Fukano et al.,2010)。目前,该程序已被用于世界范围内的多个能源堆与实验堆的安全分析。

SAS4A 程序主要针对的是钠冷快堆严重事故始发事件和堆芯解体事故初始阶段的堆芯安全分析,所模拟计算的现象包括堆芯功率和反应性变化、瞬态下燃料棒的热力-力学行为、冷却剂沸腾、包壳失效行为、燃料棒内的燃料熔化解体与迁移行为、燃料-包壳反应、燃料-冷却剂相互作用等。堆芯中的燃料组件被分成若干组,在 SAS4A 程序中建模成通道。SAS4A 程序计算燃料棒和冷却剂的热工水力变化,以及在燃料棒失效和解体后每种材料分布所导致的反应性变化,通过对整个堆芯进行积分计算出整个堆芯的响应。SAS4A 程序的计算基本框架如图 5.2.11 所示,该程序使用的是详细的、机械论的、流体力学与点堆动力学相结合的模型。此外,SAS4A 程序中的 MOX 燃料模型以及近年引入的金属型燃料模型均得到了有效的验证。

为了模拟堆芯在严重事故发生时内部燃料、包壳以及冷却剂所发生的复杂行为,SAS4A 程序中含有多个计算模块,其中,有燃料棒力学模型、冷却剂动力学模型、包壳熔化与迁移模型、燃料-冷却剂相互作用模型、燃料棒解体模型、点堆动力学和反应性反馈模型。燃料棒力学模型使用一个名为 DEFORM 的模块计算燃料和包壳的热力-力学行为,如孔隙迁移、裂变气体释放、膨胀、开裂和热膨胀。熔融燃料腔的形成和增压现象也能通过该模型实现。当由作用于包壳内外表面的压力计算出的包壳环向应力超过平均极限抗拉强度时,燃料棒就被认定为失效状态。冷却剂动力学模型计算单相和两相钠流动的流量。在冷却剂沸腾后,该模型计算钠蒸气的产生、冷凝以及蒸气泡的动力学。包壳熔化与迁移模型计算钠冷却剂液膜蒸干后包壳的熔化和迁移行为。在燃料棒失效之后,燃料-冷却剂相互作用模型在冷却剂通道内计算燃料

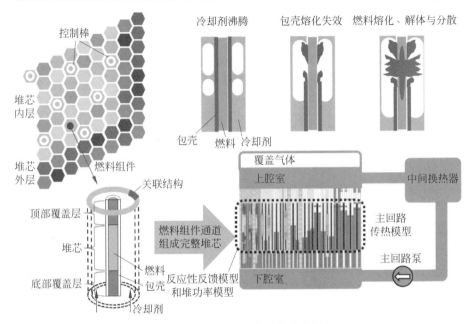

图 5.2.11　SAS4A 程序计算整体框架

（请扫 Ⅱ 页二维码看彩图）

与冷却剂的动力学行为。燃料解体发生后,燃料棒解体模型在出现空泡的冷却剂通道内计算燃料、包壳和冷却剂蒸汽的动力学。点堆动力学和反应性反馈模型采用传统的点堆动力学方程进行数值求解。堆芯的净反应性由堆芯材料密度和温度变化所引起的各种反应性反馈叠加得到,如冷却剂密度效应、包壳轴向膨胀和熔化迁移效应、燃料轴向膨胀和熔化解体迁移效应等。材料密度变化所引起的反应性反馈计算利用了一阶微扰理论。

　　在改进了金属型燃料模型之后,研究者使用 SAS4A 程序对韩国原型钠冷快堆中假想的超设计工况事故进行了模拟分析(Tentner et al.,2020)。事故的始发事件为冷却剂失压所导致的无保护失流和正反应性引入,具体为入口冷却剂压力在 1 s 内快速降低 5%,同时堆芯在 30 s 内引入最大值为 0.6 \$ 的正反应性。SAS4A 程序计算的堆芯功率和反应性变化如下:事故开始后,堆芯净反应性达到 0.06 \$ 时,堆芯功率达到最大值,为事故开始前的 1.19 倍,随后在短时间内,功率受各种反应性反馈而轻微降低。钠冷却剂在 16.41 s 开始沸腾,燃料在 18.58 s 开始熔化,但是对功率和反应性的影响很小。当功率变为 1.06 倍初始功率、净反应性为 −0.0282 \$ 时,程序计算显示,在 18.74 s 时发生燃料棒顶部破裂失效和燃料棒内燃料迁移。图 5.2.12(a)显示了燃料顶部破裂后不久通道 11 中的燃料和冷却剂通道状况。由于压力差作用,熔融腔内的熔融燃料加速向上移动,导致显著负反应性引入堆芯,进而导致堆芯功率大幅降低。在 20.07 s 时,程序预测出包壳失效,且堆芯净反应性为 −1.63 $,功率降至初始功率 38% 的水平。包层失效时通道 11 的状态如图 5.2.12(b)所示。熔融燃料已经延伸到燃料棒的上端大部分区域,大量的熔融燃料喷射到上部腔区,冷却剂却剂通道则出现大比例的空泡区域。燃料棒内燃料向失效位置加速迁移具有主要的负反应性效应,导致净反应性继续快速下降。功率降至初始功率 23% 的水平时,净反应性在 20.98 s 时达到最小值 −3.00 $。随着更多的熔融燃料释放到冷却剂通道中,冷却剂通道中燃料的行为开始主导反应性响应。包壳失效后 0.93 s 通道 11 中的燃料分布如图 5.2.13(a)所示。喷射到冷却剂通道中的一些燃料移动到失效位置上方,但有相当比例的一部分燃料向下移动。

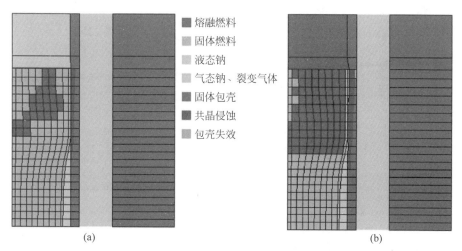

图例:
■ 熔融燃料
□ 固体燃料
▨ 液态钠
▨ 气态钠、裂变气体
■ 固体包壳
■ 共晶侵蚀
■ 包壳失效

(a)　　　　　　　　　　　　　(b)

图 5.2.12　包壳完全失效前通道 11 内的燃料、包壳、冷却剂状态与分布

(a) 事故发生 19.00 s;(b) 事故发生 20.07 s

(请扫 Ⅱ 页二维码看彩图)

　　在包层失效发生之后的 6.93 s,通道 11 的状况如图 5.2.13(b)所示。燃料棒破坏显著,熔融燃料在破坏区域的下方形成泡沫结构的熔融池,一小部分燃料以颗粒和液滴的形式迁移至在冷却剂通道中上方。其余部分向下迁移的燃料受到冷却剂通道下端钠蒸气压力的限制。由于共晶渗透作用,组件盒壁面出现烧蚀。在包壳失效发生之后的 17.93 s,通道 11 的状况如图 5.2.14 所示。泡沫结构的熔融燃料池仍然存在,但比图 5.2.13 中的位置低。裂变气体和钠蒸气在燃料池上方夹带了大量的燃料液滴和颗粒,并且组件盒壁因共晶渗透而被严重烧蚀,程序预计事故发生后 39.39 s,共晶侵蚀将导致组件盒

壁失效。此时的功率为初始功率的 12%，堆芯净反应性为 -1.69 \$ 。由于目前 SAS4A 程序仅能模拟燃料组件内的燃料迁移行为，事故模拟在组件盒壁失效时结束。研究者表示，为了能够继续模拟组件盒壁失效后的事故序列，在未来的工作中将扩展开发燃料组件外的燃料迁移模型。

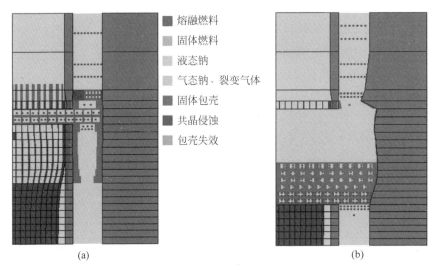

（a）　　　　　　　　　　　　　　　　　　（b）

图 5.2.13　包壳完全失效后通道 11 内的燃料、包壳、冷却剂状态与分布

（a）包壳失效后 0.93 s；（b）包壳失效后 6.93 s

（请扫Ⅱ页二维码看彩图）

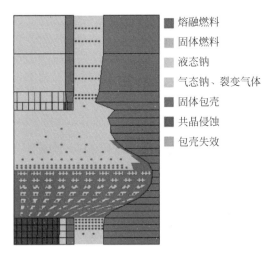

图 5.2.14　包壳完全失效 17.93 s 通道 11 内的燃料、包壳、冷却剂状态与分布

（请扫Ⅱ页二维码看彩图）

5.2.5　COMMEN 程序

COMMEN 程序是由中国原子能科学研究院自主开发的钠冷快堆堆芯解体事故分析程序。该程序是一个二维、多速度场、多相、多组分的欧拉方法程序,除了耦合燃料元件结构模型和中子动力学模型,还具备熔融燃料碎片床迁移模型(曹永刚 等,2016；Teng et al.,2018,2020；薛方元 等,2019)。因此,COMMEN 程序不仅能用于计算由各类事件引起的堆芯损伤事故,如由超功率事故引起的堆芯损伤、由失流事故引起的堆芯损伤以及由燃料元件堵流引起的堆芯损伤等,还能对堆芯解体事故中后期的熔融燃料迁移、凝固、碎化等行为进行模拟分析。

COMMEN 程序的燃料元件结构模块是由燃料棒模型和组件盒壁模型两部分组成,用于模拟堆芯的固定结构。中子动力学模块采用具有二维反应性分布的点堆模型,该模型参考美国 SAS4A 程序进行开发,考虑了裂变产物的衰变热,以及冷却剂钠反应性反馈、多普勒反应性反馈、燃料轴向膨胀反应性反馈和堆芯径向膨胀反应性反馈这四种主要的反应性反馈,并且引入了堆芯热膨胀模型,可对膨胀后的材料密度和反应性影响进行计算。在程序的燃料元件精细模型中,燃料元件各节点的温度通过求解离散的质量守恒方程和能量守恒方程得到,根据燃料芯块温度节点的平均比内能判断燃料是否发生分解。燃料分解后,燃料芯块按照一定比例变为液态燃料和燃料颗粒。

COMMEN 程序的总体流体力学求解算法是基于一种先进流体力学模型开发的时间分解法,称为四步法(Bohl and Wilhelm,1992),如图 5.2.15 所示。该方法中,单元内部的交界面源项、热传递和质量传递以及动量交换函数都分别由单元间的流体对流确定。

最初版本的 COMMEN 程序可以模拟碎片颗粒的运动,然而固体颗粒的流动被视为流动的液体,而不考虑固体颗粒之间的移动阻力,因而熔融燃料迁移和碎片床行为的模拟受限。此外,为了提高计算效率,COMMEN 程序只考虑几个速度场,将不同状态的组分划分到同一个速度场中,按加权平均统一计算其速度和动量交换,无法独立得到固体颗粒与外部流体组分之间的动量交换。对此,COMMEN 程序改进了碎片床物理模型,颗粒组分与流体组分分开计算,独立求解它们的动量交换系数,以获得颗粒与流体组分之间的相互作用,从而进行剪切强度和剪切应力计算。为了满足计算效率,COMMEN 程序的碎片床迁移模型并未采用经验模型,而是采用土力学中的剪切强度概念和机理模型(Teng et al.,2020)。在碎片床迁移模型与 COMMEN 程序耦

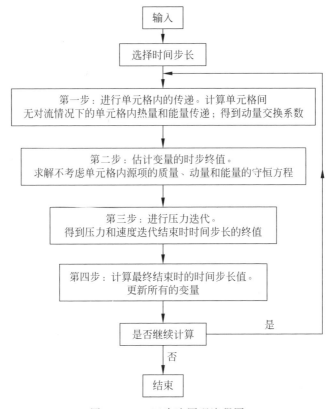

图 5.2.15　四步法原理流程图

合的过程中,COMMEN 程序计算碎片颗粒的体积分数、密度、位置和动量交换系数,并传递给迁移模型,迁移模型计算出碎片颗粒单元的剪切应力和剪切强度。只有当剪切应力大于剪切强度时,碎片床才会流化和迁移。当外部应力较低时,碎片颗粒处于静止状态。

为了验证 COMMEN 程序对碎片床行为的模拟能力,COMMEN 程序开发者开展了氮气注入的碎片床颗粒沸腾迁移实验(Teng et al.,2020),并进行了相关模拟。实验装置使用了不同直径和不同密度的球形颗粒,并设置了不同的碎片床空隙率和氮气注入速率作为实验条件。COMMEN 程序中对应的模拟模型如图 5.2.16 所示。模拟结果显示,COMMEN 程序中所使用的碎片床迁移模型能够较好地反映流动特征、碎片床倾斜趋势以及不同实验条件对不同碎片颗粒迁移过程的影响,有效提高了 COMMEN 程序对碎片床迁移现象的模拟能力。然而,碎片床迁移的模拟精度、迁移过程中外界流体阻力的计算以及颗粒间相互作用的计算等方面还有待进一步提高。同时,

COMMEN 程序中的碎片床迁移模型也还需要更多的实验数据支持,以不断优化改进。

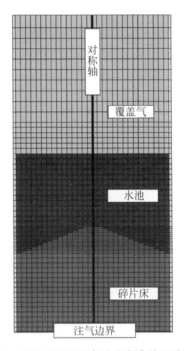

图 5.2.16　COMMEN 程序碎片床沸腾迁移模拟模型

（请扫 II 页二维码看彩图）

为了针对钠冷快堆堆芯解体事故后期碎片床的长期冷却性能进行分析,研究者在原有 COMMEN 程序的基础上,结合由西安交通大学开发的用于分析碎片床传热特性的 DEBRIS-HT 程序（Zhang et al.，2019）,另外开发了 COMMEN-LT 程序（赫连仁 等,2020）,解决了 COMMEN 程序在碎片床长期冷却阶段计算效率较低以及在干涸阶段和通道干涸阶段计算不准确的问题。同时,程序开发者对 ACRR-D10 碎片床实验进行了模拟计算,主要模拟了碎片床在实验初始阶段、沸腾阶段和通道干涸阶段的温度变化,以较小的计算成本获得了与实验结果吻合较好的模拟结果。

5.2.6　NTC 程序

在出现堆芯熔化的事故过程中,堆芯布置和中子注量率的空间分布会发生改变,中子学和热工水力学高度相互作用,因此常规的点堆动力学模型无法描述事故过程中与空间相关的复杂动力学效应。为此,中国科学院核能安全技术研究所的 FDS 团队开发了基于中子输运的二维中子动力学和热工水力学耦合的瞬态安全分析程序 NTC-2D(汪振,2017)。NTC-2D 程序可应用于铅冷快堆、次临界堆等先进液态金属冷却反应堆的瞬态安全分析,能有效模拟堆芯熔化后的复杂多相流动和相关中子学行为。除此之外,NTC 程序还具备模拟冷却剂-冷却剂相互作用(如水-液态铅铋)过程中的蒸汽爆炸等多相流传热传质现象的功能(张朝东,2018)。

　　NTC-2D 程序采用二维轴对称的柱坐标系,包含热工水力模块和中子动力学模块,其基本框架如图 5.2.17 所示。热工水力学模块使用多速度场、多相流的欧拉流体力学模型,负责多相流多组分流体力学问题求解;中子动力学模块采用带外源的、与空间-能量相关的动力学模型,利用多群、离散纵标 SN、准静态方法处理和求解玻尔兹曼中子输运方程。两个模块在求解过程中保持相对独立,耦合迭代计算过程通过核子密度、温度、核热等数据交换来实现。热工水力学模型计算出密度、温度以及堆芯材料的空间分布等参数数据传递给中子学模型,中子学模型根据中子输运方程更新核热等参数,传递回热工水力学模型。NTC-2D 程序还具有基本堆芯物质材料的状态方程模型,能提供密度和温度等参数。

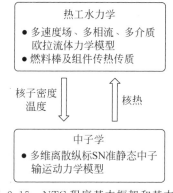

图 5.2.17　NTC 程序基本框架和基本原理

　　在 NTC-2D 热工水力学模块中,质量、动量和能量守恒方程以宏观密度、比内能的形式表达:

$$\frac{\partial \bar{\rho}_m}{\partial t} + \nabla \cdot (\bar{\rho}_m \boldsymbol{v}_q) = -\Gamma_m \tag{5.2.1}$$

$$\frac{\partial \rho_q \boldsymbol{v}_q}{\partial t} + \sum_{m \in q} \nabla \cdot (\bar{\rho}_m \boldsymbol{v}_q \boldsymbol{v}_q) + \alpha_q \nabla p - \bar{\rho}_q \boldsymbol{g} + K_{qS} \boldsymbol{v}_q - \sum_{q'} K_{qq'} (\boldsymbol{v}_{q'} - \boldsymbol{v}_q) - VM_q$$
$$= -\sum_{q'} \Gamma_{q'q} \left[H(\Gamma_{qq'}) \boldsymbol{v}_q + H(-\Gamma_{qq'}) \boldsymbol{v}_{q'} \right] \tag{5.2.2}$$

$$\frac{\partial \bar{\rho}_M e_M}{\partial t} + \sum_{m \in M} \nabla \cdot (\bar{\rho}_m e_m \boldsymbol{v}_q) + p \left[\frac{\partial \alpha_M}{\partial t} + \nabla \cdot (\alpha_M \boldsymbol{v}_q) \right] -$$

$$\frac{\bar{\rho}_M}{\bar{\rho}_m} \left[\sum_{q'} K_{q'q} (\boldsymbol{v}_q - \boldsymbol{v}_{q'}) \cdot (\boldsymbol{v}_q - \boldsymbol{v}_{q'q}) + K_{qS} \boldsymbol{v}_q \cdot (\boldsymbol{v}_q - \boldsymbol{v}_{qS}) - VM_q \cdot (\boldsymbol{v}_q - \boldsymbol{v}_{GL}) \right]$$

$$= Q_N + Q_M(\varGamma_M) + Q_H(h, a, \Delta T) \tag{5.2.3}$$

上述方程中,下标 m、q 和 M 分别表示质量组分、动量组分和能量组分。式(5.2.1)为质量守恒方程,$\bar{\rho}_m$ 为物质 m 的宏观密度,等于控制体内物质的体积分数 α_m 与比体积 v_m 的比值;$\boldsymbol{v}_q$ 为流体速度,$\varGamma_m$ 为密度源项。式(5.2.2)为动量守恒方程,α_q 为体积分数,p 为压力,$\boldsymbol{g}$ 为重力加速度,K_{qS} 为流体-固体相动量交换函数,$K_{qq'}$ 为流体-流体相动量交换函数,VM_q 为虚拟质量力,$\varGamma_{q'q}$ 为动量源项,H 为单位阶跃函数。式(5.2.3)为能量守恒方程,e_m 为流体的比内能,Q_N 为核热能量源项,Q_M 为相变潜热能量源项,Q_H 为热对流能量源项。

NTC-2D 程序的基本物理模型是由状态方程模型、接触面积模型、动量交换模型和传热传质模型组成。

1) 状态方程模型

程序中包含了基本堆芯材料与温度范围有关的状态方程,其中液相、固相采用多项式形式,不可压缩气相使用修正 Redlich-Kwong 方程,其具体形式如下:

$$p_{G,M} = \frac{RT}{v_M - a_{1,M}} - \frac{a(T)}{v_M(v_M + a_{3,M})} \tag{5.2.4}$$

其中,

$$a(T) = \begin{cases} a_{2,M} \left(\dfrac{T}{T_{\mathrm{Cr}}} \right)^{a_{4,M}}, & T < T_{\mathrm{Cr}} \\[3mm] a_{2,M} \left[1 + a_{4,M} \left(\dfrac{T}{T_{\mathrm{Cr}}} \right) - 1 \right], & T \geqslant T_{\mathrm{Cr}} \end{cases} \tag{5.2.5}$$

式中,$a_{1,M}$、$a_{2,M}$、$a_{3,M}$ 和 $a_{4,M}$ 为模型参数;$p_{G,M}$ 为压力;v_M 为摩尔比体积;R 为气体常数;T 和 T_{Cr} 分别为气体温度和气体临界温度。

2) 接触面积模型

NTC-2D 程序中的接触面是基于相界面和流动形式所确定的,其中流动性形式包括池式流动和管道流动。程序中池式流动的两相流流型如图 5.2.18 所示,只包含泡状流、离散流和过渡流三个区域。泡状流的上限 α_B 和离散流的下限 α_D 默认值分别为 0.3 和 0.7,可根据具体问题及工况自定义。

NTC 二元接触面积模型采用追踪界面的浓度输运方程,单位体积内的一

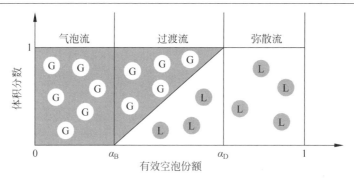

图 5.2.18　NTC 程序池式流动的两相流流形图

（请扫Ⅱ页二维码看彩图）

般形式为

$$\frac{\partial A_{M,\mathrm{B}}}{\partial t}+\nabla(A_{M,\mathrm{B}}\boldsymbol{v})=\sum_{k}S_{M,\mathrm{B},k}-A_{M,\mathrm{B}\to\mathrm{D}} \qquad (5.2.6)$$

$$\frac{\partial A_{M,\mathrm{D}}}{\partial t}+\nabla(A_{M,\mathrm{D}}\boldsymbol{v})=\sum_{k}S_{M,\mathrm{D},k}-A_{M,\mathrm{D}\to\mathrm{B}} \qquad (5.2.7)$$

其中，$A_{M,\mathrm{B}}$ 和 $A_{M,\mathrm{D}}$ 分别表示组分 M 在泡状流和离散流区域的对流相界面面积；$S_{M,\mathrm{B},k}$ 和 $S_{M,\mathrm{D},k}$ 分别表示气泡流和弥散流区域中由气泡破裂或合并等引起的接触面积源项；$A_{M,\mathrm{B}\to\mathrm{D}}$ 和 $A_{M,\mathrm{D}\to\mathrm{B}}$ 分别对应由两个区域间的扩散引起的相界面源项。

3）传热传质模型

NTC 考虑了组分液-气转变的汽化和凝结过程、固-液转变的熔化和凝固过程，以及不同能量组分间的二元接触面的传热传质过程。基于传热的非平衡与平衡模型，NTC 程序对汽化、凝结、熔化、凝固、传热传质过程进行计算。相变过程通过能量组分 A、B 的接触面的能量传输速率方程为

$$q_{\mathrm{A,B}}=a_{\mathrm{A,B}}h_{\mathrm{A,B}}(T_{\mathrm{A,B}}-T_{\mathrm{A}}) \qquad (5.2.8)$$

$$q_{\mathrm{B,A}}=a_{\mathrm{A,B}}h_{\mathrm{B,A}}(T_{\mathrm{A,B}}-T_{\mathrm{B}}) \qquad (5.2.9)$$

其中，$q_{\mathrm{A,B}}$ 和 $q_{\mathrm{B,A}}$ 为两个能量组分 A、B 间接触面能量传输速率；$a_{\mathrm{A,B}}$ 为组分 A、B 接触面的换热面积；$h_{\mathrm{A,B}}$ 和 $h_{\mathrm{B,A}}$ 为组分 A、B 与接触面的对流换热系数；T_{A}、T_{B} 和 $T_{\mathrm{A,B}}$ 分别为组分 A、组分 B 以及组分 A 与 B 在接触面的温度。组分 A 与 B 接触面间的净能量速率 q 为 $q_{\mathrm{A,B}}$ 与 $q_{\mathrm{B,A}}$ 之和。当 q 等于 0 时，说明能量交换过程中未发生相变及传质过程，界面平衡温度可以表示为

$$T_{\mathrm{A,B}}=\frac{h_{\mathrm{A,B}}T_{\mathrm{A}}+h_{\mathrm{B,A}}T_{\mathrm{B}}}{h_{\mathrm{A,B}}+h_{\mathrm{B,A}}} \qquad (5.2.10)$$

当 q 不等于 0 时，说明能量传递过程中发生了相变及传质过程，此时界面

温度等于相变饱和温度。若 q 为正,表示该相变过程放热;反之,表示该相变过程吸热。此时单位体积内的质量传递速率形式如下:

$$\Gamma_{A,B} = \begin{cases} R_{A,B} \dfrac{q_{A,B}}{i_A - i_B}, & q > 0 \\[3mm] -R_{A,B} \dfrac{q_{A,B}}{i_A - i_B}, & q < 0 \end{cases} \quad\quad (5.2.11)$$

其中,$R_{A,B}$ 为相变修正因子;i_A 和 i_B 分别为组分 A、B 的比焓。

4) 动量交换模型

NTC-2D 程序中的动量交换模型包括流体-流体传递和流体-结构传递。动量守恒方程中动量交换函数 $K_{qq'}$ 与不同组分间接触面积以及阻力系数有关,其定义如下:

$$K_{qq'} = A_{qq'} + B_{qq'} \mid \boldsymbol{v}_{q'} - \boldsymbol{v}_q \mid \quad\quad (5.2.12)$$

其中,$A_{qq'}$ 为层流项;$B_{qq'}$ 为湍流项。对于连续相与非连续相的动量交换,比如连续液相-液滴(泡状流)、连续液相-气泡(泡状流)、连续气相-液滴(离散流)这些情形,$A_{qq'}$ 和 $B_{qq'}$ 的表达形式如下:

$$A_{qq'} = \frac{3}{2} a_i \frac{\mu_f}{r_b} \quad\quad (5.2.13)$$

$$B_{qq'} = \frac{1}{8} a_i \rho_f C_d \qu\quad (5.2.14)$$

其中,a_i 为单位体积的接触面积;μ_f 为连续相的流体动力黏度;r_b 为弥散相(气泡或液滴)的半径;ρ_f 为连续相的密度;C_d 为弥散相的流动阻力系数。

NTC-2D 程序求解流体动力学方程采用的是基于时间的因式分解法,这种方法将网格栅元内部界面源项,传热传质以及动量交换函数与栅元之间的对流项分开确定,具体求解过程可以分为以下四步。①忽略网格间的对流传递,进行网格内部的传热和传质计算。确定结构布置以及计算结构传热系数,计算动量传递函数及流体的传热系数,并更新对流界面面积、流体内能等。②忽略网格内部源项,估算时步终值,用于压力迭代求解,一般采用高阶差分格式进行空间离散。③采用多变量 Newton-Raphson 方法进行压力迭代,得到收敛的速度和压力时步终值。④采用半隐式格式计算质量、动量、能量的对流传递,并完成相界面面积的对流计算。

中国科学院核能安全技术研究所使用 NTC-2D 程序对假想铅基堆堆芯解体事故的关键热工水力现象进行了模拟计算(汪振,2017),包括熔融包壳再凝固过程、燃料迁移过程、FCI 过程和熔池行为。以下对这些现象的模拟过程和结果进行扼要介绍。

1) 熔融包壳再凝固过程

假想铅基堆 CDA 事故中，包壳的熔化可能先于冷却剂的沸腾，同时熔化的包壳可能会再次发生凝固，造成阻塞，致使破损的燃料封闭在堆芯之内，从而造成熔融燃料重返临界。研究者选取了一个能够反映铅基堆燃料组件内冷却剂通道基本特征的简化模型，如图 5.2.19 所示。

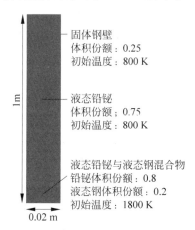

图 5.2.19　包壳熔融再凝固过程的计算模型

（请扫Ⅱ页二维码看彩图）

模拟结果显示，由于液态钢的密度远小于液态铅铋，液态钢在浮力的作用下向上浮动，初始时刻设置在最底部的液态钢在 10 s 时已基本排空。液态钢在向上漂移的过程中接触冷的堆芯材料会再次发生凝固。其中，绝大部分的液态钢附着并且凝固在固体钢壁上，从而产生冷却剂流道堵塞的风险；另有一小部分液态钢会以固体颗粒的形式排出堆芯。

2) 燃料迁移过程

为了研究铅基实验堆中堆芯损坏情况下燃料迁移的情况，探究影响燃料迁移的影响因素，研究者采用 NTC-2D 程序中的热工水力学计算模块，模拟了铅基实验堆在不同工况（参数包括燃料空隙率、冷却剂流型、燃料颗粒直径、释放的位置）下的事故发展进程。研究者选取了池式铅冷快堆堆芯模型进行计算，如图 5.2.20 所示。

计算假设某一燃料棒的燃料在稳态计算之后直接释放到冷却剂中，不考虑特定的事故瞬态过程。针对冷却剂流速、燃料孔隙率、燃料颗粒释放位置、燃料颗粒大小这四个主要因素对燃料迁移的影响，共计算了六种工况并对比分析。

研究者经过模拟结果分析，得出以下的重要结论。①较低孔隙率的燃料

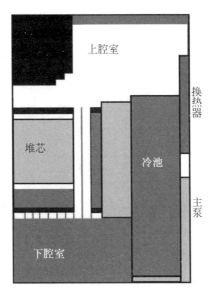

图 5.2.20　用于燃料迁移分析的堆芯模型

颗粒倾向于滞留在主容器的最底部,而较高孔隙率的燃料颗粒倾向于浮在铅铋冷却剂的自由液面。②自然循环情况下,大多数燃料颗粒在重力作用下向下流动并在堆芯的下部积累;强制循环情况下,燃料颗粒首先被冷却剂带到上腔室,然后在堆芯的滞流区内如堆芯隔板之上等处积累。③尺寸小的燃料颗粒更容易被冷却剂带走,同时会导致燃料颗粒在冷却剂中分布得更加均匀。④当燃料破损位置发生在堆芯顶部时,大量的燃料颗粒会以一个较高的浓度分布在整个一回路系统;而当燃料破碎位置发生在堆芯底部时,大量的燃料颗粒会积聚在堆芯的下腔室。⑤释放燃料倾向于在冷却剂中迁移扩散,大部分会被排出堆芯活性区,而不是在活性区内聚集。由此推断反应堆在事故短期内(1000 s)不会发生再临界事故。

3) FCI 过程

研究者分别将熔融燃料与水、钠、铅铋冷却剂的相互作用过程进行对比,以说明铅基实验堆 FCI 过程的剧烈程度。模拟采用的一维池式模型如图 5.2.21 所示。FCI 区域开始被熔融燃料和冷却剂的均匀混合物填充,覆盖气体区域由氙气和冷却剂填充。熔融燃料统一采用 MOX,对应网格的压力、体积份额设置均一致。冷却剂水、钠、铅铋的初始温度分别设定在 1.2×10^5 Pa 下对应的饱和温度附近,燃料初始温度均设为 3500 K。

模拟结果对比显示,在所有相互作用过程中,以水作为冷却剂的 FCI 过程最为剧烈,产生的压力峰值高达 20 MPa。剧烈程度次之的是以钠作为冷却

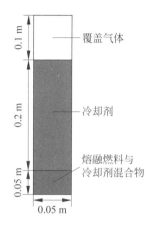

图 5.2.21　用于模拟 FCI 的计算模型

（请扫 Ⅱ 页二维码看彩图）

剂的 FCI 过程，其压力的产生及传播过程同熔融燃料与水的相互作用类似，定量差别在于蒸汽爆炸的触发时间有延迟，压力峰值仅不到其 20%。熔融燃料与铅铋相互作用过程是最为温和的，压力峰值最小。研究者认为，铅铋的高沸点使得蒸汽爆炸过程与熔融燃料交界面处的过热度更小，而且铅铋与熔融燃料的密度相差小，蒸汽爆炸过程中熔融液滴破裂时间更长，使得压力峰值具有更大的时间展宽。因此，铅冷快堆中难以达到发生 FCI 的条件，而且即使发生了 FCI，其过程也较为温和。

4）熔池行为

研究者假想了一个内部含有熔融燃料与液态钢混合物的铅铋熔池，能够反映出铅基堆堆芯熔化后的环境特征，以探究假想 CDA 事故下的熔融燃料与钢混合物的动力学行为。图 5.2.22 给出建立的计算模型，系统边界采用绝热边界条件，不考虑中子学计算和衰变热效应。

模拟结果显示，由于高温的熔融燃料密度略小于液态铅铋，熔融燃料有上浮的趋势，并在运动过程中接触较冷的液态钢和液态铅铋，逐渐被冷却形成固体燃料颗粒。熔池内固体燃料颗粒的体积份额增加，且由于温度的差异，固体燃料颗粒最终发生分层。液态钢的密度最小，在向上浮动的同时，挤压液态铅铋沿边界向下流动，进而再挤压中部的高温混合物向上流动，形成涡状向上的迁移过程。熔池系统最终形成了各组分上下分层的稳定状态，依次为覆盖气体、液态钢、固体燃料颗粒、液态铅铋。总体上铅铋温度呈现出上升的趋势，但未发生汽化。研究者认为，熔池行为中燃料积聚的中子学行为以及热分层所导致的压力容器热疲劳损伤问题有待探究。

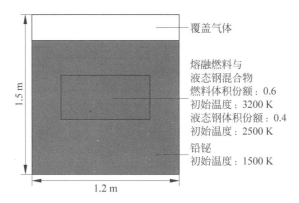

图 5.2.22　熔池行为的计算模型

（请扫 II 页二维码看彩图）

5.2.7　FASAC 程序

液态金属冷却反应堆多场多组分事故分析程序 FASAC(fast-reactor safety analysis code)是国内成松柏和刘晓星等借鉴国内外相关程序的基础上，针对铅铋快堆安全分析(包括但不限于蒸汽发生器传热管破裂事故、严重事故)所需而开发的二维、多速度场、多相、多组分、欧拉法的流体动力学程序，并且耦合了燃料元件结构模型和中子动力学模型。FASAC 程序除可用于铅铋快堆主容器内事故瞬态分析外，也可用于水堆和钠冷快堆的严重事故模拟。

整体上，FASAC 程序包含三个主要模块：流体动力学模块、燃料元件与结构模块以及中子学模块。其中，流体动力学模块约占三分之二的代码量，流体动力学模块的求解算法以时间-因式分解方法为基础，旨在将网格内部的界面面积源项、动量传递、传热传质和网格间的对流传递分开求解，与结构模块通过传热和传质实现交互。中子学模块基于中子通量分布提供核热参数，保证中子通量分布与其他模块计算的质量和能量分布相一致。流体动力学模块与中子动力学模块计算求解时相对独立，流体动力学模块可以独立计算求解。FASAC 计算流程框图如图 5.2.23 所示。

程序开发者和相关研究者基于液态金属冷却反应堆假想严重事故过程中的关键热工水力现象对 FASAC 程序的模拟能力进行了确认与验证，其中涉及的实验包括熔融物质迁移及凝固现象、碎片床行为等。以下对部分模拟过程和结果进行简要介绍。

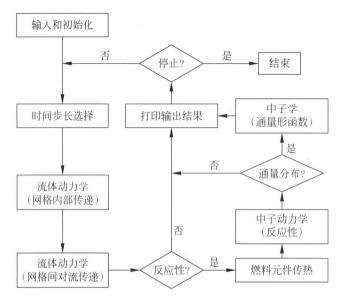

图 5.2.23　FASAC 程序计算流程框图

1. 熔融燃料迁移及凝固现象

研究者使用 FASAC 程序模拟了九州大学开展的液态金属冷却反应堆 CDA 背景下熔融金属在金属结构板上(Rahman et al.,2008)以及在棒束结构上(Hossain et al.,2008)凝固和再迁移行为的实验。图 5.2.24 为九州大学熔融金属在金属结构板上凝固实验装置的 FASAC 计算模型,该模型为 2×51 的笛卡儿坐标网格,x 轴网格数为 2,z 轴网格数为 51。x 轴网格尺寸为 2×20 mm,z 轴网格尺寸为 1×50 mm 和 50×20 mm,熔体在 1 atm 的恒定压力下从熔体储存器向下注入并通过冷却剂通道,计算在熔体与结构接触后立即开始。每个工况计算 10 s,保证熔体可以在冷却剂内充分发展。

FASAC 程序模拟所用工况如下:冷却剂为水,喷口直径为 1.9 mm,冷却剂温度为 20.2℃,熔体温度为 105℃。图 5.2.25 是熔体穿透长度随时间变化实验值与 FASAC 程序模拟结果对比图,图中给出了喷口直径为 1.9 mm 时,熔体注入流量 50.5 g/s 条件下熔体注入冷却剂水中的穿透深度变化曲线。可以发现,FASAC 程序模拟结果整体变化趋势与实验一致,实验中熔体在 7 s 达到最大穿透深度,而 FASAC 程序模拟结果中熔体达到最大穿透深度的时间略早于实验数据,约在 6.5 s,模拟结果与实验吻合良好。此外,由于 FASAC 程序采用粗网格计算,对熔体所达到穿透深度存在一定的误差,从而

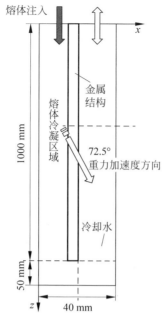

图 5.2.24　九州大学熔融金属在金属结构上凝固实验装置(金属
结构板)FASAC 建模示意图

(请扫Ⅱ页二维码看彩图)

导致熔体穿透深度略小于实验值。但总体上看,FASAC 程序可以较好地模拟熔融金属在金属结构上的凝固过程。

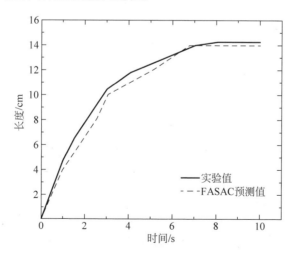

图 5.2.25　金属结构板上熔体穿透长度随时间变化实验值与 FASAC 程序计算结
果对比(喷口直径 1.9 mm)

2. 碎片床行为

　　研究者使用 FASAC 程序模拟了九州大学开展的液态金属冷却反应堆严重事故发生后的含固体颗粒床熔池流动性实验(Liu et al.,2006,2007)。图 5.2.26 给出了含固体颗粒床熔池流动性实验装置的 FASAC 计算模型,该模型为轴对称的二维模型。该模型为 13×128 的柱坐标网格,径向网格数为13,轴向网格数为128。模型中白色区域为覆盖气体,蓝色区域为水池,灰色区域为颗粒床("气体+颗粒"),下方白色区域为加压气体,压强大小为 0.301 MPa,计算时间为 0.5 s,保证颗粒床可以充分发展。

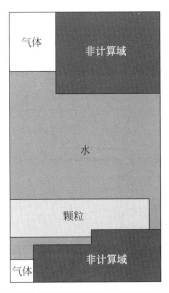

图 5.2.26　含固体颗粒床熔池流动性实验的 FASAC 计算模型

(请扫 Ⅱ 页二维码看彩图)

　　所用的模拟计算实验工况如下所示:颗粒种类为 Al_2O_3,颗粒密度为 3582.8 kg/m³,颗粒床高度为 50 mm,注气压强为 0.301 MPa,初始颗粒体积分数为 0.64。图 5.2.27 为九州大学含固体颗粒床熔池流动性实验图像和 FASAC 程序模拟结果对比图,可以发现,FASAC 程序对于颗粒床的模拟结果图像与实验有着较好的一致性,可以较好地反映固体颗粒床流动变化。图 5.2.28 为压力容器内压强变化的 FASAC 计算结果,实验中压力容器内的压强会首先在 50 ms 内下降至最小值,随后开始上升,并于 130 ms 上升至峰值。可以发现,FASAC 程序模拟结果和实验结果吻合良好,压强先下降,后上升,并于 50 ms 达到最小值,其整体趋势与实验一致。

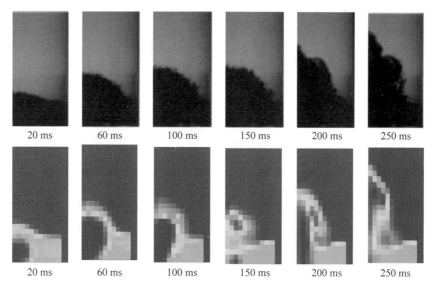

图 5.2.27　颗粒床实验图像与 FASAC 程序计算结果对比

（请扫 Ⅱ 页二维码看彩图）

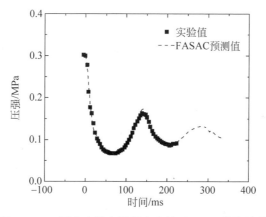

图 5.2.28　压力容器内压强变化的 FASAC 计算结果

5.3　严重事故关键现象模拟分析

本节主要是基于公开文献，介绍不同的数值模拟方法和计算工具在液态金属冷却反应堆严重事故关键现象以及一些机理实验研究中的应用情况。

5.3.1　熔融燃料行为模拟

在液态金属冷却反应堆堆芯解体事故中,堆芯燃料过热熔化解体之后的行为决定了堆芯在后续事故阶段的状态。通常情况下,熔融燃料无法及时排出堆芯,而在堆芯内部与堆芯其他结构材料形成一个熔融池,熔融池中的材料可能由于熔融燃料-冷却剂相互作用等,在局部形成高压,将熔融池推动到堆芯外围,熔融池由于晃动又返回堆芯中心区域,可能造成再临界发生。因此,熔融燃料池在突然增压作用下的晃动行为是堆芯解体事故中的关键现象,也是将来堆芯设计优化、预防再临界现象时所要考虑的重要研究内容。

对此,研究者对使用替代流体进行的晃动机理实验进行了数值模拟,如韩国首尔国立大学的 Jo 等(2021)对水池晃动基准实验进行的 SPH 方法模拟、中山大学的 Lu 等(2022)对注气所引起的水池晃动行为进行的 MPS 方法模拟。此外,与熔池晃动相关的模拟研究可进一步参考中山大学研究者发表的综述文献和书籍(Xu et al.,2022a;Xu and Cheng,2022;Cheng and Xu,2021)。本节以 Jo 等(2021)的 SPH 方法模拟工作为例进行展示。

Jo 等(2021)使用 SPH 方法,对水在不同初始条件下的晃动行为进行了数值模拟,并与基准实验结果进行了比较。他们选取了基准实验中的三种初始晃动条件:中心对称晃动、棒束障碍晃动和非对称晃动,模型和条件如图 5.3.1 所示。案例 1 中的液体初始状态为位于模型中轴的圆柱形液柱;案例 2 的液态初始状态与案例 1 相同,但是液态晃动过程会受到 12 根环形排列棒束的阻碍,棒束的排列按到液柱的距离分为近距离排列和远距离排列;案例 3 中的液体初始状态也为圆柱形液柱,但是不位于模型中轴。他们首先针对单相流体进行模拟,在 SPH 方法中使用大约 360 万个粒子。

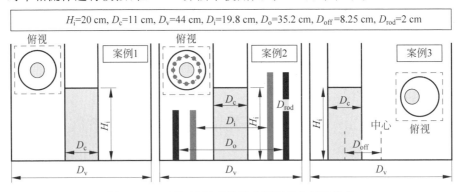

H_i=20 cm, D_c=11 cm, D_v=44 cm, D_i=19.8 cm, D_o=35.2 cm, D_{off}=8.25 cm, D_{rod}=2 cm

图 5.3.1　三种 SPH 液体晃动模拟的几何和条件

(请扫Ⅱ页二维码看彩图)

　　单相情形下 SPH 模拟的案例 1、案例 2 和案例 3 晃动过程分别如图 5.3.2、图 5.3.3 和图 5.3.4 所示。在案例 1 中，水柱在重力作用下坍塌，形成一个圆波向容器壁移动。与壁面碰撞后，水弹起至一定高度，落下之后向中心区域收敛，形成一个高的中心水峰。然后水峰坍塌，另一个水波出现，其接触到外壁后再次向内晃动。在案例 2 中，容器中放置的垂直棒，可放大水波固有的不稳定性，这些不均匀扰动一定程度地抑制了集中晃动运动，使得水回波在中心区域收敛时产生较低的水峰。在案例 3 中，当初始水柱不位于容器中轴对称位置时，由于每个方向的波浪周期不同，水波无法完全重叠，因此由于水波传播距离的不同，水在局部的大量积聚和峰值也无法产生。因此，在该模型下容器内没有产生中心晃动行为，而是混沌运动，在靠近容器壁的左右两侧都能形成相对较小的晃动峰。

图 5.3.2　SPH 模拟中心对称水晃动过程

（请扫 II 页二维码看彩图）

图 5.3.3　SPH 模拟棒束阻碍水晃动过程

（请扫 II 页二维码看彩图）

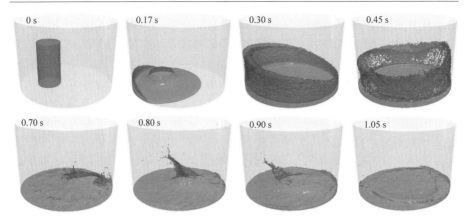

图 5.3.4　SPH 模拟非对称水晃动过程
（请扫 II 页二维码看彩图）

除了单相的水晃动之外，研究者还考虑了空气与水接触的两相晃动情况，并针对案例 1 再次进行了模拟。研究者在两相模拟使用封闭的计算域模型，容器上部区域充满空气粒子。在此基础上，研究者使用 GPU 对总计约1000 万粒子的两相晃动过程进行了并行计算。图 5.3.5 给出了两相晃动与单相晃动过程的对比。可以看出，SPH 方法模拟的单相与两相中心对称水晃动过程没有明显的差别，而中心水峰的形成则存在一些细微差别。

图 5.3.5　SPH 单相、两相模拟中心对称水晃动过程
（请扫 II 页二维码看彩图）

研究者围绕水峰形成的最大高度和形成最大高度的时间这两个参数，比较了 SPH 模拟结果和基准实验结果。结果显示，高分辨率模拟的大部分结果与实验结果吻合较好。研究者还关注了一些值得注意的细节，与实验相比，

模拟中对壁面晃动高度的估计略高,这可能是由于模拟中采用了完美的对称假设。计算得到的最大晃动高度略低于实验数据,这被认为是由局部粒子分辨率和晃动峰值处的数值精度造成的。无论是集中晃动还是壁面晃动,多相模拟结果都更接近基准实验结果。针对单相和两相模拟得到中心水峰的局部差别,研究者认为,无论晃动峰的颗粒分辨率如何,粒子核函数支持域中都有足够的插值颗粒,因此两相模拟可以获得相对较高的精度,而单相模拟存在严重的颗粒缺乏,会高概率地形成非物理的高速孤立粒子流,如图 5.3.6 所示。粒子缺失的问题使得气体界面附近的单相行为与两相行为不同。由于这种微小的差异可以放大为液体波的大扰动,研究者认为需要基于两相 SPH 模型对晃动行为进行精确分析。

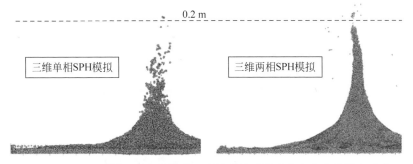

图 5.3.6　SPH 单相、两相模拟中心对称水晃动形成的中心水峰形态对比

5.3.2　燃料-冷却剂相互作用模拟

在液态金属冷却反应堆严重事故中,堆芯解体事故产生的熔融堆芯物质直接释放至冷却剂中,发生剧烈的相互作用,熔融堆芯物质与冷却剂的直接接触使熔融物质表面急剧冷却、发生断裂碎化现象,同时可能伴以冷却剂沸腾。发生相互作用后的熔融堆芯物质以碎片或颗粒的形式迁移扩散或者堆积在堆容器空间的不同地方,所释放的衰变热有可能严重烧蚀堆容器,产生严重的放射性物质泄漏隐患。中山大学研究者使用了 LBM 方法(Cheng et al.,2020,2021)和 MPS 方法(Xu et al.,2022b)、哈尔滨工程大学研究者使用了 MPS 方法(Yang et al.,2022)对 FCI 进行了相关的模拟研究。本节以 Cheng 等(2020,2021)的研究工作成果为例进行展示。

Cheng 等(2020,2021)使用多相流 LBM 方法,对伍德合金-水相互作用实验进行了三维模拟验证,随后对熔融堆芯物质-钠相互作用进行了模拟分析。实验中,200℃的熔融伍德合金被注入 70℃的水中,并用高速摄像机捕捉相互作用画面。模拟对比验证中采用的 LBM 模型为非正交中心距、多重松弛时间的色梯度多相模型,该模型使用 D3Q27 格子离散速度模型,碰撞算子由单相碰撞算子、扰动算子和重新着色算子组成,其中,非正交中心距被用于定义单相碰撞算子。色梯度模型中的界面张力由扰动算子建模,重新着色算子则用于维持界面处各相粒子的守恒关系。计算使用的计算域模型和条件如图 5.3.7 所示。计算域采用正交坐标系,熔融金属注射入口用 30 个离散格子表示,计算域整体由 160×160×500 离散格子表示,计算域底部和侧面边界定义为对流边界。LBM 模拟计算使用了 GPU 进行并行加速计算。

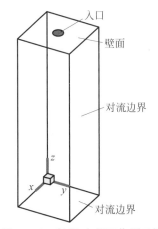

图 5.3.7　射流-水相互作用三维计算域和边界

伍德合金-水相互作用实验与模拟结果的对比如图 5.3.8 所示。可以看出,在金属射流破碎过程中,模拟得到不同时刻的形态与

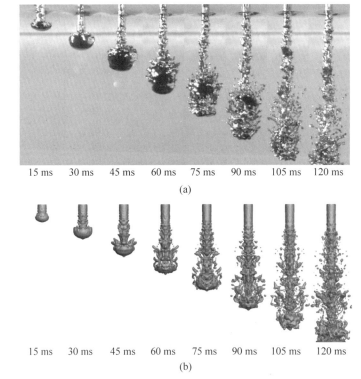

15 ms　30 ms　45 ms　60 ms　75 ms　90 ms　105 ms　120 ms

(a)

15 ms　30 ms　45 ms　60 ms　75 ms　90 ms　105 ms　120 ms

(b)

图 5.3.8　伍德合金-水相互作用过程实验捕捉图像(a)与三维计算结果(b)

(请扫 Ⅱ 页二维码看彩图)

实验吻合较好,射流的穿透深度模拟结果与实验测量的差别在合理范围之内。首先,射流穿入水后初期由于阻力作用形成蘑菇状的前缘,其直径逐渐增大至最大值,然后前缘和射流主体液柱开始分离。由于实验中射流进入水前形成了水滴状的前缘,而与模拟中设定的完美圆柱形射流有差异,实验中的射流的蘑菇状前缘比模拟实验中的稍大。经过比较和验证,使用 LBM 多相流模型的三维计算可在较小的误差范围内实现对熔融金属射流的破裂和碎化过程的模拟。研究者随后使用同样的模型,对熔融堆芯物质与钠的相互作用进行了模拟。

　　在熔融堆芯物质与钠相互作用的模拟中,熔融堆芯物质为二氧化铀,与钠的密度比为 10.23。模拟首先假设对流换热不会显著改变射流柱穿透钠初期的热物理性质,在毫秒时间尺度上重点研究了水力学碎化过程,因此模拟的是一个等温相互作用过程。模拟设置了不同的注射孔径和不同的注射速度,图 5.3.9 展示了注射孔径为 0.02 m、注射速度为 4.43 m/s 的算例计算结果。

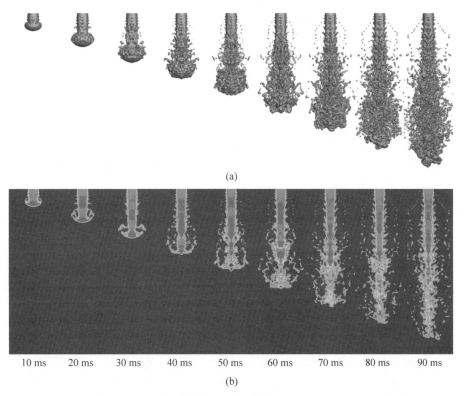

(a)

10 ms　　20 ms　　30 ms　　40 ms　　50 ms　　60 ms　　70 ms　　80 ms　　90 ms

(b)

图 5.3.9　熔融堆芯物质在钠中的破裂与碎化的三维过程(a)和二维截图(b)

(请扫Ⅱ页二维码看彩图)

当熔融射流穿入钠时,射流由于曳力作用而形成蘑菇状的前缘,然后前缘的侧面充分形成,并开始破裂。射流前缘侧部产生的涡流开始撕裂侧部的射流结构,剥离出更小的液滴。射流前缘由于瑞利-泰勒不稳定性而不断破裂剥离,而且前缘的颈部变薄,最后与射流液柱主体断开。射流柱主体的破裂碎化过程则由侧面的剥离和前缘分离后液柱底端的破碎主导。在熔融射流穿入钠的过程中,由于较强的切应力,射流柱侧表面因开尔文-亥姆霍兹不稳定性而出现小扰动波,并且逐渐增长,使小的碎片从液柱表面剥离。在射流前缘部分与液柱主体断开之后,液柱新的前端部分会经历与原本射流前缘相似的破裂过程,而且破碎产生的碎片尺寸比液柱侧面剥离的碎片尺寸更大。研究者对相互作用过程产生的碎片进行了统计,认为以质量加权的碎片平均尺寸随着射流注射直径的增大而变大,而受注射速度变化的影响很小。研究者同时对熔融堆芯物质-钠相互作用中的射流破裂长度进行了分析,认为Epstein等(2001)提出的经验关系更适合预测模拟得到的无量纲射流破裂长度。

5.3.3　碎片床行为模拟

在钠冷快堆堆芯解体事故中,熔融堆芯物质逸出堆芯,并与冷却剂发生剧烈相互作用,产生不同尺寸的碎片和颗粒,随后在堆芯捕集器或堆容器底部堆积成碎片床。保证碎片床的长期充分冷却,是实现严重事故堆容器内滞留策略的重要条件,因此,对冷却剂冷却条件下碎片床行为的研究至关重要。碎片床的有效冷却程度取决于碎片床的堆积外形几何特征、颗粒尺寸特征以及堆积孔隙率等参数,而碎片床产生的衰变热可使碎片床内的钠发生沸腾,碎片床在钠沸腾作用下会出现气液固耦合的自动变平现象,改变原先的冷却条件。

在关于液态金属冷却反应堆严重事故碎片床行为的研究中,前沿的数值模拟研究包括但不限于以下:中山大学研究者采用 MPS 方法对钠冷快堆 CDA 事故中熔融燃料碎片床的形成行为进行模拟(Xu et al. ,2023)、JAEA 研究者采用 SIMMER 程序对碎片床行为模型进行模拟验证(Tagami et al. , 2018)、卡尔斯鲁厄理工学院等单位的研究者采用 SIMMER 程序对碎片床自动变平行为进行模拟(Guo et al. ,2017)。本节以 Guo 等(2017)的模拟研究工作为例进行展示。

Guo 等(2017)使用耦合了 DEM 模型的 SIMMER-Ⅳ程序,对注气条件下球形粒子堆积碎片床的自动变平现象进行了大尺度三维模拟,并与实验结果进行了比较验证。实验中使用的圆柱形容器直径 D 为 0.31 m,高 1 m,底部的 7 L 颗粒以圆锥外形堆积,容器内的水液位高度为 0.18 m,氮气从碎片床底部按一定流量注入,如图 5.3.10 所示,球形颗粒的直径为 6 mm,所使用材料包括氧化铝、不锈钢和氧化锆。

　　在模拟中,颗粒床的初始位置被设置为正态分布,以符合相关实验数据。流体相的网格数和宽度分别为 13×13×15 和 24 mm,网格呈 X-Y-Z 正交几何形状,固体相的 DEM 颗粒数为 34732。研究者在 SIMMER-Ⅳ 程序和 DEM 模型中设置的时间步长分别为 10^{-4} s 和 10^{-5} s。

　　图 5.3.11 给出了氧化铝颗粒碎片床自动变平模拟过程和实验过程的对比图。在模拟结果中,黑色颗粒和彩色区域分别代表固相和液相,液相由体积分数表示水和空气的分布,其中,红色区域代表水,蓝色区域代表气体。可以看出,模拟很好地复现了实验中碎片床外形溃变的行为过程。

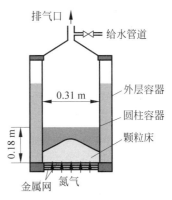

图 5.3.10　颗粒碎片床底部注气
自动变平实验示意图
（请扫Ⅱ页二维码看彩图）

　　为了定量分析碎片床的外形变化,研究者主要关注颗粒堆积上部圆锥体的高度随时间的变化情况,用 H_m 定义这个堆高,并且分析了结合多个无量纲参数的经验模型。图 5.3.12 显示了不同材料和注气速度下,颗粒床堆高模拟结果、实验值和预测值的对比。

　　可以看到,在所有情况下,模拟结果与实验值以及经验模型预测值基本一致,并且很好地模拟了颗粒密度的影响,即颗粒密度越大,颗粒碎片床的堆高下降速度越慢。另外,研究者对 DEM 模型中的模型参数进行了敏感性分析,通过与实验值的比较,认为 DEM 模型中切向黏滞阻尼系数和摩擦系数对颗粒床的整体运动至关重要,对应的参数值应谨慎选择。

5.3.4　严重事故进程缓解装置性能分析

　　法国原子能和替代能源委员会在 ASTRID 钠冷快堆项目中设计了一种用于将严重事故中堆芯熔融物质排出堆芯的转移管（DCS-M-TT）（Bertrand et al.,2018）,如图 5.3.13 所示。DCS-M-TT 可引导熔融物质穿过堆芯栅板和定位板,促进向下迁移至堆芯底部的堆芯捕集器。研究者使用 SIMMER-Ⅴ 程序,分别对含有和不含有 DCS-M-TT 设计的钠冷快堆 CFV 堆芯在无保护失流事故下的事故进程进行了三维模拟（Bachrata et al.,2018; Bertrand et al.,

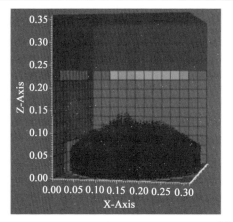

8.0 s

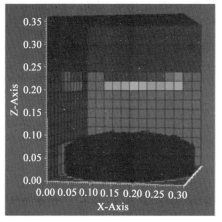

18.0 s

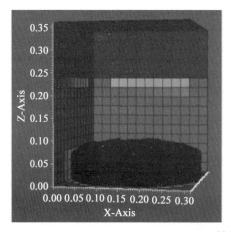

28.0 s

图 5.3.11　模拟和实验中颗粒床运动的可视化截图(8 s、18 s 和 28 s)

(请扫Ⅱ页二维码看彩图)

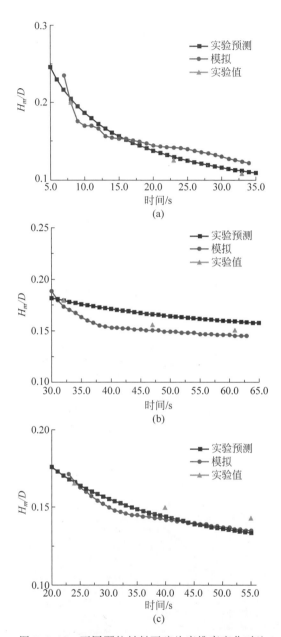

图 5.3.12　不同颗粒材料下碎片床堆高变化对比

（a）氧化铝颗粒；（b）不锈钢颗粒；（c）氧化锆颗粒

（请扫Ⅱ页二维码看彩图）

2021)。模拟中采用的堆芯标准功率为 1500 MW,其堆芯内部的设计可使钠空泡系数显著降低。SIMMMR-Ⅴ 程序中含有和不含有 DCS-M-TT 的堆芯模型如图 5.3.14 所示。

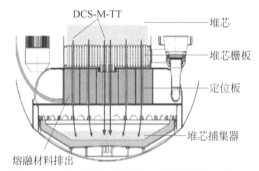

图 5.3.13　ASTRID 项目中 DCS-M-TT 设计结构

（请扫Ⅱ页二维码看彩图）

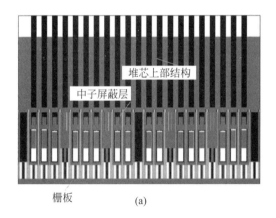

(a)

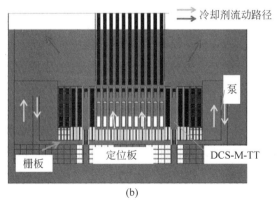

(b)

图 5.3.14　SIMMER-Ⅴ 程序三维多相计算模型示意图

(a) 无 DCS-M-TT；(b) 有 DCS-M-TT

（请扫Ⅱ页二维码看彩图）

无保护失流事故由一回路泵跳闸触发,且紧急停堆装置不响应动作,一回路钠冷却剂从初始稳态运行的流量按半衰期为 10 s 的速率降低。图 5.3.15 给出了事故发生后两种堆芯的反应性变化。堆芯冷却剂温度由于流量降低而上升,引起堆芯反应性轻微降低。然而,反应性的降低无法使堆芯功率显著降低,因此堆芯内部出现钠沸腾现象。模拟预测显示,没有事故缓解装置的堆芯在事故发生 29.8 s 出现钠沸腾现象,而具备事故缓解装置的堆芯则在 33.7 s 出现钠沸腾 7 s。钠沸腾现象导致堆芯内部空泡反复出现和消失,引起事故发生后 30~50 s 间的堆芯反应性振荡。

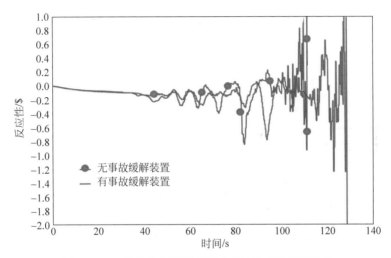

图 5.3.15　无保护失流事故所引起的堆芯反应性变化

(请扫 Ⅱ 页二维码看彩图)

在事故发生的初期阶段,由于 DCS-M-TT 设计导致的堆芯结构差异,在无事故缓解装置的堆芯中,事故发生 43.3 s 发生包壳熔化燃料解体,50.2 s 发生燃料组件断裂;在具有 DCS-M-TT 设计的堆芯中,燃料解体后和燃料组件断裂分别在 52.2 s 和 61 s 出现。堆芯在发生瞬发临界功率激增前的毁坏情况如图 5.3.16 所示,不同的燃料组件发生熔化解体,而且在一些区域可以观察燃料解体向相邻的控制棒导管的传播,而这些管道因热传递而发生破裂。

没有事故缓解装置的堆芯在事故发生 111 s 时有 25% 的燃料解体毁坏,并触发瞬发临界,而带有事故缓解装置的堆芯则在事故发生 127 s 才达到瞬发临界状态。事故缓解装置对严重事故传播的影响主要在于功率激增瞬间。如果堆芯中没有事故减缓装置,熔融堆芯物质缺乏逸出堆芯的有效路径,从而增强了自身的熔化和聚积,无法引入负反应性使功率下降,使得功率激增至最大值为 1500 倍额定功率的水平。

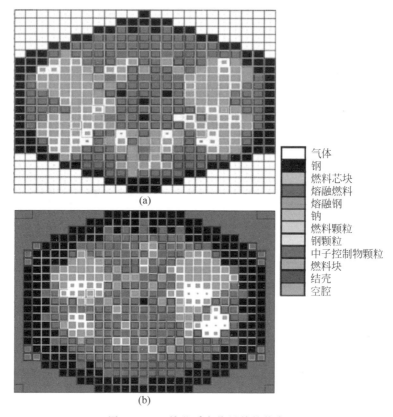

图 5.3.16　堆芯瞬发临界前的状态

（a）无 DCS-M-TT；（b）有 DCS-M-TT

（请扫 Ⅱ 页二维码看彩图）

　　而在具有 DCS-M-TT 设计的堆芯中，瞬发临界触发 1 s 过后，DCS-M-TT 导通，使得熔融堆芯物质能够逸出堆芯，堆芯净反应性得以降低。相比不具有事故缓解装置的堆芯，功率激增达到的最大值为 250 倍额定功率水平，而且熔化的燃料比例更少。发生功率激增后 20 s，有约 23% 的熔融燃料通过 DCS-M-TT 排出至堆芯捕集器上。图 5.3.17 给出了两种堆芯在发生功率激增后的状态。

　　研究者使用 SIMMER-Ⅴ 程序计算了大约 140 s 的无保护失流瞬态事故，三维计算的结构证明了在堆芯不同位置设置事故缓解装置的必要性。此外，缓解装置的数量和布置位置需要能够恰当地排出熔融堆芯物质。

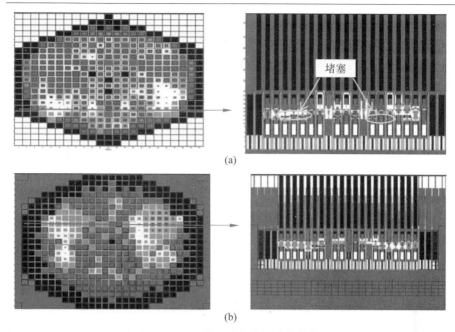

图 5.3.17　堆芯瞬发临界后的状态

(a) 无 DCS-M-TT；(b) 有 DCS-M-TT

(请扫 Ⅱ 页二维码看彩图)

5.3.5　放射性裂变产物迁移行为模拟

1. 气体裂变产物释放行为模拟

考虑到液态金属冷却反应堆包壳失效所引起的裂变气体释放的实验研究一般难以实现,研究者通过数值模拟对包壳破损情况下的裂变气体释放行为进行建模分析,进而为后续的实验研究提供一定的帮助。

针对钠冷快堆燃料元件失效后裂变气体的释放行为,Bolotnov 等(2012)和 Behafarid 等(2013)分别使用 NPHASE-CMFD 程序和 PHASTA 程序,耦合 DNS 方法与雷诺平均法,对燃料包壳破裂时裂变气体的释放行为进行了数值模拟分析。Bolotnov 等(2012)基于 NPHASE-CMFD 程序实现的多场建模框架,建立了气体-冷却剂(钠)相互作用的三维模型;研究还提出了一种对燃料包壳局部过热以及包壳破裂后,裂变气体向部分堵塞的钠冷快堆冷却剂通道喷射行为的计算机模拟建模概念;研究结果以及相关参数测试为 NPHASE-CMFD 的整体计算模型的准确性和稳固性提供了支持。Behafarid 等(2013)还提出了一种多尺度多相模拟反应堆瞬态和事故的方法,通过一致的数据传输来实现 PHASTA 和 NPHASE-CMFD 两个程序之间的耦合,在两个不同的时空尺度上解决了控制事故进展的现象。然而,以上的模拟研究存在局限性,瞬态模拟时间较短,且仅对产生的气泡界面几何特征和上升速度进行分析,并没有深入研究气体的释放量,也没有揭示破口尺寸、气体压力、冷却剂温度等参数对气体释放行为的影响规律。

Guo 和 Zhou(2022)基于传统的 Booth 模型和晶界渗流效应,利用多物理场模拟软件 COMSOL Multiphysics 模拟了氧化物燃料中裂变气体释放的过程。在模拟的基础上,研究了不同气泡生长速率和聚并速率对独立晶界的影响,以及气泡接触角、径向位置、点阵、气体分辨率等参数对裂变气体释放的影响。结果表明,燃料芯块径向表面气体原子密度的饱和速率受晶界渗滤的影响,通过渗流可以有效地降低裂变气体释放的量。研究中将改变气泡接触角和气体分辨率等重要参数得到的模拟结果,与 Booth 模型以及前人实验的模型结果进行了比较分析。通过比较发现,模拟结果与前人研究结果在很多方面具有一致性,为模拟的有效性提供了支持。

章筱迪等(2016)基于有限元分析软件 ABAQUS 对 UO$_2$ 燃料芯块中裂变气体的释放行为进行了模拟,并通过 ABAQUS 软件对 ANS-5.4 单阶段模型和两阶段 Forsberg-Massih 释放模型这两个经典模型进行了建模,并将得到的模拟结果与已有文献中的计算结果进行了对比,验证了使用 ABAQUS 软件二次开发方式模拟裂变气体释放行为的可行性。

中国原子能科学研究院开发了名为 FIBER 的分析程序(陈启董和高付海,2024),用于评估钠冷快堆氧化物燃料元件在事故条件下的性能和行为。该程序基于有限元方法可以实现对稳态和瞬态事故条件下的裂变气体释放行为的计算。通过将程序计算结果与俄罗斯 BN600 反应堆的辐照数据进行对比分析,发现模拟计算结果与实验数据具有较好的一致性。实验验证还表明,该程序可以模拟分析具有最高燃耗 11.8at% 和最大 78 dpa 辐照损伤的快堆燃料元件的裂变气体释放行为。

目前而言,结合应用计算流体力学软件和有限元分析软件进行模拟,是研究液态金属冷却反应堆中裂变气体通过包层裂缝释放这一复杂两相流过程的可行方法。数值模拟可为相关实验的开展提供帮助,也可以互相验证,能够更好地揭示影响裂变气体释放的参数之间的关系,使研究者能够对各种参数之间复杂的相互作用有更深刻的理解。

2. 气体裂变产物池洗过程模拟

仿真模拟是放射性裂变产物气溶胶池洗过程研究中的一个重要环节。

合理利用数值模拟技术,可以更好地了解冷却液池中气溶胶颗粒的迁移行为。相关研究者分别基于池洗程序模型和计算流体力学这两种主要的方法,开发了多种池洗模拟程序和工具。

使用基于池洗程序模型的池洗程序进行模拟是目前比较常见的模拟方法。该方法更关注对某一结果(如去污因子、去除效率等)的计算。通过系统地改变一些参数(如淹没深度、气泡尺寸等)进行一系列的计算,可以研究这些参数对池洗结果的敏感性。这类池洗程序的开发与所建立的池洗模型密切相关,程序模拟结果的可靠性又需要通过实验进行验证。因此,这类池洗程序模拟通常都与实验一起进行。

He 等(2021)使用自行开发的程序对水池洗 ACE 实验、Lace-Espana 实验进行了模拟。为了研究该程序与其他池洗程序模拟的差异,He 等将模拟结果与 MELCOR 程序和 COCOSYS 程序的模拟结果进行了比较分析。此外,Lee 等(2019)为了验证其开发程序的正确性,利用 I-COSTA 程序对 Lace-Espana 实验进行模拟,并将模拟结果与 SPARC-90 程序的模拟结果以及实验结果进行比较。

IFR(integral fast reactor)池洗程序是美国阿贡国家实验室为了模拟钠池中气溶胶的洗涤过程,在机械源项试算中使用了作为 IFR 程序的一部分而开发的计算工具(Bucknor et al. ,2017)。模型主要考虑钠冷快堆事故早期阶段的裂变产物洗涤,主要解决液池中上升的独立气泡内的放射性气溶胶沉积问题。Bucknor 等(2017)使用 IFR 池洗程序,对池式钠冷快堆严重事故中 PLOF+ 和 UTOP+ 两种瞬态情形下的气溶胶池洗过程进行了模拟。其中,PLOF+ 是一种带保护措施的失流与失热阱耦合的瞬态情形,并伴随着不断减弱的衰变热移除能力;UTOP+ 则是一种无保护措施的瞬态超功率情形。在 PLOF+ 瞬态情形下,分别模拟了三种燃料批次经过燃料棒包壳失效、生成含有放射性气溶胶的混合气泡在钠池中的池洗过程,揭示了气溶胶直径和密度对总体去污因子的重要性。在 UTOP+ 瞬态情形下,模拟了两种燃料批次的气溶胶池洗过程,模拟结果表明了钠蒸气冷凝过程对裂变产物池洗机制的重要性。随后,Becker 等(2021)为了验证 SRT 池洗模型的准确性,构建了一个气溶胶池洗实验平台,同时使用程序模拟实验过程,将模拟结果和实验结果对比分析。研究者通过改变气泡大小、气溶胶密度、池高度和气溶胶浓度等参数,总共进行了七组实验来研究这些参数对去污因子的影响。尽管程序使用的简化模型使得每组实验的实验结果均高于模拟结果,但模拟结果和实验结果趋势十分相似,这从一定程度上证明了模型和程序计算的可靠性。

Dehbi 等(2001)通过 POSEIDON-Ⅱ实验研究了低过冷池中气溶胶的洗

涤过程,通过 17 项综合实验,探讨了池高、载气蒸汽质量分数和颗粒直径对去污因子的影响。为了最大限度地利用实验数据并优化理论模型,Dehbi 等使用 BUSCA 程序模拟实验过程。结果表明,池高度越大,模拟预测结果越准确;池高度过小时,模拟预测值远大于实验值。通过分析实验结果与模拟结果的差异,研究者讨论了 BUSCA 代码在模拟低过冷池中气溶胶颗粒擦洗过程中的不足,并对模型优化提出了针对性的建议。

此外,Kim 等(2021)通过实验研究了喷嘴尺寸对气泡行为和气溶胶去除效率的影响,并将实验结果与 POSCAR 程序的模拟结果进行了比较。POSCAR 程序是 Kim 等(2020)基于 BUSCA 程序和 SPARC 程序开发的水池洗程序,用于评估气溶胶移除效率。POSCAR 程序的计算结果与实验结果非常接近,去污因子的值随着喷嘴尺寸的增大而减小。然而,喷嘴尺寸越小时,模拟结果与实验结果偏差越明显。这种差异可归因于喷嘴小尺寸所产生的复杂动力学作用,POSCAR 程序忽略了入口处的射流形成现象,从而忽略了射流效应促进的气溶胶去除,模拟结果也因此明显低于实验结果。

在池洗过程研究中,冷却剂流场和温度场分布的实验测量是一项复杂且具有挑战性的工作,而且实验成本很高。利用 CFD 模拟可以更直观地描述裂变产物在池内的迁移行为,并且预测各种复杂的流动和传热现象。因此,CFD 模拟在放射性裂变产物池洗研究中得到了广泛的应用。

Sun(2021)采用欧拉-拉格朗日方法模拟气泡内气溶胶颗粒的净化过程。该方法侧重于研究气泡内的颗粒动力学、聚并、分离机制,以及气泡速度、气体性质和颗粒性质等因素对颗粒去污的影响。了解相关的气溶胶去除机制和气泡动力学,对于气-液-固三相系统中气泡内颗粒输运的数值模拟至关重要,其中考虑的气溶胶颗粒去除机制主要包括蒸汽混凝、热泳、惯性碰撞和气泡形成过程中的表面弯曲。Sun 首先研究了球形气泡内气溶胶颗粒的净化过程,随后讨论了椭圆气泡内颗粒的净化。气泡中的气溶胶粒子在离心力的作用下向气液界面迁移。一旦颗粒到达气液界面,颗粒被液相捕获并在载气中进行净化。气泡内的气溶胶粒子由于它们的相对运动而相互接触和碰撞。气溶胶颗粒的凝结导致颗粒黏附并形成更大的颗粒。团聚颗粒之间的布朗运动由朗之万(Langevin)方程控制,也可以利用离散单元法(DEM)模拟每个颗粒的运动。当存在大量气溶胶颗粒时,使用离散相方法(DPM)在拉格朗日参考系下追踪气泡中的气溶胶颗粒。Fujiwara 等(2019)通过实验研究了池中含有气溶胶的单个气泡的动力学,以及基于实验气泡动力学的去污因子。通过将 CFD 方法预测的去污因子与 Fujiwara 等的实验结果以及 MELCORE 程序的计算结果进行比较,Sun 验证了 CFD-DPM 方法的准确性。

　　Kunšek 等(2022)采用多流体的描述方法对池洗实验进行了模拟,旨在验证所提出的关于池中固体颗粒行为的理论模拟模型。利用开源 CFD 程序OpenFOAM,研究者模拟了 SCRUPOS 实验(Turni,2016)和 EPRI 实验(Cunnane et al.,1984)并与实验数据进行了比较。对 SCRUPOS 实验模拟水池洗的结果表明,去污因子的模拟值高于实验值。在最高测量点,气体体积分数模拟值大概是实验值的两倍,垂直气体速度的模拟值大概是实验值的1.5 倍。SCRUPOS 实验去污因子的模拟结果比实际结果高出 2～3 倍。颗粒从气体到液体输运的子网格模型被认为是合理的,但在气液流动建模部分还有待优化改进。

　　在对 EPRI 实验的模拟中,考虑了不同的入口尺寸。为了测试阻力倍增系数变化对模拟结果的影响,对特定工况下的 Schiller-Neumann 阻力模型进行了多次应用,阻力倍增系数 K_{CD} 在 0.5～1.5。模拟结果发现,在相同的阻力倍增系数条件下,去污因子具有相似性,用 $K_{CD}=1.5$ 获得的模拟结果与用标准 Schiller-Neumann 模型获得的结果相似。在没使用倍增系数的情况下,当入口面积最大时模拟结果与实验结果最接近。出现这种情况可能是由于入口面积较大导致入口速度较低,因此更符合球形气泡上升模型。在 $K_{CD}=$ 0.5 的情况下,不用阻力倍增系数的模拟值与实验值的一致性更好,这可能是因为入口处的空气和颗粒速度较低。Kunšek 等(2022)两组模拟实验的模拟值尽管和实验值之间存在显著差异,但数量级保持一致;所提出的新型多流体模型采用局部瞬时描述方法并捕获了池洗的潜在控制机制,其有效性得到了验证。

　　综上所述,目前世界范围内针对液态金属堆池洗的相关研究较少,且大多集中于钠冷快堆的研究,并未有关于放射性气溶胶在熔融铅铋中池洗的研究。相比之下,基于水堆池洗过程的研究更加充分完善,而且在池洗过程气溶胶迁移机理方面的研究中,水洗和钠洗之间存在许多相似点。因此,在将来进行更深层次的液态金属冷却反应堆池洗过程的研究时,在参考关于气溶胶在熔融钠中迁移特性的研究的同时,水池洗涤过程的研究也可以提供思路和启发。

参 考 文 献

曹永刚,张熙司,胡文军,等,2016.COMMEN 程序燃料元件精细模型的开发和验证[J].原子能科学技术,50(12):2157-2164.

陈启董,高付海,2024.钠冷快堆燃料元件性能分析程序的开发与验证[J].原子能科学技术,58(3):604-613.

勾文进,2019.自由面流动模拟的改进 MPS 方法与异构并行加速[D].杭州:浙江大学.

赫连仁,张斌,滕春明,等,2020.钠冷快堆碎片床长期冷却阶段冷却性能分析程序的开发
及验证[J].核动力工程,41(6):14-18.

汪振,2017.铅基研究实验堆假想堆芯解体事故分析研究[D].合肥:中国科学技术大学.

张建民,何小泷,2017.格子玻尔兹曼方法在多相流中的应用[J].水动力学研究与进展,
32(5):531-541.

薛方元,张熙司,曹永刚,2019.COMMEN 程序热膨胀模型的开发和验证[J].核科学与工
程,39(1):113-119.

张朝东,2018.蒸汽发生器管道破裂对铅基堆热工安全特性影响分析研究[D].合肥:中国
科学技术大学.

章筱迪,郝萌,刘龙,等,2016.核燃料芯块裂变气体释放行为模拟研究[J].核电子学与探
测技术,36(12):1200-1204.

朱跃,2018.移动粒子半隐式法中压力振荡的研究[D].北京:清华大学.

AJIZ M A, JENNINGS A, 1984. A robust incomplete Choleski-conjugate gradient
algorithm[J]. International Journal for Numerical Methods in Engineering, 20(5):
949-966.

BACHRATA A, TROTIGNON L, SCIORA P, et al., 2019. A three-dimensional
neutronics-thermal hydraulics unprotected loss of flow simulation in sodium-cooled fast
reactor with mitigation devices[J]. Nuclear Engineering and Design,46:1-9.

BALEVIČIUS R, KAČIANAUSKAS R, MRÓZ Z, et al., 2008. Discrete-particle
investigation of friction effect in filling and unsteady/steady discharge in three-
dimensional wedge-shaped hopper[J]. Powder Technology,187(2):159-174.

BECKER K F, ANDERSON M H, 2021. Experimental study of SRT scubbing model in
water coolant pool[J]. Nudear Engineering and Design,377:111130.

BEHAFARID F, SHAVER D, BOLOTNOV I A, et al., 2013. Coupled DNS/RANS
simulation of fission gas discharge during loss-of-flow accident in generation Ⅳ sodium
fast reactor[J]. Nuclear Technology,181(1):44-55.

BERTHOUD G, DURET B. 1989. The freezing of molten fuel:reflections and new results
[C]. Karlsruhe, Germany:Proceeding of the 4th Topical Meeting on Nuclear Reactor
Thermal-hydraulics.

BERTRAND F, MARIE N, BACHRATA A, et al., 2018. Status of severe accident studies
at the end of the conceptual design of ASTRID:Feedback on mitigation features[J].
Nuclear Engineering and Design,326:55-64.

BERTRAND F, BACHRATA A, MARIE N, et al., 2021. Mitigation of severe accidents for
SFR and associated event sequence assessment[J]. Nuclear Engineering and Design,372:
110993.

BHATNAGAR P, GROSS E, KROOK M, 1954. A Model for collision processes in gases.
I. Small amplitude processes[J]. Physical Review,94(3):511-525.

BIERBRAUER F,BOLLADA P C,PHILLIPS T N,2009,A consistent reflected image particle approach to the treatment of boundary conditions in smoothed particle hydrodynamics[J] Computer Methods in Applied Mechanics and Engineering,198(41): 3400-3410.

BOHL W R,LUCK L B,1990. SIMMER-Ⅱ: A computer program for LMFBR disrupted core analysis[R]. Los Alamos National Laboratory,LA-11415-MS.

BOHL W R,WILHELM D,1992. The advanced fluid dynamics model program: scope and accomplishment[J]. Nuclear Technology,99 (3): 366-373.

BOLOTNOV I A,ANTAL S P,JANSEN K E,et al. ,2012. Multidimensional analysis of fission gas transport following fuel element failure in sodium fast reactor[J]. Nuclear Engineering and Design,247: 136-146.

BRACKBILL J U,KOTHE D B,ZEMACH C,1992,A continuum method for modelling surface tension[J]. Journal of Computational Physics,100(2): 335-354.

BUCKNOR M, FARMER M, GRABASKAS D, 2017. An assessment of fission product scrubbing in sodium pools following a core damage event in a sodium cooled fast reactor [C]. Yekaterinburg,Russia: Proceedings of International Conference on Fast Reactors and Related Fuel Cycles: Next Generation Nuclear Systems for Sustainable Development (FR17).

CARNAHAN N F, STARLING K E, 1969. Equation of state for nonattracting rigid spheres[J]. The Journal of Chemical Physics,51(2): 635-636.

CHEN L, KANG Y, MU Y, et al. , 2014. A critical review of the pseudopotential multiphase lattice Boltzmann model: Methods and applications[J]. International Journal of Heat and Mass Transfer,76: 210-236.

CHENG H,CHENG S,ZHAO J,2020. Study on corium jet breakup and fragmentation in sodium with a GPU-accelerated color-gradient lattice Boltzmann solver[J]. International Journal of Multiphase Flow,126: 103264.

CHENG H,ZHAO J,SAITO S,et al. ,2021. Study on melt jet breakup behavior with nonorthogonal central-moment MRT color-gradient lattice Boltzmann method [J]. Progress in Nuclear Energy,136: 103725.

CHENG S,XU R,2021. Safety of Sodium-cooled Fast Reactors[M]. Beijing: Tsinghua University Press,Singapore: Springer Nature Singapore.

CLARK T T,2003. A numerical study of the statistics of a two-dimensional Rayleigh-Taylor mixing[J]. Physics of Fluids,15(8): 2413-2423.

CUNDALL P A, STRACK O D L, 1979. A discrete numerical model for granular assemblies[J]. Géotechnique,29(1): 47-65.

CUNNANE J C,KUHLMAN M R, OEHLBERG R N,1984. The scrubbing of fission product aerosols in LWR water pools under severe accident conditions. Experimental results[C]. Snowbird,United States: Proceedings of the Topical Meeting on Fission Product Behavior and Source Term Research.

DE ROSIS A, 2017. Nonorthogonal central-moments-based lattice Bolizmann scheme in three dimension[J]. Physical Review E, 95(1): 013310

DEHBI A, SUCKOW D, GUENTAY S, 2001. Aerosol retention in low-subcooling pools under realistic accident conditions [J]. Nuclear Engineering and Design, 203 (2-3): 229-241.

DEHNEN W, ALY H, 2012. Improving convergence in smoothed particle hydrodynamics simulations without pairing instability[J]. Monthly Notices of the Royal Astronomical Society, 425(2): 1068-1082.

DUAN G, KOSHIZUKA S, CHEN B, 2015. A contoured continuum surface force model for particle methods[J]. Journal of Computational Physics, 298(C): 280-304.

DUAN G, KOSHIZUKA S, YAMAJI A, et al., 2018. An accurate and stable multiphase moving particle semi-implicit method based on a corrective matrix for all particle interaction models[J]. International Journal for Numerical Methods in Engineering, 115(10): 1287-1314.

EPSTEIN M, FRAUSKE H K, 2001. Applications of the turbulent entrainment assumption to immiscible gas-liquid and liquid-liquid systems[J]. Chemical Engineering Research and Design, 79(4): 453-462.

FALCUCCI G, UBERTINI S, 2013. Lattice Boltzmann simulation of cavitating flows[J]. Communications in Computational Physics, 13(3): 685-695.

FRAGA FILHO C A D, 2019. Smoothed Particle Hydrodynamics: Fundamentals and Basic Applications in Continuum Mechanics[M]. Switzerland: Springer Nature Switzerland AG.

FRANK X, PERRÉ P, 2012. Droplet spreading on a porous surface: a lattice Boltzmann study[J]. Physics of Fluids, 24(4): 042101.

FRANK X, FUNFSCHILLING D, MIDOUX N, et al., 2005. Bubbles in a viscous liquid: lattice Boltzmannsimulation and experimental validation[J]. Journal of Fluid Mechanics, 546: 113-122.

FUJIWARA K, KIKUCHI W, NAKAMURA Y, et al., 2019. Experimental study of single-bubble behavior containing aerosol during pool scrubbing[J]. Nuclear Engineering and Design, 348: 159-168.

FUKANO Y, ONODA Y, SATO I, 2010. Fuel pin behavior up to cladding failure under pulse-type transient overpower in the CABRI-FAST and CABRI-RAFT experiments[J]. Journal of Nuclear Science and Technology, 47(4): 396-410.

FUKANO Y, 2015. SAS4A analysis on hypothetical total instantaneous flow blockage in SFRs based on in-pile experiments[J]. Annals of Nuclear Energy, 77: 376-392.

FUKANO Y, 2019. Development and validation of SAS4A code and its application to analyses on severe flow blockage accidents in a sodium-cooled fast reactor[J]. Journal of Nuclear Engineering and Radiation Science, 5(1): 1-13.

GAN Y, XU A, ZHANG G, et al., 2015. Discrete Boltzmann modeling of multiphase flows: hydrodynamic and thermodynamic non-equilibrium effects [J]. Soft Matter, 11 (26):

5336-5345.

GINGOLD R A,MONAGHAN J J,1977. Smoothed particle hydrodynamics: theory and application to non-spherical stars [J]. Monthly Notices of the Royal Astronomical Society,181(3): 375-389.

GONG S,CHENG P,2012. Numerical investigation of droplet motion and coalescence by an improved lattice Boltzmann model for phase transitions and multiphase flows[J]. Computers & Fluids,53: 93-104.

GONG S,CHENG P,2013. Lattice Boltzmann simulation of periodic bubble nucleation, growth and departure from a heated surface in pool boiling[J]. International Journal of Heat and Mass Transfer,64: 122-132.

GRUNAU D,CHEN S,EGGERT K,1993. A lattice Boltzmann model for multiphase fluid flows[J]. Physics of Fluids A: Fluid Dynamics,5(10): 2557-2562.

GUNSTENSEN A K, ROTHMAN D H, ZALESKI S, et al. , 1991. Lattice Boltzmann model of immiscible fluids[J]. Physical Review A,43(8): 4320-4327.

GUO J, ZHOU W, 2022. Fission gas release grain boundary network percolation mechanistic studies in oxide fuels based on COMSOL multiphysics framework[C]. Shenzhen, China: Proceedings of the 29th International Conference on Nuclear Engineering.

GUO L,MORITA K,TOBITA Y,2017. Numerical simulations on self-leveling behaviors with cylindrical debris bed[J]. Nuclear Engineering and Design,315: 61-68.

GUO Z,ZHENG C,SHI B,2002. Discrete lattice effects on the forcing term in the lattice Boltzmann method[J]. Physical Review E,65(4): 046308.

HALLIDAY I,HOLLIS A, CARE C, 2007. Lattice Boltzmann algorithm for continuum multicomponent flow[J]. Physical Review E,76(2): 26708.

HAO L,CHENG P,2009. Lattice Boltzmann simulations of liquid droplet dynamic behavior on a hydrophobic surface of a gas flow channel[J]. Journal of Power,190(2): 435-446.

HAO L,CHENG P,2010. Lattice Boltzmann simulations of water transport in gas diffusion layer of a polymer electrolyte membrane fuel cell[J]. Journal of Power Sources,195(12): 3870-3881.

HE L,LI Y,ZHOU Y,et al. ,2021. Investigation on aerosol pool scrubbing model during severe accidents[J]. Frontiers in Energy Research,9: 691419.

HE X,SHAN X,DOOLEN G D,1998. Discrete Boltzmann equation model for nonideal gases[J]. Physical Review E,57(1): R13-R16.

HE X Y,CHEN S Y,ZHANG R Y,1999. A lattice Boltzmann scheme for incompressible multiphase flow and its application in simulation of Rayleigh-Taylor instability [J]. Journal of Computational Physics,152(2): 642-663.

HIETEL D,STEINER K,STRUCKMEIER J,2000. A finite volume particle method for compressible flows[J]. Mathematical Models and Methods in Applied Sciences,10(9): 1363-1382.

HOLDYCH D J,ROVAS D,GEORGIADIS J G,et al. ,1998. An improved hydrodynamics formulation for multiphase flow lattice-Boltzmann models[J]. International Journal of Modern Physics C,9(8): 1393-1404.

HOLDYCH D,GEORGIADIS J,BUCKIUS R,2001. Migration of a van der Waals bubble: lattice Boltzmann formulation[J]. Physics of Fluids,13(4): 817-825.

HOSSAIN M K,HIMURO Y, MORITA K,et al. ,2008. Experimental Study of Molten Metal Penetration and Freezing Behavior in Pin-Bundle Geometry [J]. Memoirs Faculty Eng. Kyushu University,68(4): 163-174.

HUANG H,SUKOP M C,LU X,2015. Multiphase Lattice Boltzmann Methods: Theory and Application[M]. Hoboken: John Wiley & Sons,Limited.

INAMURO T,KONISHI N, OGINO F, 2000. A Galilean invariant model of the lattice Boltzmann method for multiphase fluid flows using free-energy approach[J]. Computer Physics Communications,129(1-3): 32-45.

ISMAGILOV T,2006. Smooth volume integral conservation law and method for problems in Lagrangian coordinates[J]. Computational Mathematics and Mathematical Physics, 46: 453-464.

JO Y B,PARK S H,CHOI H Y,et al. ,2019. SOPHIA: Development of Lagrangian-based CFD code for nuclear thermal-hydraulics and safety applications[J]. Annals of Nuclear Energy,124: 132-149.

KAWABATA O,ENDO H, HAGA K, 2009. Severe accident containment-response and source term analyses by AZORES code for a typical FBR plant[C]. Kyoto, Japan: Proceedings of International Conference on Fast Reactors and Related Fuel Cycles (FR09).

KAWABATA O,ENDO H, HAGA K, 2011. Development of AZORES code analyzing severe accident sequences for a typical FBR plant, Japan nuclear energy safety organization (JNES) [C]. Makuhari, Japan: Proceedings of the 19th International Conference on Nuclear Engineering.

KAYSER G, STANSFIFLD R, 1994. SCARABEE experimental expertise on failure mechanisms of stainless steel walls attacked by molten oxide[C]. Pittsburgh, USA: Proceedings of the International Topical Meeting on Advanced Reactors Safety (ARS'94).

KĘDZIERSKA B,GUBERNATIS P,MEDALE M,2022. Implementation of multi-domains in SIMMER-Ⅴ thermohydraulic code[J]. Annals of Nuclear Energy,178: 109338.

KIM Y H,KAM D H, YOON J, et al. ,2020. The importance of representative aerosol diameter and bubble size distribution in pool scrubbing[J]. Annals of Nuclear Energy, 147: 107712.

KIM Y H,YOON J,JEONG Y H,2021. Experimental study of the nozzle size effect on aerosol removal by pool scrubbing[J]. Nuclear Engineering and Design,385: 111544.

KONDO S,FURUTANI A, ISHIKAWA M,1985. SIMMER-Ⅱ application and validation studies in Japan for energetic accommodation of severe LMFBR accidents[C]. Knoxville, USA：Proceedings of International Topical Meeting on Fast Breeder Reactor Safety.

KONDO S，YAMANO H，TOBITA Y，et al. ，2000. Phase 2 code assessment of SIMMER-Ⅲ，A computer program for LMFR core disruptive accident analysis[R]. Japan Nuclear Cycle Development Institute，JNC TN9400 2000-105.

KOSHIZUKA S，OKA Y，1996. Moving-particle semi-implicit method for fragmentation of incompressible fluid[J]. Nuclear Science and Engineering，123(3)：421-434.

KOSHIZUKA S，NOBE A，OKA Y，1998. Numerical analysis of breaking waves using the moving particle semi-implicit method[J]. International Journal for Numerical Methods in Fluids，26：751-769.

KRIVENTSEV V，RINEISKI A，MASCHEK W，2014. Application of safety analysis code SIMMER-Ⅳ to blockage accidents in FASTEF subcritical core[J]. Annals of Nuclear Energy，64：114-121.

KRÜGER T，KUSUMAATMAJA H，KUZMIN A，et al. ，2017. The Lattice Boltzmann Method[M]. Switzerland：Springer International Publishing Switzerland.

KUNŠEK M，CIZELJ L，KLJENAK I，2022. New multi-fluid model of pool scrubbing in bubble rise region[J]. Nuclear Engineering and Design，395：111873.

KUPERSHTOKH A L，MEDVEDEV D A，KARPOV D I，2009. On equations of state in a lattice Boltzmann method[J]. Computers & Mathematics with Applications，58(5)：965-974.

LATVA-KOKKO M，ROTHMAN D，2005. Diffusion properties of gradient-based lattice Boltzmann models of immiscible fluids[J]. Physical Review E，71(5)：056702.

LECLAIRE S，REGGIO M，TRÉPANIER J Y，2012. Numerical evaluation of two recoloring operators for an immiscible two-phase flow lattice Boltzmann model[J]. Applied Mathematical Modelling，36(5)：2237-2252.

LECLAIRE S，PELLERIN N，REGGIO M，et al. ，2013. Enhanced equilibrium distribution functions for simulating immiscible multiphase flows with variable density ratios in a class of lattice Boltzmann models[J]. International Journal of Multiphase Flow，57：159-168.

LEE Y，CHO Y J，RYU I，2019. Effect of bubble size distribution in retention of aerosol particles during pool scrubbing，-Part Ⅰ：sensitivity studies on retention mechanisms of aerosol particles and various bubble size distributions[C]//Goyang，Korea：Transactions of the Korean Nuclear Society Autumn Meeting.

LI Q，LUO K H，LI X J，2012. Forcing scheme in pseudopotential lattice Boltzmann model for multiphase flows[J]. Physical Review E，86(1)：016709.

LIU G R，LIU M B，2003. Smoothed Particle Hydrodynamics：A Meshfree Particle Method [M]. Singapore：World Scientific.

LIU M B，LIU G R，2010. Smoothed Particle Hydrodynamics(SPH)：an overview and recent developments[J]. Archives of Computational Methods in Engineering，17：25-76.

LIU H, VALOCCHI A J, KANG Q, 2012. Three-dimensional lattice Boltzmann model for immiscible two-phase flow simulations[J]. Physical Review E, 85(4): 046309.

LIU P, YASUNAKA S, MATSUMOTO T, et al., 2006. Simulation of the dynamic behavior of the solid particle bed in a liquid pool: sensitivity of the particle jamming and particle viscosity models [J]. Journal of Nuclear Science and Technology, 43 (2): 140-149.

LIU P, YASUNAKA S, MATSUMOTO T, et al., 2007. Dynamic behavior of a solid particle bed in a liquid pool: SIMMER-Ⅲ code verification [J]. Nuclear Engineering and Design, 237(5): 524-535.

LIU X, GUO L, MORITA K, et al., 2013. Improved simulation of single bubble rising in stagnant liquid using finite volume particle method[C]. Yamaguchi, Japan: Proceedings of the 24th International Symposium on Transport Phenomena.

LIU X, OGAWA R, KATO M, et al., 2018. Accuracy and stability enhancements in the incompressible finite-volume-particle method for multiphase flow simulations [J]. Computer Physics Communications, 230: 59-69.

LU J, LIU X, WANG K, et al., 2022. Numerical study of gas-injection induced pool sloshing behavior using MPS method[J]. International Journal of Advanced Nuclear Reactor Design and Technology, 4(3): 147-155.

LUCY L B, 1977. A numerical approach to the testing of the fission hypothesis[J]. The Astronomical Journal, 82: 1013-1024.

MASCHEK W, FIEG G, FLAD M, 1990. Experimental investigations of freezing phenomena of liquid/particle mixtures in the THEFIS facility and their theoretical interpretation[C]. Snowbird, USA: Proceeding of the 1990 International Fast Reactor Safety Meeting.

MAZLOOMI M A, CHIKATAMARLA S S, KARLIN I V, 2015. Entropic lattice Boltzmann method for multiphase flows: Fluid-solid interfaces [J]. Physical Review Letters, 114(17): 174502.

MILES K J, HILL D J, 1986. DEFORM-4: fuel pin characterization and transient response in the SAS4A accident analysis code system[C]. Guernsey, United Kingdom: Guernsey, United Kingdom: International Conference on Science and Technology of Fast Reactor Safety.

MOGHIMI M H, QUINLAN N J, 2019. A model for surface tension in the meshless finite volume particle method without spurious velocity [J]. Computers & Fluids, 179: 521-532.

MONAGHAN J J, 1989. On the problem of penetration in particle methods[J]. Journal of Computational Physics, 82(1): 1-15.

MONAGHAN J J, 1994. Simulating free surface flows with SPH [J]. Journal of Computational Physics, 110(2): 399-406.

MONAGHAN J J, 1997. SPH and Riemann Solvers[J]. Journal of Computational Physics,

136(2): 298-307.

MONAGHAN J J, 2005. Smoothed particle hydrodynamics[J]. Reports on Progress in Physics, 68: 1703-1759.

MORITA K, MATSUMOTO T, AKASAKA R, et al., 2003. Development of multicomponent vaporization/condensation model for a reactor safety analysis code SIMMER-Ⅲ: theoretical modeling and basic verification[J]. Nuclear Engineering and Design, 220(3): 224-239.

MORITA K, SHUAI Z, KOSHIZUKA S, et al., 2011. Detailed analyses of key phenomena in core disruptive accidents of sodium-cooled fast reactors by the COMPASS code[J]. Nuclear Engineering and Design, 241(12): 4672-4681.

MORRIS J P, FOX P J, ZHU Y, 1997. Modeling low Reynolds number incompressible flows using SPH[J]. Journal of Computational Physics, 136(1): 214-226.

MORRIS J P, 2000. Simulating surface tension with smoothed particle hydrodynamics[J]. International Journal for Numerical Methods in Fluids, 33(3): 333-353.

MUSTARI A P A, OKA Y, 2014. Molten uranium eutectic interaction on iron-alloy by MPS method[J]. Nuclear Engineering and Design, 278: 387-394.

NESTOR R M, BASA M, LASTIWKA M, et al., 2009. Extension of the finite volume particle method to viscous flow [J]. Journal of Computational Physics, 228 (5): 1733-1749.

OKAWA T, ARIYOSHI M, ISHIZU T, et al., 2019. Modelling and capability of severe accident simulation code, AZORES to analyze In-Vessel Retention for a loop-type sodium-cooled fast reactor[J]. Progress in Nuclear Energy, 113: 156-165.

PREMNATH K N, ABRAHAM J, 2007. Three-dimensional multi-relaxation time (MRT) lattice-Boltzmann models for multiphase flow[J]. Journal of Computational Physics, 224(2): 539-559.

QIAN Y H, D'HUMIÈRES D, LALLEMAND P, 1992. Lattice BGK models for Navier-Stokes equation[J]. Europhysics Letters, 17(6): 479-484.

RAHMAN M M, HINO T, MORITA K, et al., 2008. Experimental investigation of molten metal freezing on to a structure [J]. Experimental Thermal & Fluid Science, 32(1): 198-213.

REIS T, PHILLIPS T N, 2007. Lattice Boltzmann model for simulating immiscible two-phase flows [J]. Journal of Physics A: Mathematical and Theoretical, 40 (14): 4033-4053.

ROTHMAN D H, KELLER J M, 1988. Immiscible cellular-automaton fluids[J]. Journal of Statistical Physics, 52: 1119-1127.

SBRAGAGLIA M, BENZI R, BIFERALE L, 2006. Surface roughness-hydrophobicity coupling in microchannel and nanochannel flows [J]. Physical Review Letters, 97(20): 204503.

SHAN M, ZHU C, YAO C, et al., 2016. Pseudopotential multi-relaxation-time lattice

Boltzmann model for cavitation bubble collapse with high density ratio[J]. Chinese Physics B,25(10): 104701.

SHAN X,CHEN H,1993. Lattice Boltzmann model for simulating flows with multiple phases and components[J]. Physical Review E,47(3): 1815-1819.

SHAN X,CHEN H,1994. Simulation of nonideal gases and liquid-gas phase transitions by the lattice Boltzmann equation[J]. Physical Review E,49(4): 2941-2948.

SUKOP M C,OR D,2005. Lattice Boltzmann method for homogeneous and heterogeneous cavitation[J]. Physical Review E,71(4): 046703.

SUN D,2021. Numerical study on particle decontamination from spherical bubbles in scrubbing pools by usingEulerian-Lagrangian method[J]. Powder Technology,393: 692-704.

SUPPA D,KUKSENOK O,BALAZS A C,et al. ,2002. Phase separation of a binary fluid in the presence of immobile particles: a lattice Boltzmann approach[J]. Journal of Chemical Physics,116(14): 6305-6310.

SWIFT M R,OSBORN W R, YEOMANS J M,1995. Lattice Boltzmann simulation of nonideal fluids[J]. Physical Review Letters,75(5): 830-833.

SWIFT M R,ORLANDINI E,OSBORN W R,et al. ,1996. Lattice Boltzmann simulations of liquid-gas and binary fluid systems[J]. Physical Review E,54(5): 5041-5052.

TAGAMI H,CHENG S,TOBITA Y,et al. ,2018. Model for particle behavior in debris bed [J]. Nuclear Engineering and Design,328: 95-106.

TAKADA N,MISAWA M,TOMIYAMA A,et al. ,2000. Numerical simulation of two-and three-dimensional two phase fluid motion by lattice Boltzmann method[J]. Computer Physics Communications,129(1): 233-246.

TAKADA N,MISAWA M, TOMIYAMA A, et al. ,2001. Simulation of bubble motion under gravity by lattice Boltzmann method [J]. Journal of Nuclear Science and Technology,38(5): 330-341.

TENG C,ZHANG B, SHAN J, 2018. Numerical simulation of debris bed relocation behavior in sodium-cooled fast reactor[C]. London,United Kingdom: Proceedings of the 26th International Conference on Nuclear Engineering.

TENG C,ZHANG B, SHAN J,et al. ,2020. Development of relocation model for debris particles in core disruptive accident analysis of sodium-cooled fast reactor[J]. Nuclear Engineering and Design,368: 110795.

TENTNER A M,WEBER D P,BIRGERSSON G,et al. ,1985. The SAS4A LMFBR whole core accident analysis code[C]. Knoxville,USA: Proceedings of the International Topical Meeting on Fast Reactor Safety.

TENTNER A M,KARAHAN A,KANG S H,2020. Overview of the SAS4A metallic fuel models and extended analysis of a postulated severe accident in the prototype Gen-Ⅳ sodium-cooled fast reactor[J]. Nuclear Technology,206(2): 242-254.

TÖLKE J,KRAFCZYK M, SCHULZ M,et al. ,2002. Lattice Boltzmann simulations of binary fluid flow through porous media[J]. Philosophical Transactions of the Royal Society A: Mathematical, Physical and Engineering Sciences, 360(1792): 535-545.

TURNI M, 2016. Experimental study and modeling of a pool scrubbing system for aerosol removal[D]. Milano: Politecnico di Milano.

VAN DER GRAAF S, NISISAKO T, SCHROEN C, et al., 2006. Lattice Boltzmann simulations of droplet formation in a t-shaped microchannel[J]. Langmuir, 22(9): 4144-4152.

VAN DER SMAN R, VAN DER GRAAF S, 2008. Emulsion droplet deformation and breakup with lattice Boltzmann model[J]. Computer Physics Communications, 178(7): 492-504.

WANG Z B, CHEN R, WANG H, et al., 2016. An overview of smoothed particle hydrodynamics for simulating multiphase flow[J]. Applied Mathematical Modelling, 40(23): 9625-9655.

XU A, GONNELLA G, LAMURA A, 2004. Phase separation of incompressible binary fluids with lattice Boltzmann methods[J]. Physica A: Statistical Mechanics and its Applications, 331(1): 10-22.

XU R, STANSBY P, LAURENCE D, 2009. Accuracy and stability in incompressible SPH (ISPH) based on the projection method and a new approach[J]. Journal of Computational Physics, 228(18): 6703-6725.

XU R, CHENG S, 2022. Experimental and numerical investigations on molten-pool sloshing motion for severe accident analysis of sodium-cooled fast reactor: a review[J]. Frontiers in Energy Research, 10: 893048.

XU R, CHENG S, LI S, et al., 2022a. Knowledge from recent investigations on sloshing motion in a liquid pool with solid particles for severe accident analyses of sodium-cooled fast reactor[J]. Nuclear Engineering and Technology, 54(2): 589-600.

XU R, LIU X, CHENG S, 2023. Numerical study of debris bed formation behavior for severe accident in sodium-cooled fast reactor by using least square MPS-DEM method [J]. Nuclear Engineering and Design, 415: 112624.

XU Y, XU R, CHENG H, et al., 2022b. Numerical simulation of jet breakup phenomenon during severe accident of sodium-cooled fast reactor using MPS method[J]. Annals of Nuclear Energy, 172: 109087.

YABUSHITA K, HIBI S, 2005. A finite volume particle method for an incompressible fluid flow[C]. Japan: Proceedings of Computational Engineering Conference (in Japanese).

YAMANO H, FUJITA S, TOBITA Y, et al., 2008. Development of a three-dimensional CDA analysis code: SIMMER-IV and its first application to reactor case[J]. Nuclear Engineering and Design, 238(1): 66-73.

YANG Z, ZHANG Z, WANG F, et al., 2022. Simulation on the fragmentation characteristics of molten core materials in SFRs using modified MPS method[J]. Annals of Nuclear Energy, 173: 109115.

YU Z,FAN L S,2010. Multirelaxation-time interaction-potential-based lattice Boltzmann model for two-phase flow[J]. Physical Review E,82(4): 046708.

YUAN P,SCHAEFER L,2006. Equations of state in a lattice Boltzmann model[J]. Physics of Fluids,18(4): 042101.

ZHANG B,ZHANG M,PENG C,et al. ,2019. Numerical investigation of dryout heat flux and heat transfer characteristics in core debris bed of SFR after severe accident[J]. Nuclear Science and Engineering,193(1-2): 115-130.

ZHANG J,KWOK D Y,2004. Lattice Boltzmann study on the contact angle and contact line dynamics of liquid-vapor interfaces[J]. Langmuir,20(19): 8137-8141.

ZHANG J,2011. Lattice Boltzmann method for microfluidics: models and applications[J]. Microfluidics and Nanofluidics,10(1): 1-28.

ZHANG M,2010. Simulation of surface tension in 2D and 3D with smoothed particle hydrodynamics method[J]. Journal of Computational Physics,229(19): 7238-7259.

ZHANG S,MORITA K, FUKUDA K, et al. , 2006. An improved MPS method for numerical simulations of convective heat transfer problems[J]. International Journal for Numerical Methods in Fluids,51(1): 31-47.

ZHENG H W,SHU C,CHEW Y T,2006. A lattice Boltzmann model for multiphase flows with large density ratio[J]. Journal of Computational Physics,218(1): 353-371.

ZHU Y,XIONG J,YANG Y,2021. MPS eutectic reaction model development for severe accident phenomenon simulation [J]. Nuclear Engineering and Technology, 53 (3): 833-841.

第6章 液态金属冷却反应堆严重事故对策及管理

6.1 严重事故管理指南

在第四代核能系统中,钠冷快堆有着最为丰富的建造和运行经验。针对钠冷快堆 CDA,日本、美国和法国等有钠冷快堆开发、设计和运行经验的国家,已经先后提出过一些严重事故管理方法(Tentner et al.,2010)。这些方法也将为尚处于概念化阶段的铅冷快堆的设计和安全分析提供借鉴和参考。

6.1.1 日本

针对 JSFR,日本提出了严重事故的传统安全应对方法:①通过设计额外的非能动自动停堆系统,使 CDA 的发生概率最小化;②评估 CDA 中的机械能释放,并确认反应堆容器和安全壳的完整性,以满足堆内滞留的要求。此外,针对使用氧化物燃料的钠冷快堆,JAEA 还致力于开展新型堆芯燃料组件的概念设计,旨在消除 CDA 中的再临界问题。

根据纵深防御的安全设计原则,JSFR 设立了五个防御级别,依次为预防异常事件发生、控制异常操作、控制事故、管理严重事故以及厂外应急响应,这使预期的大型厂外放射性物质释放概率低于 10^{-6} 每堆年。控制异常操作和控制事故涉及的是设计基准事故,而严重事故管理则针对超设计基准事故。对设计基准事故和超设计基准事故来说,系统设计中考虑了确定论方法,对设计基准事故采取保守的设计评估,而对超设计基准事故则采用最佳估算的设计评估。根据纵深防御原则,一些安全功能也采用确定论方法设置,如防止堆芯损毁的反应堆停堆系统(RSS)和衰变热排出系统(DHRS)。衰变热排出系统包括非能动的冗余系统,如 1 个直接反应堆冷却系统(DRACS)和 2 个反应堆主回路辅助冷却系统,这可有效增强钠自然循环的稳定性。

JSFR 中针对 CDA 的预防和缓解措施如下:使用一个附加的非能动自动停堆系统、堆芯设计钠空泡价值低于 6 \$、堆芯设计高度小于 1 m、增强熔融物从堆芯区域释出的能力、燃料碎片堆内滞留和长期冷却。自动停堆系统依据热敏感合金电磁属性随温度变化的特性,而使控制棒非能动地脱离并插入堆芯,以保证常规紧急停堆系统失效时能够插入控制棒停堆。为引导 CDA 中的堆芯熔融物朝可控状态发展,JSFR 采用了一种带内导管的燃料组件设计(FAIDUS)。这种新的燃料组件中心或角落处设计有导管通道,使得在发生燃料棒熔化时,邻近的导管壁也会熔化,熔融物因而流入导管通道内并迁移,从而避免大量熔融物的聚积,使事故直接过渡至事故后热量排出阶段。在 JSFR 事故后,热量排出的设计理念是预防堆积的碎片床超过可冷却极限,这些极限包括碎片床高度超过临界厚度 30 cm、停堆后形成厚度 10 cm 或停堆 1000 s 后形成厚度 15 cm 的碎片床(孔隙率为 0.5)。这一设计理念主要基于两点:①增强熔融物在堆芯内的向上迁移和原位冷却,大大减少到达堆容器底部的熔融燃料质量;②借助堆芯支承结构和多层堆芯捕集器,对向下流出的燃料进行全部滞留。此外,对于向上迁移的燃料来说,堆芯内设置了中间隔离板,在极限条件下可以滞留高达 40% 的堆芯燃料碎片;而对于向下迁移的燃料来说,堆芯支承结构的设计也可防止熔融燃料喷射的直接损伤,而位于堆容器底部的多层碎片捕集器则可限制碎片床的高度,从而确保碎片床得到足够冷却并处于次临界状态。

6.1.2　美国

美国应对钠冷快堆严重事故的方法侧重于对无保护超功率和失流事故的处理和应对。堆芯解体的预防主要是通过设计和提供多样化的冗余停堆系统,通过固有和非能动机制对事故条件做出响应,并采取行动恢复或维持反应堆能量产生与系统冷却之间的平衡。堆芯解体的预防还包括通过堆芯径向膨胀和控制棒传动系统热膨胀引入负反应性,以及使用具有较低工作温度的金属型燃料。金属型燃料的低熔点、燃料棒内失效迁移以及与钠相容等特点,有助于减轻堆芯解体事故的后果。

在无保护失流事故中,堆芯径向膨胀和控制棒驱动系统的膨胀伸长会引入负的反应性反馈,并降低堆芯功率。通常,还需考虑燃料多普勒反馈(随功率降低而带来正反应性)、冷却剂密度反馈和燃料密度反馈。由于金属型燃料的工作温度较低,因此,与氧化物型燃料相比,多普勒反馈效应更弱。

在无保护瞬态超功率事故中,燃料过热将导致迅速的多普勒反馈。随着持续加热,燃料棒内部的燃料温度会达到使燃料强度降低并最终熔化的水平。在同样的温度下,金属型燃料比燃料包壳更早失去强度和熔化。如果裂变气体产物未被释放,那么就可以对低强度或熔融的燃料加压,然后将燃料向上挤压而产生强烈的负反应性反馈。对氧化物燃料行为的研究结论表明,在反应性攀升速率低的典型无保护瞬态超功率事故中,燃料棒内部的燃料迁移会在燃料棒上段较冷区域因凝固和堵塞而受到抑制。对于固态氧化物型燃料来说,在熔融燃料抵达燃料棒顶部之前,燃料在棒内的重新定位也将被阻止。然而,这种情形不适用于金属型燃料组件。由于轴向温度在堆芯顶部达到峰值,导致在瞬态超功率中熔融物提前到达燃料棒顶部,从而使重新定位的熔融燃料遭遇高温环境。因此,在较低的反应性攀升速率下,金属型燃料棒在包壳失效前会出现棒内燃料迁移现象,从而提供显著的负反应性反馈,以缓解瞬态超功率事故的后果。

美国先进液态金属冷却反应堆(U. S. Advanced Liquid Metal Reactor, ALMR)项目在 20 世纪 90 年代提出了模块化反应堆系统概念(power reactor-inherently safe module,PRISM)。该设计中利用了非能动和固有机制,以应对可能导致 CDA 的无保护事故。该反应堆系统的特点包括:①使用金属型燃料;②由反应堆的温度和反应性响应特性决定固有的停堆机制;③非能动衰变热排出系统;④利用空气自然对流的反应堆容器辅助冷却系统(reactor vessel auxiliary cooling system,RVACS);⑤配备气体膨胀模块组件(gas expansion module assembly,GEM);⑥配备最终停堆组件(ultimate shutdown system assembly,USS)。

RVACS 的设计目的在于当所有的正常热传输系统功能失效时,提供停堆余热排出的途径。即使在正常的运行条件下,反应堆主容器壁外也能保持空气的自然对流。在瞬态条件下,当反应堆容器壁温度升高时,空气自然对流的排热速率将迅速增加。

PRISM 配备了 6 个 GEM,它们对称地分布在堆芯周围。GEM 是由一个中空的压力管组成,其顶部充有氩气。当一回路泵运行时,钠从底部进入并注入压力管。当一回路泵因故障停转时,氩气压力使得组件中的钠液位下降,从而使更多的中子从堆芯泄漏,导致堆芯反应性和功率水平下降。

PRISM 还包括一个 USS。该组件位于堆芯中心,由一个中空的组件管和封住组件顶部的薄膜组成。连接到组件管顶部的是一个楔形柱塞和装满数千个碳化硼中子吸收球的容器。当组件被激活时,柱塞刺破薄膜,使碳化硼球落入堆芯活性区域。这种突然的负反应性引入能有效保证堆芯的停堆。当事故下的控制棒未能插入堆芯时,这一位于堆芯中央位置的组件可以单凭自身使反应堆停堆。

6.1.3　法国

法国的钠冷快堆 CDA 应对方法侧重于通过新颖的设计手段预防事故发生和缓解事故后果。以 ASTRID 为例,CEA 和法国电力集团(Electricite De France,EDF)等机构设计了一种可显著降低钠空泡效应的非均匀 CFV(cœur à faible vidange)堆芯、能动式和非能动式衰变热排出系统,以及附加的非能动停堆系统,从而有效预防 CDA 的始发事故。同时,堆芯内部设置有堆芯物质专用传输管(complementary safety device for mitigation-transfer tube, DCS-M-TT)、堆芯下方设置有堆芯捕集器,以确保将 CDA 中的堆芯熔融物引导并控制在亚临界的稳定状态。

6.2　严重事故预防设计

为提高液态金属冷却反应堆的固有安全性,一方面,研究者提出了用于反应堆最终停堆的反应性控制系统的创新设计,以代替传统的紧急停堆方法,从而预防由严重的无保护瞬态事故而引发 CDA,确保堆芯处于次临界的安全状态,并且冷却剂的温度处于沸点以下。另一方面,研究者针对 CDA,设计和改进了一些用于缓解事故后果的装置,以确保将堆芯熔融物控制在安全稳定的状态。本节主要介绍国内外严重事故预防方面的一些创新设计。

6.2.1　先进停堆系统

为预防因紧急停堆失效而导致无保护瞬态事故,世界各地的研究者已经提出了一些先进的停堆系统,以增强反应堆紧急停堆系统的可靠性和安全性。在事故发生时,相比于通过人工操作或反应堆电气系统响应插入安全棒,实现紧急停堆功能,由于非能动停堆系统仅由瞬态发生时的反应堆内产生的条件变化或效应(如材料膨胀、冷却剂过热、流量骤减等)而触发或激活,不依赖任何外界信号、辅助装置的干预、外界能量的输入就能实现紧急停堆功能,因此,这种停堆系统也称为自行或自引动停堆系统(self-actuated shutdown system,SASS)。

SASS 可根据不同的原理而设计触发机制,国际文献中记录了以下多种设计(Burgazzi,2013;IAEA,2020;Nakanishi et al.,2010):锂膨胀模块、锂注射模块、磁性材料居里点锁、气体膨胀模块、控制棒热膨胀强化驱动机构、液体悬浮式吸收体、反应性自主控制系统、笛卡儿(Cartesian)浮沉子、疏液毛细多孔系统、恒温开关等。

1. 锂膨胀模块(lithium expansion module,LEM)(Kambe et al.,2004)

LEM 由位于堆芯上方的 ^{6}Li 储箱和插入堆芯活性区域末端的封闭细管组成,如图 6.2.1 所示。细管底部充有惰性气体,液态锂受表面张力作用而悬停于细管的上端位置。当发生瞬态事故而使堆芯过热时,储箱中的锂受热体积膨胀,细管中的锂向下移动,更多的锂出现在堆芯活性区域而引入负反应性。事实上,如果经过合适的堆芯设计,则 LEM 除在堆芯过热时引入负反应性外,还可以在堆芯出口温度降低时引入适当的正反应性。

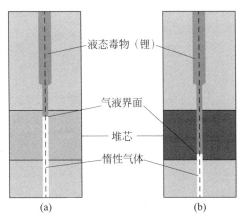

图 6.2.1　锂膨胀模块设计概念

(a) 正常运行;(b) 堆芯过热

(请扫 Ⅱ 页二维码看彩图)

2. 锂注射模块(lithium injection module,LIM)(Kambe et al.,2004)

LIM 最早在日本 RAPID 快堆概念设计中出现(Kambe,2006),其设计如图 6.2.2 所示。堆芯在正常运行状态下,封塞将系统分为堆芯活性区域的真空管道部分和位于堆芯上方的液态锂部分。液态锂上方有气体加压。当堆芯温度升高并超过封塞的熔点时,液态锂通过气动原理被注射入堆芯活性区域而引入负反应性。这种气动注入液态锂的方式可在 0.24 s 内引入反应性,比传统的安全棒自由坠落方式(2 s)插入更迅速。虽然 LIM 和 LEM 都通过往堆芯注入锂来引入负反应性,但是,LEM 的设计具有可逆性,能引入正或负的反应性且可多次使用,而 LIM 只能单次、永久地引入负反应性。

3. 居里点锁(Ichimiya et al.,2007)

磁性材料居里点温度控制的 SASS 由电磁体和衔铁构成,其中一部分磁

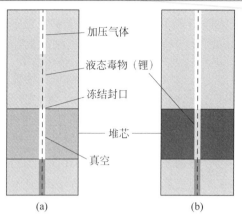

图 6.2.2 锂注射模块设计概念

(a) 正常运行；(b) 堆芯过热

（请扫Ⅱ页二维码看彩图）

路含有温度敏感合金,如图 6.2.3 所示。当敏感合金的温度升至其居里点时,合金的磁性下降,磁力消去,衔铁从装置的分离面脱落,并与控制棒一起插入堆芯。这种由磁性材料居里点控制的 SASS 具有结构简单、分离位置灵活的特点。

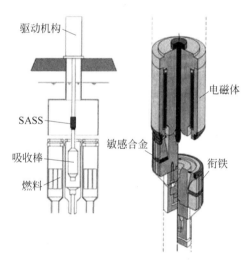

图 6.2.3 居里点敏感合金 SASS

4. 气体膨胀模块(Fukuzawa et al.,1998)

气体膨胀模块是为应对钠冷快堆一回路无保护失流事故而设计的一种非能动装置,其顶端封闭,底部开通,是中空的可拆卸组件,如图 6.2.4 所示。

当堆芯入口压力由于流量减少而降低时,装置内的气体会膨胀,并将装置中的钠挤出,液位降低,从而使中子泄漏增加,引入负反应性。然而,气体膨胀模块组件在大型堆芯中所引起的中子泄漏是不够的,而且,这种装置只对冷却剂失压的事故情形进行响应。

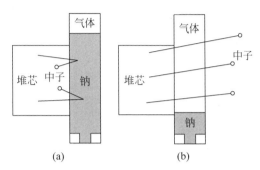

图 6.2.4　气体膨胀模块组件设计概念
(a) 正常流量运动；(b) 失流情形

5. 控制棒热膨胀强化驱动机构

这一类 SASS 基于特殊材料的热效应(如热膨胀系数高、相过渡、形状记忆性能等)而设计。当堆芯温度升高时,由于热效应,材料性能发生变化,因此,控制棒可以一定程度地插入堆芯；当温度达到设定极限值时,热效应材料的性能变化也达到设定限值而触发控制棒释放装置,使控制棒依靠重力插入堆芯。俄罗斯的多种温度效应驱动非能动停堆组件(Bagdasarov et al.,1996)、日本的强化热膨胀装置 ETEMU(Okada et al.,1996)、德国设计的ATHENA(Edelmann et al.,1996)、欧洲快堆(EFR)项目中的热膨胀强化型水力设计、双金属环设计和备用棒非能动插入设计(IAEA,1996)等,均属于这一类 SASS。

以欧洲快堆项目使用的 SASS 为例,图 6.2.5 给出了热膨胀强化型水力装置和双金属环装置的设计。前者基于固定质量液态钠的热膨胀而设计,后者则基于双金属垫圈的伸长而设计。当冷却剂温度上升至临界值时,球和套节接头中的元件发生位移,小球释放使得吸收棒脱离、坠落、插入堆芯。

6. 液体悬浮式吸收体

液体悬浮式吸收棒主要是针对失流瞬态而设计,其基本功能与传统的吸收棒停堆组件相同,区别在于悬浮式吸收棒是通过冷却剂的流动水力作用变化而实现上下移动,其设计原理如图 6.2.6 所示。在正常堆芯流量作用下,吸

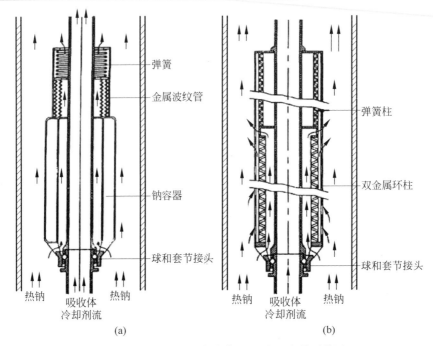

图 6.2.5　热膨胀强化型水力装置(a)和双金属环装置(b)

收棒所受的浮力和冷却剂水力推力之和大于吸收棒自身的重力,依靠上结构限位提供的向下机械推力使吸收棒悬停于堆芯活性区域上方。当发生无保护失流瞬态时,堆芯流量大幅降低,此时,吸收棒受到的水力推力也随之下降,而当冷却剂流量降低至临界阈值之下时,浮力与水力推力之和不足以抵消重力,吸收棒所受合力发生变化,开始向下移动并插入堆芯,引入负反应性。

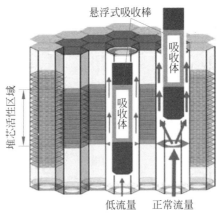

图 6.2.6　液体悬浮式吸收棒

(请扫Ⅱ页二维码看彩图)

在液体悬浮式吸收棒的设计基础上,研究者提出了液体悬浮式吸收球 SASS,用中子吸收球代替吸收棒,如图 6.2.7 所示。更为重要的是,为扩大 SASS 能应对的无保护瞬态范围,液体悬浮式吸收球 SASS 还包括位于组件下方的截流阀,该截流阀由使用居里点磁体材料的热敏感装置触发。在反应堆正常运行时,SASS 组件内的中子吸收球由于冷却剂流动的水力作用而悬浮于堆芯活性区域上方。当发生瞬态、冷却剂温度显著上升时,组件中的热敏感装置被触发而封住组件通道入口,中子吸收球受力发生变化而下落至堆芯活性区域,引入负反应性。这种结合冷却剂温度变化响应和流量变化响应的 SASS,除能应对无保护失流瞬态外,还能应对无保护失热阱瞬态和无保护瞬态超功率。

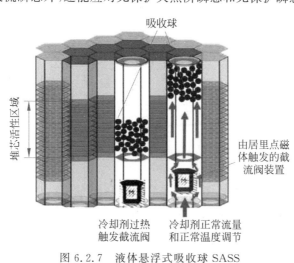

图 6.2.7　液体悬浮式吸收球 SASS

（请扫 Ⅱ 页二维码看彩图）

7. 反应性自主控制系统(automonous reactivity control system,ARC)

ARC 由穿过堆芯的双层管、位于堆芯顶部和底部的两个储箱组成,双层管的内管和两个储箱连通,外管只与底部储箱连通。图 6.2.8 给出了 ARC 的结构设计示意图。当反应堆正常运行时,外管由气体占据,顶部储箱充满液体(钾),中子毒物锂位于底部储箱。当瞬态发生、堆芯过热时,顶部储箱内的液体受热膨胀,经内管传导至底部储箱,将锂压入外管中,引入负反应性。当堆芯功率降低、温度下降后,储箱液体收缩,外管中的锂液位下降,引入正反应性。通过这种动态的反应性平衡,堆芯可维持稳定的临界状态。

8. 笛卡儿浮沉子

一般来说,笛卡儿浮沉子系统是一种装有液体的装置,在液体中放置一

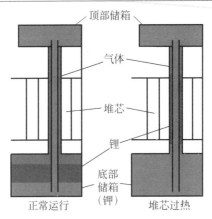

图 6.2.8　反应性自主控制系统

（请扫 Ⅱ 页二维码看彩图）

个中性浮力物体(浮沉子)。当压力被传递到装置内部时,浮沉子中的气体被压缩,使物体下沉。在反应性反馈装置中(图 6.2.9),浮沉子部分是一种吸收材料,而系统中的液体是液态金属,并且系统与冷却剂压力相通(如通过波纹管)。失压会使含有气体的浮沉子膨胀,增加其浮力,然后,浮沉子将漂浮到活性堆芯区域,帮助关闭反应堆。

该概念的另一变体是"伽利略温度计"。浮子膨胀,增加浮力,浮子上升到堆芯活性区域。该设计概念结合了压力和温度两种特点,可同时防止 LOCA 事故和 UTOP 事故。

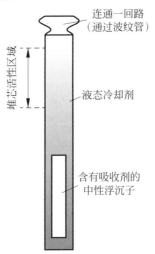

图 6.2.9　笛卡儿浮沉子反应性反馈装置

9. 疏液毛细多孔系统(lyophobic capillary porous system，LCPS)

该系统由毛细管多孔基质和疏液性液体组成。液体可以对多孔基质进行可逆填充-排出，从而使 LCPS 体积发生变化，达到压力补偿(稳定压力)的效果。这种利用疏液效应的熔化事故保护装置的设计主要关注所用材料储存能量、产生应力和过度膨胀的特性，亦能采用具有吸收中子能力的材料，在发生熔化时进一步调控反应性。

10. 行波反应堆恒温器(travelling wave reactor thermostats)

Teller 等(1996)在设计最初的行波反应堆(travelling wave reactor，TWR)时就引入了使用 ^{6}Li 进行反应性控制的方法。他们为 TWR 设计的系统由两个相连的金属隔室组成，一个隔室充满 ^{6}Li，另一个隔室充满 ^{7}Li，填充在毛细管中。^{7}Li 固定在燃料区的一个隔室中，在温度升高时会膨胀，进而驱动一个活塞，将 ^{6}Li 注射到位于冷却剂通道内的另一个隔室中。当温度降低时，^{6}Li 会顺着管道缩回，离开芯内隔室。通过这种设计的被动恒温反应性控制系统，可以在正常运行期间对堆芯中子产生较小的影响。该系统如图 6.2.10 所示。

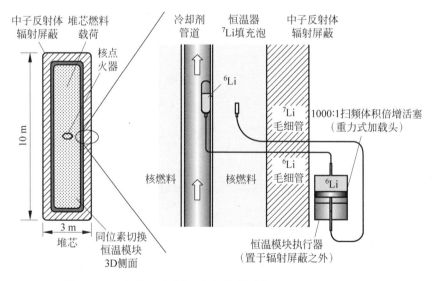

图 6.2.10　行波反应堆 ^{6}Li 恒温控制系统(Teller et al.，1996)

(请扫 Ⅱ 页二维码看彩图)

通过对以上这些基于不同原理设计的 SASS，进行简易程度、非能动性、可重置性、响应速度、触发敏感度、对正常运行的影响、开发成本和技术难度、可靠度、可检查性、长期停堆能力、负反应性引入规模、与系统热量排出的相容度、可持续性、运行实践、瞬态事故适用范围等方面的综合分析和考虑后，研究者认为，居里点锁、液体悬浮式吸收体、气体膨胀模块，以及控制棒热膨胀强化驱动机构等四种 SASS 能更有效地应对无保护瞬态事故（DeWitte et al.，2010）。

6.2.2　自然循环排出热量

在瞬态事故中，反应堆内热量的及时导出对保持堆芯完整性至关重要。在常规的换热器功能失效时，反应堆系统需通过冗余的、额外的换热设施，构建有效的换热途径，将堆内热量排至终端热阱。这些辅助的换热系统分为两类：一类是直接在堆内导出一回路冷却剂的热量，如衰变热排出系统；另一类则是通过反应堆容器间接地导出热量，如反应堆容器冷却系统。

衰变热排出系统主要是由两个换热器和连接的回路组成，其中，液态金属-液态金属衰变热换热器位于反应堆容器内，直接与一回路冷却剂换热；液态金属-空气换热器则位于反应堆容器外，将导出的堆内热量排至终端热阱大气环境。以韩国 PGSFR 的衰变热排出系统（图 6.2.11）为例（Kim et al.，2016），衰变热换热器位于反应堆一回路的冷区，换热器中的钠将一回路钠池的热量导出，随后通过空气冷却换热器将热量排至大气，冷却后的钠再次进入衰变热换热器中，构成回路自然循环。PGSFR 配置了非能动的和强迫式的空气冷却换热器，其中，非能动空气冷却换热器采用完全的空气自然对流方式排出热量。反应堆一回路以衰变热换热器为热阱，同样可以建立回路自然对流，非能动地导出堆芯热量。

反应堆容器冷却系统依靠空气对反应堆容器壁的自然对流实现热量的排出。以 CEFR 为例，图 6.2.12 给出了 CEFR 的反应堆容器冷却系统简化示意图（Song et al.，2019）。在 CEFR 反应堆主容器中，冷池的钠从底部进入主容器壁，与外热挡板构成环形通道，当向上流动至接近自由液面时，流入外热挡板与内热挡板构成的通道，向下流动至冷池中，构成循环回路。冷却剂的热量经主容器壁、氩气、保护容器及隔热层传导出来。空气在混凝土与保护容器之间形成自然对流，导出热量。Song 等（2019）使用一维程序 VECAS，对 CEFR 全厂断电瞬态下的反应堆容器冷却系统的排热性能进行了研究。模拟结果显示，反应堆容器冷却系统的排热功率在瞬态初期不断升高，在瞬态后期达到稳定，约为 83.9 kW，占堆芯衰变热的 12%。模拟预测所得结果与实验数据吻合良好，有力地证明了反应堆容器冷却系统对反应堆衰变余热的有效冷却能力。

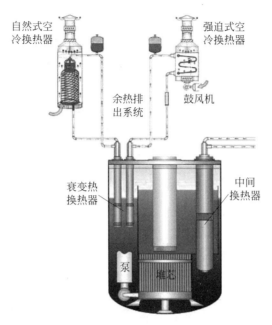

图 6.2.11　PGSFR 衰变热排出系统(Kim et al.,2016)

(请扫 Ⅱ 页二维码看彩图)

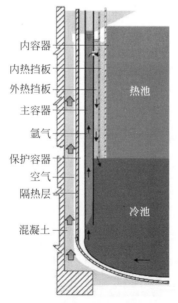

图 6.2.12　CEFR 反应堆容器冷却系统(Song et al.,2019)

(请扫 Ⅱ 页二维码看彩图)

6.2.3　堆芯反应性反馈设计

液态金属冷却反应堆堆芯固有的负反应性反馈机制在无保护瞬态事故中具有重要作用。通过改进反应堆的堆芯设计,可以使堆芯对无保护瞬态事故初期温度、流量等条件的变化产生迅速有力的负反应性反馈,从而减少事故对堆芯的损坏程度。

在瞬态中,燃料会随燃料包壳温度的变化而膨胀或收缩,从而产生几何尺寸变化;堆芯会因径向温度分布的变化而产生径向膨胀,导致尺寸变化,继而引发相关的反应性反馈。径向膨胀具体表现为:燃料组件在其六边形包盒各边存在温度差异时的尺寸变化行为。在反应堆运行时,燃料组件在堆芯中因功率分布差异和功率变化会产生轴向和径向的温度梯度。轴向温度分布差异使得燃料组件产生偏离竖直方向的弯折。由于燃料组件底部区域不产生热功率,因此,基本不存在径向温度梯度。由于功率的产生,径向温度梯度沿组件轴向线性增大,因此,燃料组件顶部的径向弯折最明显。

堆芯约束系统(core restraint system)也会对堆芯的膨胀行为产生影响。液态金属冷却反应堆堆芯使用的堆芯约束系统,通常由底部支撑板、栅格板、堆芯上部支撑板、顶部支撑板和约束环组成,如图 6.2.13 所示。对于恰当设计热膨胀间隙的堆芯约束系统来说,当堆芯功率上升至使得所有间隙闭合的温度之上时,燃料组件开始呈现不同的形状。通过增加堆芯的平均直径来响应堆芯温度的上升,从而引入负反应性。堆芯径向膨胀产生的负反应性反馈因通过堆芯结构和堆芯约束系统的设计优化而得到强化。

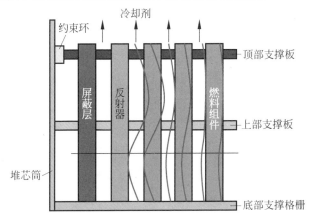

图 6.2.13　快中子堆堆芯约束系统和堆芯径向膨胀(Hu et al.,2019)

（请扫Ⅱ页二维码看彩图）

液态金属冷却剂的反应性系数是堆芯反应性反馈设计中的重要组成部分。对于铅冷快堆而言,铅的反应性系数始终为负值,能在堆芯过热的情况下产生负反应性反馈,而钠的沸点相对更低,在无保护瞬态事故中,堆芯过热使得钠沸腾产生空泡并扩散,进而引入较大的反应性变化而影响事故进程。钠空泡反应性具有强烈的空间依赖性,与燃料类型、组件尺寸和布置、堆芯尺寸设计等均有关系。使用 MOX 燃料的大型钠冷快堆堆芯,钠空泡反应性一般为较大的正值(4~6 \$)(Khalil and Hill,1991)。

针对钠冷快堆的钠空泡正反应性,俄罗斯和日本曾提出,通过堆芯结构的优化设计来降低钠空泡反应性。俄罗斯 BN-800 钠冷快堆通过在堆芯顶部设置钠腔室和碳化硼屏蔽层(图 6.2.14),来使堆芯的钠空泡反应性降低至约 1 \$(Chebeskov,1996)。当堆芯出现钠沸腾时,中子通过顶部钠腔室的空泡而泄漏,顶部的吸收层则防止中子反射回堆芯内。在正常运行条件下,堆芯顶部的钠腔室起反射中子的作用。堆芯内部的增殖区可降低钠空泡反应性至接近 0 \$,而不破坏功率峰值因子。

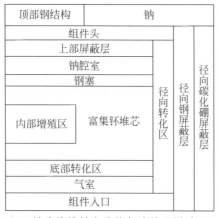

图 6.2.14　BN-800 钠冷快堆轴向非均匀式堆芯设计(Chebeskov,1996)

日本也曾提出相似的低空泡反应性堆芯设计(Takeda and Kuroishi,1993;Takeda et al.,1992),整体钠空泡反应性约为 0 \$,如图 6.2.15 所示:堆芯内部的增殖层越厚,堆的钠空泡反应性越低;当堆芯轴向的中子注量率受到影响时,裂变层厚度缩小,功率峰值因子增加。Kobayashi 等(1998)和 Fujimura 等(2000)优化了用于嬗变锕系元素的 3100 MW 的钠冷快堆堆芯设计,针对无保护失流瞬态和无保护瞬态超功率提出了非能动安全设计,如堆芯顶部钠腔室、堆芯内部增殖层、堆芯外围气体膨胀模块、燃耗反应性补偿模块,以及燃料稀释与迁移模块。燃耗反应性补偿模块使用可燃中子毒物,借助碳化硼插入堆芯释放的气体,使中子吸收元素随燃耗加深而缓慢向下移动。燃料稀释与迁移模块的中心为钠管,顶部为贫铀。当发生反应性引入较快的无保护瞬态超功率事故时,中心的管道可以引导排出燃料;对于反应性引入较慢的瞬态超功率事故来说,模块顶部贫铀的插入可以稀释燃料整体中易裂变元素的含量。

Yokoyama 等(2005)针对使用金属型燃料的热功率 3000 MW 的堆芯,将钠空泡反应性降低至约 1.3 \$。在这种堆芯中,堆芯内层较小,堆芯外层较高,堆芯上方为钠腔室,如图 6.2.16 所示。这种设计能使堆芯面积与体积的比值更大,堆芯与钠腔室接触的面积也更大,从而更有利于钠空泡出现时的中子泄漏。

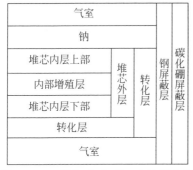

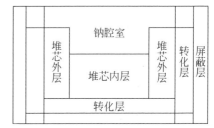

图 6.2.15　Takeda 和 Kuroishi 低空泡
反应性堆芯设计(Takeda
and Kuroishi,1993)

图 6.2.16　Yokoyama 提出的低空泡反应
性堆芯设计(Yokayama et al.,
2005)

综合俄罗斯和日本的堆芯设计经验,法国原子能和替代能源委员会提出了新的 CFV 设计(Sciora et al.,2011,2020),并应用于 ASTRID 堆芯设计(Chenaud et al.,2013)。这种堆芯设计能增强堆芯活性区域中由钠空泡引起的中子泄漏,抵消中子能谱硬化效应,降低钠空泡反应性。CFV 的设计结构如图 6.2.17 所示,CFV 使用增殖材料代替堆芯内部的一部分裂变材料,在堆芯顶部设置钠腔室,且堆芯外层的高度大于内层的高度。堆芯顶部钠腔室可以产生有效的中子泄漏,由于堆芯顶部屏蔽层使用的吸收材料可以预防出现空泡时中子返回堆芯内,因此,在整体堆芯中,钠腔室具有最低的钠空泡反应性。内部增殖区可以增大堆芯上部表面的中子通量,堆芯径向外层高度大于内层高度的设计可以增大堆芯上方的中子泄漏面积。对于同样 2400 MWth 的钠冷快堆来说,采用均匀式堆芯设计的钠空泡反应性为 +4.8 \$,而采用 CFV 设计的空泡反应性则降低至 −1.8 \$。需要注意的是,CFV 内部增殖层的厚度存在限制。这是因为一方面,增殖层要能够改变均匀式堆芯设计内中子注量率的轴向余弦分布;另一方面,增殖层不能因太厚而切断上部裂变区和下部裂变区的耦合关系,因此 Sciora 等(2020)给出的热功率 2400 MW 钠冷快堆 CFV 的内部增殖层厚度约为 15 cm。

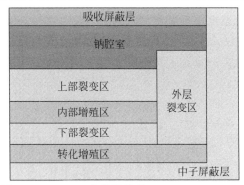

图 6.2.17　CFV 的设计结构(Sciora et al.,2011)

(请扫Ⅱ页二维码看彩图)

为展现 CFV 和均匀式堆芯在整体上的不同行为表现,Sciora 等(2020)对这两种堆芯设计进行了无保护失流瞬态响应模拟。失流瞬态的条件为一回路流量呈指数式衰减,半衰期为 10 s,模拟使用 10 个燃料组件。

图 6.2.18 和图 6.2.19 分别给出了均匀式堆芯和 CFV 的反应性变化,图 6.2.20 则给出了两种堆芯在无保护失流瞬态中的功率瞬态响应。模拟结果显示,均匀式堆芯总反应性在瞬态开始的前 25 s 缓慢增大,在约 30 s 时出现功率激增。CFV 的总反应性在瞬态一开始时,便轻微降低,瞬态第 35 s 后钠腔室出现沸腾,总反应性显著降低,功率衰减幅度约 50%,但随后出现持续的振荡。CFV 的钠沸腾阶段持续超过 500 s,其间,燃料包壳传热没有发生恶化。由于钠沸腾导致总反应性降低,功率降低之后钠恢复至液态,中子反射增强又使总反应性增加,功率增加使得钠沸腾,因此,CFV 在钠沸腾阶段的行为表现为稳定的振荡响应。模拟结果整体上验证了 CFV 在无保护失流瞬态

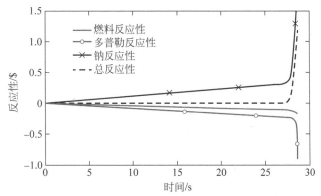

图 6.2.18　均匀式堆芯无保护失流瞬态反应性变化

(请扫Ⅱ页二维码看彩图)

下,通过钠沸腾维持总反应性平衡的行为特性。

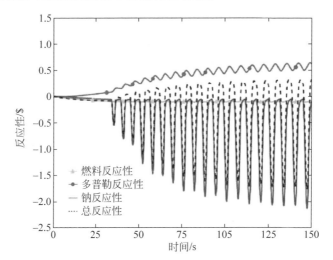

图 6.2.19　CFV 无保护失流瞬态反应性变化

(请扫 II 页二维码看彩图)

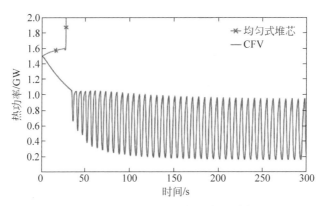

图 6.2.20　均匀式堆芯和 CFV 在无保护失流瞬态中的功率变化

(请扫 II 页二维码看彩图)

6.3　严重事故缓解措施

6.3.1　燃料棒内部在无紧急停堆瞬态下包壳失效前的燃料重新定位

在造成堆芯损伤的低概率事故进展中,燃料棒内熔融燃料的重新定位为系统迅速引入负反应性,这在包壳失效和燃料喷射到冷却剂通道之前,可以在减轻事故后果方面发挥重要作用。事件的顺序概述如下(Tentner and Hill,1985)。

　　在 LOF 和 TOP 假想事故中,燃料棒中产生的能量与冷却剂带走的能量之间的不平衡会导致燃料棒的过热。在早期阶段,由于燃料棒的轴向膨胀,会出现有限的燃料重新定位,因此引入了有限的负反应性。随着事故的发展,燃料棒的内部开始在燃料温度最高的轴向位置熔化,形成一个内部空腔,如图 6.3.1 所示。这个空腔充满了熔化的燃料和裂变气体的混合物,由于燃料的持续熔化,空腔在径向和轴向不断扩大。由于从燃料中释放出来的裂变气体和不断升高的温度,熔融空腔中的燃料-气体混合物被加压,并且可以在局部压力梯度的影响下移动。在这一时期,由于固体燃料棒的轴向膨胀和熔融燃料在燃料棒内水力迁移,燃料会发生重新定位。只要空腔保持瓶状结构,燃料的水力重新定位就只是由熔融燃料和裂变气体混合物的可压缩性造成的。这种燃料重新定位是有限的,并可引入一定量的负反应性,其程度与固体燃料的轴向膨胀所引入的负反应性相当。随着空腔外壁的继续熔化,存在着图 6.3.2 中所示的两种效应之间的竞争。

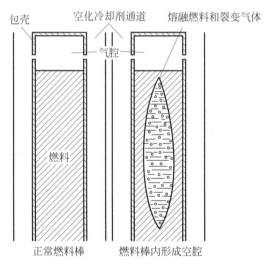

图 6.3.1　事故初期空腔的形成

　　(1) 腔体的径向膨胀以及包壳的增压和熔化,会导致包壳失效。当包壳失效发生时,内腔与压力明显较低的冷却剂通道相连,燃料棒内的熔化燃料迅速向包壳失效位置加速。根据失效的位置和程度以及失效的轴向传播等情况,这种初期阶段的燃料棒内燃料重新定位可以是负的或正的反应性贡

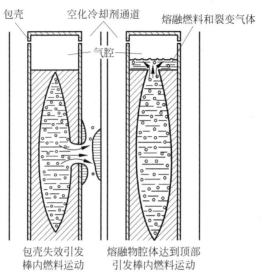

图 6.3.2　熔融燃料重新定位的两种模式

献。熔化的燃料被喷出到冷却剂通道中,并在那里发生轴向分散,从而导致大量的负反应性引入,并迅速成为主导的反应性效应。如果持续的燃料分散没有在稍后的时间由于燃料冻结和通道堵塞的形成而停止,则其引入的负反应性会导致反应堆停堆。

(2) 空腔的轴向延伸,会使空腔达到燃料棒的顶部。当这种情况发生时,空腔中受压的熔融燃料与低压的燃料棒上层腔室连通,从而可能发生燃料突然迁移,导致大量负反应性引入。

值得注意的是,在包壳失效后的短暂时间内,由燃料棒内燃料重新定位而产生的反应性效应以及燃料在冷却剂通道中分散而产生的反应性效应占主导。如果故障位置在堆芯中心线附近,则可能由于燃料重新定位而产生净的正反应性引入。如果包壳失效发生在反应堆接近临界时(比如快速无保护 LOF 事故),故障后的燃料重新定位可能会导致短暂的临界功率激增,继而因为燃料在冷却剂通道中的快速分散而终止。然而,如果在包壳失效前启动燃料棒内燃料重新定位,它就会像"保险丝"一样迅速引入大量的负反应性。即使包壳失效发生得较晚,在失效时的反应性也明显低于临界值,而失效后初期的燃料重定位的反应性效应有限,不足以达到临界状态或导致功率激增。

对于金属型燃料堆芯,在假想的严重事故中,燃料棒内形成的熔化区往往比氧化物燃料棒中相应的熔化空腔更偏向于燃料棒的上部。这是由于金属燃料的热导率较高,导致金属燃料棒中的温度更接近于冷却剂的轴向温度曲线,而氧化物燃料棒中的温度更接近于轴向功率分布,其峰值在堆芯中平面或附近。在许多严重的事故序列中,这有利于熔融燃料区在包壳失效前,延伸到燃料棒的顶部,导致燃料棒内燃料快速重新定位,形成一种自我限制和缓解事故的功能(Cahalan et al.,1994)。然而,这种现象不太可能发生在氧化物燃料堆芯中,因为在氧化物燃料堆芯中,熔融燃料区通常更接近堆芯中平面,包壳失效往往发生在燃料棒内燃料快速重新定位开始之前。目前,已经有学者开展了相关研究,以评估环形氧化物燃料堆芯熔融燃料重新定位的程度(Ferrell et al.,1981)。用环形燃料棒进行的实验表明,燃料棒内燃料移动的有效性可能受到燃料棒较冷区域的燃料冻结所限制,导致内部通道出现堵塞,以及裂变气体可能提早逃逸,而对于常规燃料棒来说,裂变气体则被保留在熔融物腔内。

　　除了燃料类型外,能从熔融空腔中向上迁移的燃料量也取决于燃料棒的设计。因此,在有上层阻隔层和限制其移动的凹痕的燃料元件中,燃料棒内燃料重新定位受到上层阻隔层材料的限制,能被驱动从熔融燃料腔中喷出的燃料量可能很小。在没有上层阻隔层的燃料棒中,早期燃料棒内燃料快速重新定位是不受限制的,并由熔融空腔和上腔室之间的压力差控制。在液态金属冷却反应堆设计中,使用的燃料棒不会有轴向阻隔层,从而促进了燃料棒内燃料的快速重新定位和相关的负反应性反馈。

6.3.2　包壳失效后强化燃料重新定位的燃料组件改良设计

　　JAEA 将强化燃料重新定位的改良型燃料组件的概念与氧化物燃料反应堆结合起来开展研究。对氧化物燃料堆中初期阶段事件的广泛分析表明,由于燃料包壳失效后不久燃料运动的分散性和缺乏高能燃料-冷却剂相互作用(FCI),这一阶段的潜在能量积聚是有限的。然而,在氧化物燃料堆中初期阶段的后期,其特点是燃料组件壁完好无损,并且缺乏组件间的燃料转移,由于熔融的燃料和/或包壳在组件的较冷区域冻结并形成通道阻塞,导致燃料的分散可能会减少,甚至停止。在初期阶段终止事故的困难是由于上部和下部的轴向隔板区域提供的高热容量,可能导致熔融包壳和/或燃料暂时发生冻结和堵塞。因此,需要将研究重点从初期阶段的能量学问题转移到与过渡阶段潜在的高能再临界事件有关的问题上,其中包括子组件失效、组件间熔融材料迁移、熔池的形成,以及燃料逃逸到下层和上层腔室的过程。在氧化物燃料堆的一个最佳估计方案中(Fauske et al.,2002),熔融燃料和包壳材料重新冻结发生在组件的较冷区域,由此在堆芯活性区域对燃料造成挤压,导致组件壁受到径向的快速冲击,从而形成熔融燃料池并可能出现高能再临界事件。如图 6.3.3(a)所示,事故终止于过渡阶段,主要是由于燃料熔化后通过控制棒导管(control rod guide tubes,CRGT)向下转移。需要指出的是,由于堆芯可能含有无隔板的燃料棒,从而减少了燃料冻结和堵塞形成的可能性。

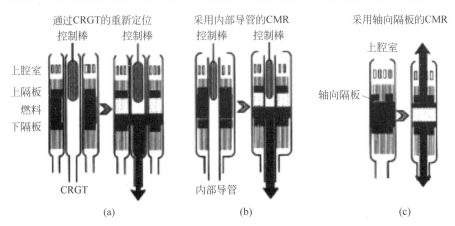

图 6.3.3　事故后材料通过 CMR 重新定位

(a)熔融材料穿透组件盒壁和 CRGT 壁重新定位;(b)熔融测量穿透内部导管壁重新定位;(c)熔融材料通过轴向隔板和气腔包壳的熔体向上和向下重新定位

　　基于对使用氧化物燃料的快堆设计进行的严重事故评估结果,JSFR 的设计者提出了受控材料转移(controlled material relocation,CMR)的改良设计(Endo et al.,1998;Fauske et al.,2002),目的是在初期阶段实现早期的良性事故终止,避免潜在的瓶状堆芯情景。初期阶段的 CDA 终止,意味着组件壁没有被突破,也没有组件间的熔融材料转移,并消除了燃料池大量形成的可能性和与高能“晃动”池再临界事件有关的问题。此外,通过引入 CMR,有可能提高容器内碎片的固有冷却能力。当前已经研究了几种 CMR 方法,包括:①燃料组件内部管道系统(fuel assembly inner duct system,FAIDUS)的概念;②有限的隔板移除(limited blanket removal,LBR)概念。

　　图 6.3.3(b)是 FAIDUS 概念的其中一种形式。与传统的组件设计相比,CRGT 被置于驱动子组件(driver subassemblies)内。每个驱动子组件包含一个内部管道(有或没有控制棒),导致驱动燃料组件的燃料比传统的驱动燃料组件少。在反应堆堆芯设计中,必须考虑燃料组件的这种变化带来的有利和不利影响。在初期阶段,事故终止的主要标准是较薄的内管壁发生早期失效,然后熔融燃料通过延伸的内管向下重新定位,使燃料从堆芯中离开,并重新定位到堆芯活性区域以下。这种燃料重新定位引入了大量的负反应性,并

导致堆芯功率和温度的迅速降低,从而防止组件外壁的失效。因此,有必要在组件外壁被破坏之前,先让内部管道失效,并为向下的熔融燃料重新定位提供足够的时间,以降低功率水平,避免组件盒的壁面被破坏。为证实 CMR 的有效性以及阐明事故序列中的复杂物理现象,日本已经开展了 EAGLE 项目,以确认使用 FAIDUS 概念的燃料排出能力。

图 6.3.3(c)所示的是 LBR 概念,需要将每个组件中一部分的燃料棒移除其轴向隔板区域,从而减少燃料棒在该区域的热容量,进而延长熔融燃料重新定位的时间。根据 Fauske 等(2002)的研究,去除组件内 37 个位于中心位置的燃料棒中的上部和下部轴向隔板,将确保燃料重新定位,提供足够的负反应性反馈,以降低反应堆的功率,并防止对组件壁的径向冲击,从而确保事故在初期阶段终止,而不发展到过渡阶段。

关于 FAIDUS 概念和 LBR 概念有关的事故后材料分布,其区别主要是在燃料散布到上层钠气室的问题。在 LOF 事件后,Fasuske 等(2002)提出了以下事故后材料重新分布(post-accident material relocation,PAMR)的方式。

(1) 在下层轴向隔层中形成一个完全的临时堵塞,但在 LBR 情况下没有隔层的 37 根燃料棒保持畅通,使得约 15% 的燃料向下离开堆芯活性区域 1 m。

(2) 类似的燃料比例(约 15%)将进入上部的轴向隔层,导致仍然含有隔板材料的燃料棒区域发生冻结。在 LBR 概念的情况下,包含 37 个没有隔板的燃料棒的区域将保持开放。

(3) 由于在仍然完好的组件盒壁上形成了燃料固结壳,则 20%～30% 的裂变材料将留在堆芯活性区。

(4) 其余的裂变材料(约 45%)将通过裂变气体和钢的汽化,在 LBR 情况下向上分散。在 LBR 情况下,裂变材料在 37 根燃料棒的空置区域被汽化,或者在 FAIDUS 情况下,随着组件内管壁的失效而向下重新定位。一些向上分散的燃料在通过上层堆芯区域时将形成燃料固结壳(约 10%),而约 35% 的燃料进入上层钠腔室。在没有回流冷却的情况下,在 FAIDUS 概念中预计约 50% 的活性燃料最终会转移到下层的钠腔室。

需要指出的是,上述的分析只适用于氧化物燃料,而金属燃料的实验结果显示了不同的行为。由于金属燃料的热力物性,以及在事故序列中与包壳材料形成熔点相对较低的合金,含有燃料的材料在冷却剂通道中的分散性得到了加强,形成堵塞的趋势也有所降低。对于使用金属燃料的反应堆来说,尽管其燃料重新定位过程仍然存在不确定性,上述的 CMR 方法的必要性也可能较低,但依然可能需要考虑类似的方法,而这取决于进一步的实验结果。

6.3.3　堆芯熔融物排出装置

在液态金属冷却反应堆发生 CDA 的情况下,堆芯燃料和包壳材料因过热而熔化迁移,大范围的燃料迁移和压实有可能形成大体积的熔融燃料池,从而可能存在重返临界的风险。为此,研究者提出了一些革新的燃料组件设计,可将堆芯熔融物及时、可控地排出堆芯,避免形成大范围的聚积,并可实现熔融物的 CMR 策略(Endo et al. ,2002)。

日本研究者提出了 FAIDUS 设计(Endo et al. ,2002;Kamiyama et al. ,2014;Ninokata and Kamide,2013;Sato et al. ,2011;Tobita et al. ,2008),并应用于 JSFR 堆芯设计中,其结构设计如图 6.3.4(a)所示。与常规的快堆燃料组件相比,FAIDUS 中心含有导管。当燃料棒熔化失效时,受堆芯熔融物的热量影响,邻近的内导管壁熔化,熔融物质进入内导管,随后迁移排出堆芯活性区域。早期的 FAIDUS 基于使用定位格架的燃料组件设计,为适应使用绕丝定位燃料棒的燃料组件,设计了改进式 FAIDUS,其内导管与燃料组件包盒壁相邻(图 6.3.4(b)),以保持绕丝定位的功能(Tobita et al. ,2008)。改进式 FAIDUS 的事故进程如图 6.3.5 所示。在 CDA 中,如果燃料棒熔化失效并在组件中形成熔融燃料池,内导管会在燃料组件包盒失效之前熔化,从而使熔融燃料进入内导管。受气体裂变产物释放和钠蒸气压强的作用,熔融燃料向上迁移排出堆芯区域。这一迁移过程可显著降低反应性,迅速降低功率,消除熔融燃料因大范围聚集和压实而产生重返临界的风险,同时避免燃料组件包盒因过热而失效,进而波及相邻的燃料组件。

针对使用金属型燃料的堆芯,日本研究者提出了移除组件内一部分转化材料的组件设计(Endo et al. ,2002;Fauske et al. ,2002)。由于金属型燃料熔点低,容易凝固,且燃料熔化引起的钠蒸气压强不足以驱动燃料迁移排出,因此,内导管的设计不适用于金属型燃料。在移除转化层的组件设计中,燃料棒移除一小部分的轴向转化层可降低燃料棒在对应位置的热容,熔融燃料在迁移途中因不易凝固而能迁移更远。

法国原子能和替代能源委员会在 ASTRID 项目中,设计了一种用于将燃料排出堆芯的转移管(DCS-M-TT)(Bertrand et al. ,2018,2021),如图 6.3.6所示。DCS-M-TT 可引导熔融物穿过堆芯栅板和定位板,促进向下迁移至堆芯底部的堆芯捕集器。由于 DCS-M-TT 的设置位置和数量会对堆芯的性能及燃料迁移的动力学产生影响,因此,在初始设计阶段,DCS-M-TT 在 ASTRID 堆芯外围的采用数量为 18 个,堆芯内部的采用数量为 3 个。

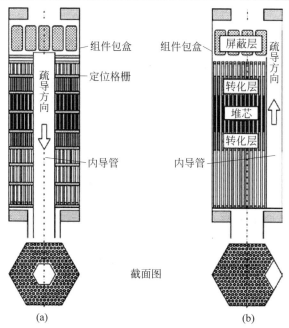

图 6.3.4　FAIDUS 设计

（a）FAIDUS；（b）改进式 FAIDUS

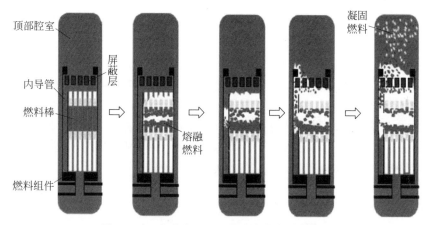

图 6.3.5　改进式 FAIDUS 中的燃料排出过程

（请扫 Ⅱ 页二维码看彩图）

　　Bachrata 等（2019）选取 ASTRID 堆芯的一种设计方案，使用 SIMMER 程序对采用和不采用 DCS-M-TT 的 CFV 进行了无保护失流瞬态事故的模拟，瞬态条件为一回路流量以 10 s 的半衰期降低，表 6.3.1 列出了事故的发展进程序列。

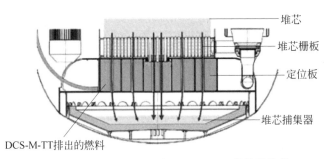

图 6.3.6　ASTRID 项目中 DCS-M-TT 的设计结构

（请扫 Ⅱ 页二维码看彩图）

表 6.3.1　采用和不采用 DCS-M-TT 的堆芯在失流瞬态中的事故进程比较

单位：s

关键事件	时间（不采用 DCS-M-TT）	时间（采用 DCS-M-TT）
沸腾出现	29.8	33.7
包壳熔化	43.3	52.2
燃料熔化	43.3	52.2
组件包盒熔化	50.2	61.0
功率激增	111	127

　　不采用 DCS-M-TT 的堆芯在瞬态 30 s 出现冷却剂沸腾，随后堆芯结构熔化，第 111 s 堆芯内部熔融燃料比例达到 25%，堆芯功率激增，造成更大面积的燃料熔化，在事故中，堆芯熔化的燃料达到了总量的 45%。采用 DCS-MTT 的堆芯在 110 s 时，仅有 8% 的燃料熔化，在 127 s 时，19% 的燃料熔化导致功率激增，从第 128 s 开始，DCS-M-TT 陆续打开并排出熔融物，在 19 s 内，有近总量 23% 的燃料被排至堆芯捕集器。此外，功率激增所到达的功率峰值明显小于不采用 DCS-M-TT 的堆芯产生的功率峰值。因此，通过 SIMMER 程序的模拟分析，证明了 DCS-M-TT 缓解 CDA 的有效性。

6.3.4　堆芯捕集器

　　堆芯捕集器的作用是在严重事故发生后，将从堆芯排出的熔融物控制在安全稳定的状态，避免熔融物对反应堆容器造成损坏。堆芯捕集器要满足如下的设计要求和功能要求（Rempe et al.，2005；Jhade et al.，2020）：①具备特殊的热力学性能和中子辐照性能，能承受熔融物（乃至是堆芯整体）的力学荷载、高温冲击和熔蚀的作用；②容留和分散熔融物，避免重返临界的可能性；③降低熔融物的衰变热功率，保证熔融物的长期冷却；④与冷却剂相容性良好,且不影响反应堆正常运行时的冷却剂流动。目前,国际上的液态金属冷却反应堆主要采用反应堆容器内的堆芯捕集器设计,一些反应堆还附设堆容器外的堆芯捕集器,从而在出现反应堆容器熔穿的极端情况下,保证厂房和安全壳最后一道放射性防线的安全。

位于堆容器内的堆芯捕集器存在多种设计类型,如燃料分散用锥形物、碎片托盘、多层托盘等设计(Lee and Hahn,2001)。在收集托盘上,可增加耐火牺牲材料层,以防止熔融物熔蚀损坏托盘;在托盘中,设计含有中子吸收材料的结构,以降低熔融物的反应性。图 6.3.7 和图 6.3.8 给出了堆芯捕集器的一种参考设计(Sundaram and Velusamy,2020,2021)。耐火牺牲层可预防熔融物质在迁移时的熔蚀,并促进熔融物的分散;热防护层可避免熔融碎片床直接与托盘接触;在托盘中心位置设置碳化硼吸收棒可降低熔融物的反应性,防止重返临界的发生。在托盘中心位置设置的通管可加强钠冷却剂对托盘的自然对流换热,从而有效冷却碎片床并导出衰变余热。

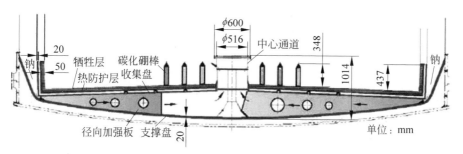

图 6.3.7　堆芯捕集器的一种参考设计(Sundaram and Velusamy,2020)

(请扫 Ⅱ 页二维码看彩图)

图 6.3.8　堆芯捕集器托盘多层结构(Sundaram and Velusamy,2021)

(请扫 Ⅱ 页二维码看彩图)

　　JSFR 采用了多层托盘的碎片收集器设计(Suzuki et al.,2014),如图 6.3.9 所示。冷却剂对碎片床的冷却能力,在很大程度上取决于碎片床的堆积高度、孔隙率、颗粒直径等几何特征,因此,有必要通过适当的手段将碎片床分散,以将其高度控制在可冷却极限之下。多层托盘的碎片收集器可以使碎片床在某一层托盘积累至一定高度后,通过托盘上的导管往下迁移至位于更低位置的托盘上,从而大大增加了碎片床与冷却剂的接触面积,进而保证碎片床的长期持续可冷却性。

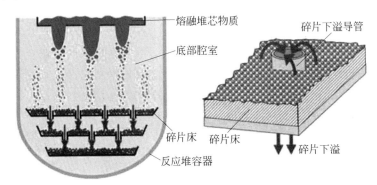

图 6.3.9　JSFR 多层托盘碎片收集器(Suzuki et al.,2014)

(请扫 Ⅱ 页二维码看彩图)

　　容器外堆芯捕集器的设计目的是在假设发生 CDA 导致容器熔穿的情况下,通过遏制和冷却离开反应堆容器的堆芯熔体来减轻事故后果。容器外堆芯捕集器的作用是防止地基被侵蚀,稳定和控制安全壳内的熔体。其目的是保持安全壳的完整性,将其作为裂变产物释放到环境中的主要屏障。在假定的反应堆容器失效后不久,熔体存在的条件是非常不确定的。坠落到反应堆池底的碎片流有可能使钢衬垫局部失效。这将使混凝土暴露在堆芯碎片和钠的化学侵蚀之下。预期的化学反应是放热的,产生气体和气溶胶,并消耗初级系统的钠。计算表明,进入反应堆单元混凝土壁的热传导不足以防止钠的持续沸腾(Gluekler and Dayan,1976)。反应堆单元的钠完全沸腾将在大约100 h 内发生,而在衬垫完全失效的情况下,可能只需要 28 h。预计堆芯碎片会在反应堆底部散布成一个薄层。如果形成一个颗粒层,则预计不会渗透到混凝土结构中。研究人员对反应堆容器失效后的瞬态过程进行了详细的研究。主要关注的领域包括混凝土脱水,混凝土与熔融燃料、钢和钠的相互作用(Baker et al.,1976),安全壳压力和温度的时间序列,以及放射性后果。参数研究显示,结果对事故现场的水量有很高的敏感性。这些水以自由水、吸附水、层间水和结合水的形式包含在混凝土结构中。通过用一层耐火氧化物

(如 Al_2O_3)对混凝土结构进行绝缘,可以最大限度地减少反应堆单元内的相互作用,而这也会减少衬垫失效后释放到反应堆单元内的水量。

6.3.5　过滤/通风容器、泄漏检测和灭火系统

在 LMR 安全壳系统方面,国际上虽有大量的设计、建造和运行经验,但都集中在低泄漏/保压安全壳方面,而重点不在高泄漏过滤/通风安全壳的概念上。因此,安全壳的安全设计基准包括了安全壳系统应能承受最大假设的钠泄漏所产生的压力和温度。然而,在大量关于超设计基准事故后果的研究工作中,其中涉及使用氧化物燃料的快堆假想堆芯解体事故。在这种极端情景下,分析结果表明,在满足相关低泄漏安全壳初期完整性的要求后,不仅需要进行通风,以防止安全壳过压,同时还需对过滤、空腔冷却和牺牲床进行考虑。

鉴于钠泄漏与 CDA 有关,并最终可能导致容器失效,那么减轻这种泄漏后果就需要进行早期泄漏检测,并迅速应用灭火系统。本节重点关注液态金属钠泄漏到防护管道和容器外部的气体(惰性或空气)环境中的检测以及事故后果缓解问题。

检测钠冷却剂泄漏到气体环境中的技术措施包括各种传感器和仪器,并取决于泄漏量的大小。小型泄漏(低于 100 g/h)是通过使用钠气溶胶探测器和辐射监测器进行检测。气溶胶检测器包括钠电离检测器和过滤塞气溶胶检测器。检测时间 10～100 h。另外,还可以使用化学分析法对选定的厂房进行气体环境监测。接触式(火花塞)和电缆式的连续性检测器,是依靠液态钠造成电极间的短路进行工作。连续性检测器、辐射监测器和气溶胶检测器都可以用来检测大型泄漏(20～100 kg/min)。大型泄漏也会导致厂房压力和温度在几分钟内发生可测量的变化。温度和压力传感器可以用来检测这个范围的泄漏。一些钠泄漏系统也可以使用钠液位过程测量仪器进行检测。对于中等泄漏(100 g/h～20 kg/min),可以预期,应通过结合大型泄漏和小型泄漏检测的措施来检测。在空气环境中,也可以利用烟雾检测器。

在检测到泄漏时,存在一些操作程序,例如可根据事件条件手动启动受影响系统的快速排液功能。此外,也可通过其他设计措施,以抑制钠与空气、水或混凝土化学反应所产生的后果。根据操作需求,这些措施分为被动式和主动式。这些设计的基本原理是将有钠系统的区域分隔成单元。这些单元通常拥有厚重的混凝土结构和内衬钢板。通过空间区域的分隔,限制溢出钠的扩散,并保护混凝土不与液体钠相互作用。带有放射性一级钠系统的单元

需要惰性气体环境,而非放射性二级钠系统的单元则仅需空气环境。因此,一级钠系统单元需要有额外的保证,即在主回路冷却剂泄漏的情况下防止钠燃烧。除了这些设计措施外,防钠火系统还包括接盘系统和灭火器,如已经提出的便携式碳酸钠灭火器。此外,还存在二级钠惰性气氛覆盖系统的设计。

接盘系统的设计是为了减轻在充满空气的厂房中钠溢出的后果。它是由钢制接盘和钢制灭火甲板组成。接盘是由碳钢板组件组成,覆盖在厂房地板上,并垂直向上延伸,以防止液体流出接盘边缘。灭火甲板基本上是接盘的一个密闭盖。排液管焊接在甲板上,向下延伸至集液盘板上方约 1/2 英寸(1 英寸=2.54 cm)处。液态金属溢出物从甲板上排入接盘,随着排液管被局部填满,有效燃烧面积将被减少到仅为排液管的横截面。当管道被燃烧物堵住时,空气就无法到达液态金属表面。

这些技术已经在一些已经发生的钠溢出事件中积累了部分操作经验。其中,最广泛报道和评估的事件是日本文殊反应堆的中间钠输送回路的热电偶井管故障事件。该事件为钠泄漏检测和灭火技术提供了全面的测试。当反应堆被提升至 40% 的功率进行电厂跳闸测试时,井管发生故障,导致钠泄漏到钠热传输系统(SHTS)环路 C 管道室,从而发生钠火事故。钠高温警报器、烟雾探测器警报器和钠泄漏探测器警报器均启动,并指向 SHTS 环路 C 管道室发生钠泄漏。当管道门室被打开时,确认了烟雾的存在,电厂进入停堆模式,并启动了环路 C 的排液系统。在钢制地板衬垫上,发现了一个半圆形的钠化合物堆(约 300 kg),但除了一条通风管道和一条通道外,没有发现任何损坏。事故后的检查估计,衬垫的厚度减少了 0.5~1.5 mm。混凝土墙局部脱水,但结构强度没有受到影响。在与管道室相连的蒸汽发生器室的整个地板上发现了钠化合物。事故发生后,调查工作组和工作队认识到,操作员在诊断和监测事件方面的及时反应上存在缺陷。这些都是由操作程序缺陷造成的,因此后续需要对钠泄漏检测和火灾检测系统进行改进。此外,缓解措施的改进还包括通风系统。为了更迅速地扑灭钠火,建议引入氮气注入系统,并在混凝土墙上增加隔热层,以提供保护。

参 考 文 献

BACHRATA A,TROTIGNON L,SCIORA P,et al.,2019. A three-dimensional neutronics—Thermalhydraulics Unprotected Loss of Flow simulation in Sodium-cooled Fast Reactor with mitigation devices[J]. Nuclear Engineering and Design,346:1-9.

BAGDASAROV Y E,BUKSHA Y K,VOZNESENSKI R,et al.,1996. Development of passive safety devices for sodium-cooled fast reactors. Absorber materials, control rods and designs of shutdown systems for advanced liquid metal fast reactors [R]. International Atomic Energy Agency, IAEA-TECDOC-884.

BAKER L, CHEUNG F B, CHASANOV M G, et al., 1976. Interactions of LMFBR core debris with concrete [C]. Chicago, United States of America: Proceedings of the International Meeting on Fast Reactor Safety and Related Physics.

BERTRAND F, BACHRATA A, MARIE N, et al., 2021. Mitigation of severe accidents for SFR and associated event sequence assessment[J]. Nuclear Engineering and Design, 372: 110993.

BERTRAND F, MARIE N, BACHRATA A, et al., 2018. Status of severe accident studies at the end of the conceptual design of ASTRID: Feedback on mitigation features[J]. Nuclear Engineering and Design, 326: 55-64.

BURGAZZI L, 2013. Analysis of solutions for passively activated safety shutdown devices for SFR[J]. Nuclear Engineering and Design, 260: 47-53.

CAHALAN J E, TENTNER A M, MORRIS E E, 1994. Advanced LMR safety analysis capabilities in the SASSYS-1 and SAS4A computer codes [R]. Argonne National Laboratory, ANL/RA/CP-79955.

CHEBESKOV A N, 1996. Evaluation of sodium void reactivity in the BN-800 fast reactor design[C]. Mito, Japan: Proceedings of International Conference on the Physics of Reactors PHYSOR96.

CHENAUD M, DEVICTOR N, MIGNOT G, et al., 2013. Status of the ASTRID core at the end of the pre-conceptual design phase 1[J]. Nuclear Engineering and Technology, 45(6): 721-730.

DEWITTE J D, TODREAS N E, DRISCOLL M J, 2010. Self-actuated shutdown system performance in sodium fast reactors [C]//Las Vegas, United States of America: Transactions of 2010 American Nuclear Society Winter Meeting.

EDELMANN M, KUSSMAUL G, VÄTH W, 1996. Development of passive shut-down systems for the European Fast Reactor EFR. Absorber materials, control rods and designs of shutdown systems for advanced liquid metal fast reactors [R]. International Atomic Energy Agency, IAEA-TECDOC-884.

ENDO H, KAWASHIMA M, SUZUKI M, et al., 1998. Safety characteristics of the SCNES core[J]. Progress in Nuclear Energy, 32(3-4): 689-696.

ENDO H, KUBO S, KOTAKE S, et al., 2002. Elimination of recriticality potential for the self-consistent nuclear energy system[J]. Progress in Nuclear Energy, 40(3-4): 577-586.

FAUSKE H K, KOYAMA K, KUBO S, 2002. Assessment of the FBR core disruptive accident (CDA): the role and application of general behavior principles (GBPs)[J]. Journal of Nuclear Science and Technology, 39(6): 615-627.

FERRELL P, PORTEN D R, MARTIN F J, 1981. Internal fuel motion as an inherent shutdown mechanism for LMFBR accidents: PINEX-3, PINEX-2, and HUT 5-2A experiments[C]. Sun Valley, United States of America: Top Meeting on Reactor Safety Aspects of Fuel Behavior.

FUJIMURA K, SANDA T, MAYUMI M, et al., 2000. Feasibility study of large MOX fueled FBR core aimed at the self-consistent nuclear energy system[J]. Progress in Nuclear Energy, 37(1-4): 177-185.

FUKUZAWA Y, KOTAKE S, INAGAKI T, 1998. Safety approach of DFBR design study in Japan[J]. Progress in Nuclear Energy, 32(3-4): 613-620.

GLUEKLER E, DAYAN A, 1976. Considerations of the third line of assurance: post-accident heat removal and core retention in containment[C]. Chicago, United States of America: Proceedings of the International Meeting on Fast Reactor Safety and Related Physics.

HU G, ZHANG G, HU R, 2019. Reactivity feedback modeling in SAM[R]. Argonne National Laboratory, ANL-NSE-19/1.

IAEA, 1996. Technical feasibility and reliability of passive safety systems for nuclear power plants[R]. International Atomic Energy Agency, IAEA-TECDOC-920.

IAEA, 2020. Passive shutdown systems for fast neutron reactor[R]. International Atomic Energy Agency, No. NR-T-1. 16.

ICHIMIYA M, MIZUNO T, KOTAKE S, 2007. A next generation sodium-cooled fast reactor concept and its R&D program[J]. Nuclear Engineering and Technology, 39(3): 171-186.

JHADE V, SHUKLA P K, JASMIN SUDHA A, et al., 2020. Design of core catchers for sodium cooled FBRs—Challenges[J]. Nuclear Engineering and Design, 359: 110473.

KAMBE M, 2006. Experimental and analytical investigation of the fast reactor passive shutdown system: LIM[J]. Journal of Nuclear Science and Technology, 43(6): 635-647.

KAMBE M, TSUNODA H, NAKAJIMA K, et al., 2004. RAPID-L and RAPID operator-free fast reactors combined with a thermoelectric power conversion system [J]. Proceedings of the Institution of Mechanical Engineers, Part A: Journal of Power and Energy, 218(5): 335-343.

KAMIYAMA K, KONISHI K, SATO I, et al., 2014. Experimental studies on the upward fuel discharge for elimination of severe recriticality during core-disruptive accidents in sodium-cooled fast reactors[J]. Journal of Nuclear Science and Technology, 51(9): 1114-1124.

KHALIL H, HILL R, 1991. Evaluation of liquid-metal reactor design options for reduction of sodium void worth[J]. Nuclear Science and Engineering, 109(3): 221-266.

KIM J-B, JEONG J-Y, LEE T-H, et al., 2016. On the safety and performance demonstration tests of prototype Gen-IV sodium-cooled fast reactor and validation and verification of computational codes[J]. Nuclear Engineering and Technology, 48(5): 1083-1095.

KOBAYASHI K, KAWASHIMA K, OHASHI M, et al., 1998. Applicability evaluation to a MOX fueled fast breeder reactor for a self-consistent nuclear energy system[J]. Progress in Nuclear Energy,32(3-4): 681-688.

LEE Y B,HAHN D H,2001. A review of the core catcher design in LMR[R]. Korea Atomic Energy Research Institute,KAERI/TR-1898/2001.

NAKANISHI S,HOSOYA T,KUBO S,et al.,2010. Development of passive shutdown system for SFR[J]. NuclearTechnology,170(1): 181-188.

NINOKATA H,KAMIDE H,2013. Thermal hydraulics of sodium-cooled fast reactors: key design and safety issues and highlights[J]. Nuclear Technology,181(1): 11-23.

OKADA K,TARUTANI K,SHIBATA Y,et al.,1996. The design of a backup reactor shutdown system of DFBR. Absorber materials,control rods and designs of shutdown systems for advanced liquid metal fast reactors[R]. International Atomic Energy Agency,IAEA-TECDOC-884.

REMPE J L,SUH K Y,CHEUNG F B,et al.,2005. In-vessel retention strategy for high power reactors[R]. Idaho National Engineering and Environmental Laboratory,INEEL/EXT-04-02561.

SATO I,TOBITA Y,KONISHI K,et al.,2011. Safety strategy of JSFR eliminating severe recriticality events and establishing in-vessel retention in the core disruptive accident[J]. Journal of Nuclear Science and Technology,48(4): 556-566.

SCIORA P,BLANCHET D,BUIRON L,et al.,2011. Low void effect core design applied on 2400 MWth SFR reactor[C]. Nice,France: Proceedings of the 2011 International Congress on Advances in Nuclear Power Plant.

SCIORA P,BUIRON L,VARAINE F,2020. The low void worth core design ("CFV") based on an axially heterogeneous geometry[J]. Nuclear Engineering and Design,366: 110763.

SONG P,ZHANG D,FENG T,et al.,2019. Numerical approach to study the thermal-hydraulic characteristics of reactor vessel cooling system in sodium-cooled fast reactors[J]. Progress in Nuclear Energy,110: 213-223.

SUNDARAM G B,VELUSAMY K,2020. Development of a robust multi-phase heat transfer model and optimization of multi-layer core catcher for future Indian sodium cooled fast reactors[J]. Annals of Nuclear Energy,136: 107042.

SUNDARAM G B,VELUSAMY K,2021. Effect of debris material composition on post accidental heat removal in a sodium cooled fast reactor[J]. Nuclear Engineering and Design,375: 111065.

SUZUKI T,KAMIYAMA K,YAMANO H,et al.,2014. A scenario of core disruptive accident for Japan sodium-cooled fast reactor to achieve in-vessel retention[J]. Journal of Nuclear Science and Technology,51(4): 493-513.

TAKEDA T,KUROISHI T,1993. Optimization of internal blanket configuration of large fast reactor[J]. Journal of Nuclear Science and Technology,30(5): 481-484.

TAKEDA T, KUROISHI T, OHASHI M, et al., 1992. Neutronic decoupling and nonlinearity of sodium void worth of an axially heterogeneous LMFBR in ATWS analysis [C]. Tokyo,Japan: Proceedings of the International Conference on Design and Safety of Advanced Nuclear Power Plants ANP92.

TELLER E,ISHIKAWA M,WOOD L,1996. Completely automated nuclear reactors for long-term operation[C]. Lubbock,United States of America: Joint American Physical Society and the America Association of Physics Teachers Texas Meeting.

TENTNER A,HILL D,1985. PINACLE-a model of the pre-failure in-pin molten fuel relocation[J]. Transactions of the American Nuclear Society.

TENTNER A,PARMA E,WEI T,et al.,2010. Severe accident approach—final report. evaluation of design measures for severe accident prevention and consequence mitigation [R]. Argonne National Laboratory,ANL-GENIV-128.

TOBITA Y,YAMANO H,SATO I,2008. Analytical study on elimination of severe recriticalities in large scale LMFBRS with enhancement of fuel discharge[J]. Nuclear Engineering and Design,238(1): 57-65.

YOKOYAMA T,FUJIKI T,ENDO H,et al.,2005. A study on reactivity insertion controlled LMR cores with metallic fuel[J]. Progress in Nuclear Energy,47(1-4): 251-259.

第7章 总结与展望

7.1 全书总结

本书主要对液态金属冷却反应堆(钠冷快堆、铅冷快堆)严重事故过程中涉及的相关知识进行阐述。

本书首先总述了世界核电发展背景和液态金属冷却反应堆研发现状。欧盟正在进行商用示范钠冷快堆、ALFRED以及铅冷却加速器驱动次临界系统的开发和设计。俄罗斯开发建造了BN系列钠冷快堆,并在军事核潜艇领域积累了丰富的铅铋冷却反应堆的运行经验。美国开发了SAFR、PRISM等模块化钠冷快堆,并提出了SUPERSTAR、SSTAR等小型模块化铅冷快堆的概念。日本已经积累了常阳堆和文殊堆的运行经验,目前正进行JSFR液态金属冷却堆的开发。韩国提出了KALIMER的概念设计,并开始了PGSFR的建设工作。印度建造并运行了快中子增殖试验堆(FBTR),目前正在开发原型快中子增殖反应堆(PFBR)。中国已经实现了中国实验快堆(CEFR)的并网发电,并开始了示范钠冷快堆CFR-600和加速器驱动嬗变研究装置CiADS的施工建设以及一体化快堆的设计研发。

其次,本书从严重事故基本概念、始发事件、严重事故进程和特征三个层面对当前液态金属冷却反应堆严重事故安全分析涉及的事故类型进行梳理,并给出了与压水反应堆严重事故的比较。针对液态金属冷却反应堆严重事故演化进程中在不同事故阶段中堆内不同位置涉及的关键热工水力学现象进行了概述,参考国内外相关文献,对熔融燃料池形成、熔融燃料迁移行为、FCI和熔融燃料碎化现象、碎片床现象以及反应堆源项等关键物理现象进行了归纳和整理。

液态金属冷却反应堆严重事故的相关研究主要分为实验研究和数值模拟研究两方面。本书首先对液态金属冷却反应堆严重事故进程内涉及的关键物理现象实验研究进行了介绍。结合国内外研究者的相关研究和笔者们在液态金属冷却反应堆热工水力学方面多年积累的实践经验,对严重事故工况下堆芯熔融物行为、FCI、碎片床行为的实验条件与方法、重要实验现象分析、模型与机理分析等进行了归纳整理。最后,对国内外严重事故发生后的放射性裂变产物迁移行为的有关实验研究进行了汇总和扼要介绍。

液态金属冷却反应堆严重事故数值模拟研究方面,本书重点介绍了用于液态金属冷却反应堆严重事故安全分析研究的数值模拟工具和方法,首先介绍了传统的欧拉多相流法、移动粒子半隐式法、光滑粒子流体动力学法、有限体积粒子法、格子玻尔兹曼法等方法。随后,介绍了 SIMMER、AZORES、SAS4A 等国内外严重事故模拟分析程序。并基于国内外公开文献,介绍了不同的数值模拟方法和计算工具在液态金属冷却反应堆严重事故关键现象以及机理实验研究中的应用情况,以展示这些数值模拟方法和工具的模拟分析能力。

最后,本书从预防液态金属冷却反应堆严重事故的传统安全方法出发,介绍了国际上的一些严重事故管理指南,并总结了国内外严重事故预防方面的一些创新设计,包括先进停堆系统、自然循环排出热量、堆芯反应性反馈设计。随后,归纳了严重事故后果缓解措施,这些措施也将为尚处于概念化阶段的铅冷反应堆设计和安全分析提供借鉴和参考。

7.2　未来展望

液态金属冷却反应堆在中子物理、冷却剂特性、系统特性等诸多方面与压水堆不同,如燃料组件堵流问题、液态金属对材料的腐蚀、钠水和钠火化学反应等,都是液态金属冷却反应堆特有的安全问题。在堆芯发生大规模损伤的严重事故工况下,液态金属冷却反应堆的事故序列和事故后果也有显著的不同。

液态金属冷却反应堆严重事故由于其进程和发展的复杂性,相关的实验研究和数值模拟工作一直在进行中。当前,国际上已经积累了不少钠冷快堆严重事故方面的知识、方法论和研究经验,铅冷快堆由于系统设计和冷却剂物性的不同,其严重事故进程和钠冷快堆严重事故进程之间也存在明显差异。铅冷快堆严重事故下堆芯熔融物的迁移行为以及其他关键物理现象仍有待深入探究,与之相关的实验与数值模拟研究都亟需开展。

我国目前在液态金属冷却反应堆严重事故研究方面至少需要在以下几方面加强:

(1) 为满足国内液态金属冷却反应堆的研发需求,有必要进一步推进自主开发和完善相应的系统热工水力程序、严重事故安全分析程序、子通道分

析程序和 CFD 程序等数值模拟工具,并探索先进、有效的数值模拟方法;

(2)有组织地继续搭建相关液态金属实验设施,并积极开展相关的机理性及整体效应实验研究,加快自主构建和扩充液态金属冷却反应堆严重事故工况实验数据库,为数值模拟研究的进一步发展提供实验数据支持;

(3)为突破液态金属热工水力测量的技术瓶颈,应开发先进的测量设备和技术,从而满足相关液态金属实验设施以及原型堆、示范堆等的设计、建造和运行需求;

(4)与钠冷快堆和铅冷快堆不同,ADS 系统由加速器、散裂靶和反应堆等重要系统构成,因此系统中存在一些特殊现象(如堆靶耦合、束流瞬变),并涉及粒子物理、加速器物理、反应堆中子物理等不同学科。因此,针对 ADS 系统的多系统耦合效应需要开展相关的跨学科研究,自主攻克相关的技术难题。